# IT Service Management

Fritz Kleiner

# IT Service Management

Aus der Praxis für die Praxis

 Springer Vieweg

Fritz Kleiner
Futureways GmbH
Dürnten, Schweiz

ISBN 978-3-658-00180-3          ISBN 978-3-658-00181-0 (eBook)
DOI 10.1007/978-3-658-00181-0

Die Deutsche Nationalbibliothek verzeichnet diese Publikation in der Deutschen Nationalbibliografie; detaillierte bibliografische Daten sind im Internet über http://dnb.d-nb.de abrufbar.

Springer Vieweg
© Springer Fachmedien Wiesbaden 2013

Springer Vieweg ist eine Marke von Springer DE. Springer DE ist Teil der Fachverlagsgruppe Springer
Science+Business Media
www.springer-vieweg.de

# Geleitwort von Ruedi Noser, Präsident ICTswitzerland

Die Informationstechnik (IT) ist aus unserer globalisierten und virtuellen Welt nicht mehr weg zu denken. Doch die immer komplexer werdende IT bringt Unternehmen auch an den Anschlag und stellt sie vor immense Herausforderungen. Hinzu kommt ein enormer Druck, die Betriebskosten für die IT zu senken, trotz immer höheren Anforderungen an Verfügbarkeit und Qualität.

Weiter muss sichergestellt werden, dass Entscheidungen auf Kundennutzen, Geschäftsnutzen und Geschäftsprioritäten zugeschnitten sind. Die zentrale Aufgabe der IT ist es im allgemeinen, die Geschäftsprozesse bestmöglich zu unterstützen. Gerade in dienstleistungsorientierten Unternehmen nimmt diese aber noch eine viel zentralere Rolle ein. Vielfach basiert das komplette Geschäftsmodell auf Informations- und Kommunikationstechnologien. Aber auch in der Industrie funktioniert heute kaum noch etwas ohne IT.

Ein Systemausfall oder Absturz in einer solchen Umgebung kann die Arbeit oder Produktion komplett zum Erliegen bringen und hohe Kosten für ein Unternehmen zur Folge haben. Um dies zu verhindern, hat sich die IT auf das Arbeitsumfeld auszurichten, aber auch das Arbeitsumfeld auf die IT. Auf beiden Seiten sind Prozesse im Detail zu definieren und aufeinander abzustimmen. Die IT wird somit nicht mehr nur verwaltet, sondern serviceorientiert angeboten. Denn nur mit einem etablierten IT Service Management können die immer höheren Anforderungen an Verfügbarkeit und Qualität bei gleichzeitig geringeren Betriebskosten erfüllt werden.

Beim Wandel von der Informationstechnik zur Kunden- und Serviceorientierung, richten sich viele Unternehmen an Industriestandards aus, wie der IT-Infrastruktur Library (ITIL®) und den dazugehörigen Best Practices.

Doch obwohl Industriestandards Rahmenempfehlungen für das in der Hauptsache prozessfokussierte Service Management abgeben, benötigt eine erfolgreiche Implementierung die harmonische Annäherung dieser Prozesse an die Unternehmensziele, wie auch an die drei zentralen Elemente – Mensch, Technologie und Lieferant.

In diesem Zusammenhang werden vermehrt konkrete Best Practices gewünscht. Doch was bzw. wo sind diese Best Practices?

Basierend auf seinem großen Erfahrungsschatz zeigt Fritz Kleiner im vorliegenden Handbuch mit einer klaren und verständlichen Weise und vielen Praxisbeispielen auf, wie IT Service Management ganzheitlich in einer Unternehmung eingeführt, optimiert und betrieben werden kann. Das Buch beinhaltet sehr viel Beratungswissen im Bereich des IT Service Managements, welches die Kunden normalerweise teuer einkaufen müssen.

Das Handbuch hat das Potenzial, zu einem Standardwerk zu werden.

Ruedi Noser
Präsident ICTswitzerland[1]

---

[1] ICTswitzerland ist die Dachorganisation der wichtigsten Verbände und Organisationen des schweizerischen Informatik- und Telekomsektors.

# Vorwort

Mit diesem Buch fasse ich als Autor mein gesamtes Wissen, welches ich über die letzten 15 Jahre im Consulting-Bereich des IT Service Managements und der Organisationsveränderung bei Beratungsaufgaben für zahlreiche Kunden im Versicherungs-, Banken-, Pharma- und Verwaltungsumfeld erworben habe, zusammen.

Einige Unternehmen lassen ihre Mitarbeiter in ITIL® ausbilden. In der Ausbildung klingt vielfach alles logisch und klar, dennoch haben viele Mitarbeiter Schwierigkeiten bei der Umsetzung und Einführung eines ganzheitlichen IT Service Managements und den dazugehörigen Prozessen.

Das hier vorliegende Buch zeigt Ansätze und Möglichkeiten auf, wie ein ganzheitliches IT Service Management-Modell, welches auf vielen Praxisbeispielen basiert, etabliert werden kann. Es soll dem Leser helfen, das IT Service Managements „Big Picture" zu verstehen und die benötigten ITIL® Prozesse erfolgreich zu etablieren. In einigen Bereichen dieses Buches wird jedoch von ITIL® abgewichen, da sich in der Praxis eine andere Umsetzung als optimal erwiesen hat oder die Informationen sehr viel Interpretationsspielraum lassen. Dies ist keine Kritik an ITIL®. Ich befürworte die Verwendung von ITIL® sehr, erst mit diesem Standard wurden die Inhalte und der Umfang der Informatik Prozesse definiert und im Prozessbereich konnte ein gemeinsames Grundverständnis aufgebaut werden.

Falls Sie eine ITIL®-Zertifizierung anstreben, so empfehle ich Ihnen, die offiziellen ITIL® Handbücher zu erwerben. Sind Sie jedoch daran interessiert, IT Service Management in Ihrem Unternehmen zu etablieren oder zu optimieren, so kann dieses Buch für Sie eine große Hilfe sein.

Im Buch setzte ich eine meiner stärksten Fähigkeiten, nämlich klar zu strukturieren, ein, um das umfangreiche Thema „IT Service Management", welches man nicht nur auf die Umsetzung von IT-Prozessen reduzieren sollte, dem Leser und der Leserin[2] näher zu bringen.

Obschon dieses Buch in deutscher Sprache verfasst ist, verwende ich an einigen Stellen englische Begriffe, da diese eine große Verbreitung aufweisen, teilweise der deutsche Begriff fehlt oder die deutsche Sprache weniger genau ist.

---

[2] Im Buch verwende ich in den meisten Fällen nur die männliche Form, dies nicht aus dem Grund, die weibliche Leserschaft zu diskriminieren, sondern um die Lesbarkeit des Buches zu vereinfachen.

Im Kap. 3 finden Sie zu jedem Unterkapitel einen QR-Code, welcher jeweils am Ende des Unterkapitels aufgeführt ist. Dieser erlaubt es Ihnen, den Inhalt und den persönlichen Nutzen des Abschnittes zu bewerten. Ebenso können Sie Wünsche anbringen, mit welchen Themen der Abschnitt ergänzt werden sollte.

Abschließend bedanke ich mich herzlich bei meiner Partnerin Eva Risler für ihre stetige und liebevolle Unterstützung sowie bei meinen Proof-Readern Regula Wagner, Bert Rotmans, Guido Wenger, Peter Frick, Andreas Bauch, Lubos Mares, Marco Linsenmann und Andreas Gutzwiller sowie bei allen, die mich unterstützt haben.

Ein weiteres großes Dankeschön gilt Ruedi Noser für sein persönliches Geleitwort und dem gesamten Team des Springer Vieweg Verlags für die gute Zusammenarbeit bei der Publikation.

# Abkürzungen und Begriffe

| | |
|---|---|
| ABB | Architecture Building Block |
| AM | Access Management |
| AVM | Availability Management |
| AT | Arbeitstage |
| AVK | Aufgaben, Verantwortung und Kompetenz |
| B&IG | Business and IT Steering Group |
| BAU | Business as Usual |
| BIA | Business Impact Analyse |
| BMC | Die BMC Software Inc. wurde 1980 von Scout **B**oulett, John **M**oores und Dan **C**loer gegründet. |
| BRM | Business Relationship Management |
| BSI | Bundesamt für Sicherheit in der Informationstechnik |
| CAB | Change Advisory Board |
| CHM | Change Management |
| CI | Configuration Item in einer Configuration Management Database |
| CISCO | Die Firma Cisco bietet Lösungen im Bereich des Netzwerkbetriebes an. Dieser Name leitet sich von den beiden letzten Silben des Gründungsortes San Fran**cisco** ab. |
| CM | Service Continuity Management |
| CMDB | Configuration Management Data Base |
| COBIT | Control Objectives for Information |
| CSI | Continual Service Improvement |
| CtB | Change the Business |
| DM | Demand Management |
| ECAB | Emergency Change Advisory Board |
| EM | Event Management |
| EM&M | Event Management and Monitoring |
| End-to-End Betrachtung | Bei einer End to End-Betrachtung werden alle IT Services aufgeführt, welche für die Erbringung des Business IT Services |

|  | nötigt sind. Fällt einer dieser IT Services aus, so steht der Business IT Service für den Leistungsbezieher nicht zur Verfügung. |
|---|---|
| FI/CO | Financial Accounting (Finanzwesen)/Controlling (Kostenrechnung) |
| FMS | Financial Management for Services |
| G,G,R | Grün, Gelb und Rotbewertung. Teilweise auch RAG (Red, Amber, Green)-Bewertung genannt. |
| GB | GigaByte |
| GtB | Grow the Business |
| HA | Handlungsanweisung |
| Hermes | Hermes ist eine Methode zur Führung und Abwicklung von Projekten in der Informatik |
| IBM | International Business Machines |
| ID | Identification |
| IM | Incident Management |
| ISG | IT Steering Group |
| ISM | Information Security Management |
| ISO/TS | International Standards Organisation/Technische Spezifikation |
| ISP | Information Security Policy |
| IT | Information Technology |
| ITIL | Information Technology Infrastructure Library |
| KM | Knowledge Management |
| KPI | Key Performance Indicator |
| LAN | Local Area Network (lokales Netzwerk) |
| MB | MegaByte |
| MIS | Management Information System |
| MS | Microsoft |
| MtB | Maintain the Business |
| NAS | Network Attached Storage |
| OLA | Operational Level Agreement |
| OLM | Operational Level Management |
| PBA | Pattern of Business Activity |
| PIR | Post Implementation Review |
| PM | Problem Management |
| PMBOK | PMBOK ist ein weit verbreiteter Projekt-Management-Standard. |
| PPS2000 | PPS2000 ist ein Logistikkomplettpaket mit integrierter Funktionalität für kleine und mittlere Automobilzulieferer. |
| Prince2 | **Pr**ojects **in** **C**ontrolled **E**nvironments (Prince ist eine Projekt-Management-Methode) |

| | |
|---|---|
| Prio. | Priorität oder Severity im Incident/Problem Management-Prozess |
| PRM-IT | Process Reference Model for IT der IBM |
| QMS | Qualitätsmanagementsystem |
| QR-Code | Quick Response Code |
| RCA | Root Cause Analysis |
| RDM | Release and Deployment Management |
| RFC | Request for Change |
| RPO | Bei **R**ecovery **P**oint **O**bjective (RPO) handelt es sich um die Zeitdauer zwischen zwei Sicherungen. Dieser Zeitraum definiert somit den maximal hinnehmbaren Datenverlust. Ist kein Datenverlust erwünscht, so beträgt der RPO 0 Std. |
| RtB | Run the Business |
| RTO | Bei **R**ecovery **T**ime **O**bjective (RTO) handelt es sich um die Zeit, die vom Zeitpunkt des Ausfalls bis zur vollständigen Wiederherstellung des Business IT Services vergehen darf. |
| RZ | Rechenzentrum |
| SaaS | Software as a Service oder Solution as a Service |
| SAC | Service Acceptance Criteria |
| SACM | Service Asset and Configuration Management |
| SAN | Storage Area Network |
| SAP | SAP ist ein großer deutscher Softwarehersteller. |
| SCDB | Supplier and Contract Database |
| SCM | Service Catalog Management |
| SDP | Service Design Package |
| SK | Service-Katalog |
| SL | Service Level |
| SLA | Service Level Agreement |
| SLM | Service Level Management |
| SM | Service Management |
| SPM | Service Portfolio Management |
| SRF | Service Request Fulfillment |
| SUM | Supplier Management |
| SVT | Service Validation and Testing |
| TB | TeraByte |
| TiB | Transform the Business |
| TPS | Transition Planning and Support |
| TQM | Total Quality Management |
| UC | Underpinning Contract |
| USV | Unterbrechungsfreie Stromversorgung |
| WAN | Wide Area Network (großes/regionales Netzwerk) |
| WIN | Working Institution |

# Inhaltsverzeichnis

# Abbildungsverzeichnis

# Tabellenverzeichnis

Um eine gute Übersicht der Informatikdienstleistung zu erlangen, werden im ersten Unterkapitel die Hauptdienstleistungselemente einer Informatik beschrieben. Diese Elemente bilden in diesem Buch die Basis, um anschließend das IT Service Management (IT SM) zu beschreiben. Im zweiten Unterkapitel wird auf die Hauptelemente für ein erfolgreiches IT Service Management eingegangen.

## 1.1 Hauptdienstleistungselemente einer Informatik

Grundsätzlich kann die Informatikdienstleistung gegenüber dem Informatik Leistungsbezieher (später nur noch Leistungsbezieher genannt) in fünf Hauptelemente unterteilt werden (Abb. 1.1).

1. Managed-Arbeitsplatz
   Unter dieses Element fallen alle Informatikdienstleistungen, die im Bereich des Arbeitsplatzes und den erweiterten Komponenten liegen z. B. Arbeitsplatz, lokales Drucken, mobile Geräte. Diese werden benötigt, um die Geschäftsprozesse des Unternehmens und die dazugehörigen Geschäftsanwendungen zu nutzen und zu bedienen.
2. Managed-Anwendungen
   Unter dieses Element fallen alle Geschäftsanwendungen, die der Erreichung der Unternehmensziele und deren Zweck dienen wie z. B. Finanzportfolio-Management, Bankschalterabwicklung, Produktionsplanung, Versicherungsberechnung, welche dem Leistungsbezieher zur Verfügung gestellt werden. Damit die Anwendungen genutzt werden können, braucht es darunterliegende Informatikkomponenten und die dazugehörigen Informatikdienstleistungen.
3. Anwendungsentwicklung
   Zentrale Aufgabe der Anwendungsentwicklung ist die Neu- und Weiterentwicklung der Geschäftsanwendungen. In der heutigen Zeit werden in vielen Bereichen Standard-

F. Kleiner, *IT Service Management*, DOI 10.1007/978-3-658-00181-0_1,
© Springer Fachmedien Wiesbaden 2013

**Abb. 1.1** Hauptdienstleistungselemente der IT

anwendungen eingesetzt, was den internen Aufwand in der Anwendungsentwicklung
stark reduziert.

4. Informatikberatung
   Dieses Element beinhaltet verschiedene Beratungsleistungen, welche durch die Informatik erbracht werden. Dies können Strategien für die Nutzung von neuen Medien wie
   z. B. Social Media oder Geschäftsoptimierungsmöglichkeiten sein, welche mittels der
   Informatik realisiert werden können.

5. Informatikschulung
   Unter dieses Element fallen alle Schulungsaktivitäten, welche vom Leistungserbringer für die Leistungsbezieher angeboten werden. Dies können Schulungen im Bereich
   der Informatikgrundausbildung, Bürokommunikationskomponenten wie Textverar-
   beitung, Tabellenkalkulation oder auch Nutzung der Geschäftsanwendungen sein.

In diesem Buch stehen die beiden ersten Elemente, „Managed-Arbeitsplatz" und
„Managed-Anwendungen" in der IT Service Management-Betrachtung im Vordergrund.

## 1.2   Hauptelemente für ein erfolgreiches IT Service Management

Unternehmen, welche erfolgreich IT Service Management umsetzen, haben die folgenden
fünf wichtigsten Elemente etabliert (siehe Abb. 1.2). Dieser Regelkreis stellt sicher, dass
die Informatikdienstleistungen auf die Kundenbedürfnisse abgestimmt sind. Mittels einer
Standardisierung des IT-Dienstleistungsangebotes wird auf der einen Seite die Komplexität der IT reduziert und auf der anderen Seite die Basis für ein vereinfachtes Kosten-
Management gelegt.

Der Einsatz von IT-Prozessen ermöglicht eine konstante Leistungserbringung. Das
Messen von Service- und Prozess-Kennzahlen stellt eine frühzeitige Erkennung von Abweichungen sicher. Falls nötig, wird das Angebot laufend angepasst, um die Qualität und
die entsprechenden Kosten zu optimieren.

In den nächsten Kapiteln wird auf die 5 Hauptelemente noch vertieft eingegangen.

**Abb. 1.2** Regelkreis für ein
erfolgreiches IT SM

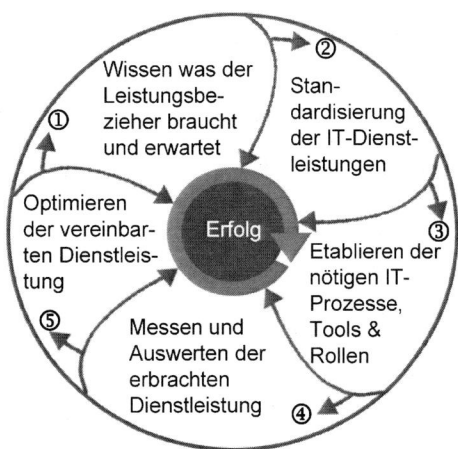

## 1.2.1  Wissen was der Leistungsbezieher braucht und erwartet

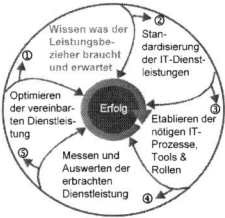

Die Kundenanforderungen zu kennen, ist ein sehr wichtiger Schlüssel eines erfolgreichen IT Service Managements.

Auf Grund der Erfahrung aus verschiedenen Mandaten konnte der Autor folgendes feststellen:

- Es fällt Informatikvertretern immer wieder schwer, mit dem Leistungsbezieher zu sprechen.
- Wenn ein Gespräch erfolgt, versteht der Leistungsbezieher häufig das „Fachchinesisch" des Informatikmitarbeiters nicht.
- Der Informatikmitarbeiter, welcher die Schnittstelle zum Kunden wahrnimmt, hat zu wenig Kenntnisse vom Geschäft des Leistungsbeziehers.

Grundsätzlich können die Anforderungen des Leistungsbeziehers in zwei Bereiche aufgeteilt werden.

- **Funktionale Anforderungen**
  Wie aus der Bezeichnung abzuleiten ist, definieren die funktionalen Anforderungen die Funktionen einer Anwendung oder einer ganzen Lösung. Diese werden benötigt, um die

Leistung gegenüber den Firmenkunden zu erbringen, wie z. B. Buchungsvorgang verarbeiten, Kundendaten eingeben und pflegen, Versicherung berechnen, Kundenanliegen am Bankschalter abwickeln, Produktionsplanung.

- **Nicht funktionale Anforderungen**
Nicht funktionale Anforderungen sind Leistungsanforderungen oder Qualitätsmerkmale. Diese definieren z. B. den Zeitraum, in welchem die IT-Dienstleistungen zur Verfügung stehen oder die Verfügbarkeit der Anwendungen oder Business IT Services.
Auf die nicht funktionalen Anforderungen wie z. B. Service Levels wird im Abschn. 3.3.1 weiter eingegangen, da diese ein wichtiges Element einer Service-Vereinbarung bilden.

## 1.2.2    Standardisierung der IT-Dienstleistungen

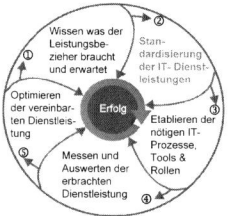

Um die Komplexität der Services im Informatikumfeld zu vereinfachen wird empfohlen, zwei Arten von Services zu unterscheiden:

- Business IT Services (businessorientiert)
- IT Services (IT-orientiert)

### Business IT Services

Es ist sinnvoll, die IT-Dienstleistungen, welche dem Leistungsbezieher (Business) angeboten werden, basierend auf „Business IT Services" zu strukturieren, da so zusammenhängende Geschäftsfunktionalitäten, welche durch verschiedene Geschäftsanwendungen unterstützt werden, berücksichtigt werden können.

Ein Business IT Service ist eine IT-Dienstleistung, welche beim Leistungsbezieher als Lieferelement ersichtlich ist und von diesem konsumiert wird. Dieser basiert auf einem vereinbarten Preis pro Leistungselement, der Erbringung der nötigen funktionalen Anforderungen zu einer definierten Qualität und Quantität. Die Business IT Services werden grundsätzlich als Angebote im Service-Katalog für die Leistungsbezieher beschrieben. Für die Erbringung der Business IT Services sind verschiedene, untergeordnete IT Services wie z. B. Plattform-IT Services, Netzwerk-IT Services, Anwendungs-IT Services nötig.

In den ITIL® Handbüchern werden die **Business IT Services** als „customer-facing services" (ITIL 2011 Edition) oder meist nur als **Business Services** bezeichnet. Dies ist aus Sicht des Autors nicht ganz optimal, da ein Business Service grundsätzlich mehr als nur IT-Aspekte enthalten kann.

Für ein besseres Verständnis ein Beispiel aus dem Versicherungsbereich.

Der **Business Service** „Versicherung-Schadensabwicklung" beinhaltet neben der Informatikleistung (Business IT Services „Schadensabwicklung") auch Dienstleistungen, welche nicht IT-orientiert sind wie z. B. die Zurverfügungstellung eines Fahrzeuges (mit einer Funktionalität und qualitativen Merkmalen wie Wartung, Betankung des Fahrzeuges etc.) für den Versicherungsberater. Aus diesem Grund wird in diesem Buch der Begriff Business IT Service für IT-orientierte Dienstleistungen verwendet, welche die Leistungsbezieher (Business) nutzen.

Um das Verständnis der Business IT Services zu vertiefen, wird die Grafik aus dem Abschn. 1.1 verwendet und entsprechend weiter ergänzt (siehe Abb. 1.3).

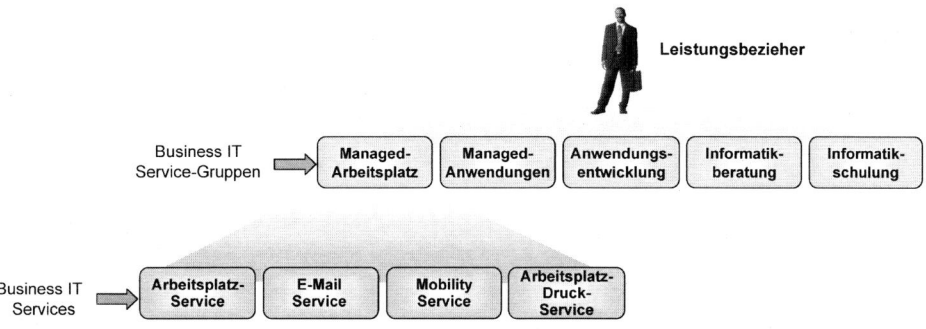

**Abb. 1.3** Business IT Service „Managed-Arbeitsplatz"

Im Hauptelement „Managed-Arbeitsplatz" sind mögliche Business IT Services wie z. B. Arbeitsplatz-Service, E-Mail Service. aufgeführt. Diese Gruppe von Services bildet einen Basisdienstleistungsumfang, welcher erlaubt, Business IT Services aus dem Hauptelement „Managed-Arbeitsplatz" zu nutzen.

Ein Arbeitsplatz-Service kann aus verschiedenen Optionen bestehen. Für jede Option sind unterschiedliche Service Level-Aspekte definiert.

Optionen-Beispiel aus dem Bankenumfeld:

- Option: Desktop Standard
- Option: Desktop mit hoher Sicherheit
- Option: Desktop Trader
- Option: Desktop High End
- Option: Thin-Client
- Option: Laptop Standard
- Option: Laptop mit hoher Sicherheit

Die verschiedenen Optionen sind branchen- oder kundenabhängig. Es gibt Kunden, welche aus jeder Option einen eigenen Business IT Service im Bereich der Arbeitsplatz-Services entwickeln. In diesem Fall werden die Service Levels auf Stufe des entsprechenden

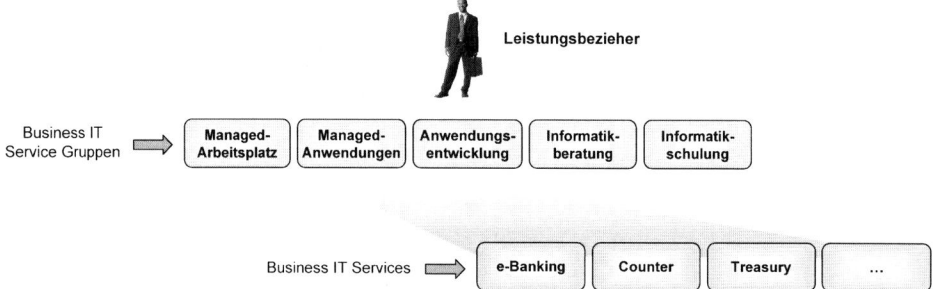

**Abb. 1.4**  Business IT Service „Managed-Anwendungen"

Business IT Services und nicht auf der Stufe der Optionen definiert. Die Erstellung des SLAs erfolgt auf der Stufe des Business IT Services.

Im Hauptelement „Managed-Anwendungen" sind mögliche Business IT Services wie z. B. e-Banking, Counter Service, Treasury etc. im Bankenumfeld möglich. Diese Business IT Service-Gruppe basiert auf den Geschäftsanwendungen. Für jeden Business IT Service wird auch hier ein entsprechendes Service Level Agreement (SLA) mit dem Leistungsbezieher abgeschlossen (siehe Abb. 1.4).

Viele Unternehmen haben keine Business IT Services etabliert. Die SLAs werden vielfach je Geschäftsanwendung abgeschlossen. Dies ergibt bei mittleren und großen Unternehmen eine sehr große Anzahl von SLAs, was zu einer sehr aufwendigen Überwachung führt. Zusätzlich sind oft verschiedene Geschäftsanwendungen voneinander abhängig, was in den einzelnen SLAs nur bedingt berücksichtigt werden kann.

Mit einer Gruppierung der Geschäftsanwendungen zu Business IT Services kann die Komplexität besser beherrscht werden. Grundsätzlich bieten sich drei verschiedenen Gruppierungsmöglichkeiten an:

- Basierend auf den Geschäftsprozessen oder -Subprozessen
- Basierend auf den Geschäftsfunktionen oder -Subfunktionen
- Basierend auf den Geschäftsprodukten, z. B. in der Produktion von Waschmaschinen, werden drei unterschiedliche Produktgruppen unterschieden:
  – Waschmaschinen für Wohnungen/Einfamilienhäuser
  – Waschmaschinen für Mehrfamilienhäuser
  – Waschmaschinen für Textilreinigungen

In der Praxis kann es auch zu einem Mix von Business-Prozessen und -Funktion kommen. Natürlich wird die Bildung der Business IT Services auch von „nicht funktionalen Anforderungen" und den darunter liegenden IT Services teilweise beeinflusst.

**IT Services**

Verschiedene IT Services (in der ITIL 2011 Edition „supporting services" genannt) sind nötig, um die Business IT Services zu erbringen. Die IT Services sind so ausgelegt, dass die Anforderungen der Business IT Services unterstützt werden. Grundsätzlich sind diese IT Services im Gegensatz zu den Business IT Services für den Leistungsbezieher nicht direkt ersichtlich (siehe Abb. 1.5).

Um eine vereinfachte Darstellung dieser IT Services zu ermöglichen, wird empfohlen, auch diese in verschiedene Gruppen zu unterteilen. Die Grundidee der Gliederung basiert auf einer Architektur der IBM, welche „Global Infrastructure Reference Architecture" genannt wird.

In der oben gezeigten Darstellung werden fünf Gruppen von IT Services unterschieden:

- **G1: Basis IT Services**: In dieser Gruppe befinden sich Datacenter IT Services, Network IT Services, Storage IT Services und Plattform-IT Services. Diese bilden, wie der Name kennzeichnet, die Grundvoraussetzung für die darüber liegenden IT Services.
- **G2: Erweiterte IT Services:** Dies ist die größte Gruppe der IT Services. Zu ihr gehören z. B. Mail IT Services, Database IT Services oder Print IT Services. Diese IT Services bauen auf den Basis IT Services auf.
- **G3: Anwendungsorientierte IT Services:** Unter diese Gruppe fallen zwei Arten von IT Services: Application-Maintenance & -Support (Geschäftsanwendungs-Wartung und -Unterstützung) sowie Application Development (Anwendungs-Entwicklung).
- **G4: End User-orientierte IT Services:** In dieser Gruppe sind End User (Arbeitsplatz) bezogene IT Services sowie Service Desk IT Services zu finden.
- **G5: Unterstützende IT Services:** Diese Gruppe besteht aus Event and Monitoring IT Services sowie aus Security IT Services.

In verschiedenen Schulungen und Beratungsmandaten konnte der Autor feststellen, dass das Verständnis über IT Services und ihre Zusammensetzung zu den Business IT Services sehr schwer fällt. Darum möchte er sich diesem Thema etwas vertieft widmen.

Jeder IT Service enthält zwei oder drei der folgenden Elemente:

- Hardwarekomponente → Darunter fallen z. B. Server System, Netzwerkkomponenten, Speicherkomponenten oder Rechenzentrumsgebäude.
- Softwarekomponente → In der Gruppe G2 der IT Services ist dies in den meisten Fällen eine Middleware-Komponente wie z. B. eine Datenbank, eine Überwachungs-Software, eine Firewall Software. In der Gruppe G3 werden hier die dafür notwendigen Geschäftsanwendungen aufgeführt.
- IT-Dienstleistung → Um aus einer Hardware- und/oder Software-Komponente einen IT Service zu bilden, ist immer eine IT-Dienstleistung, welche intern oder auch extern erbracht werden kann, nötig. Dies kann z. B. im Plattform-Bereich die Installation und Wartung eines Windows „High Available/High Performance" Servers sein.

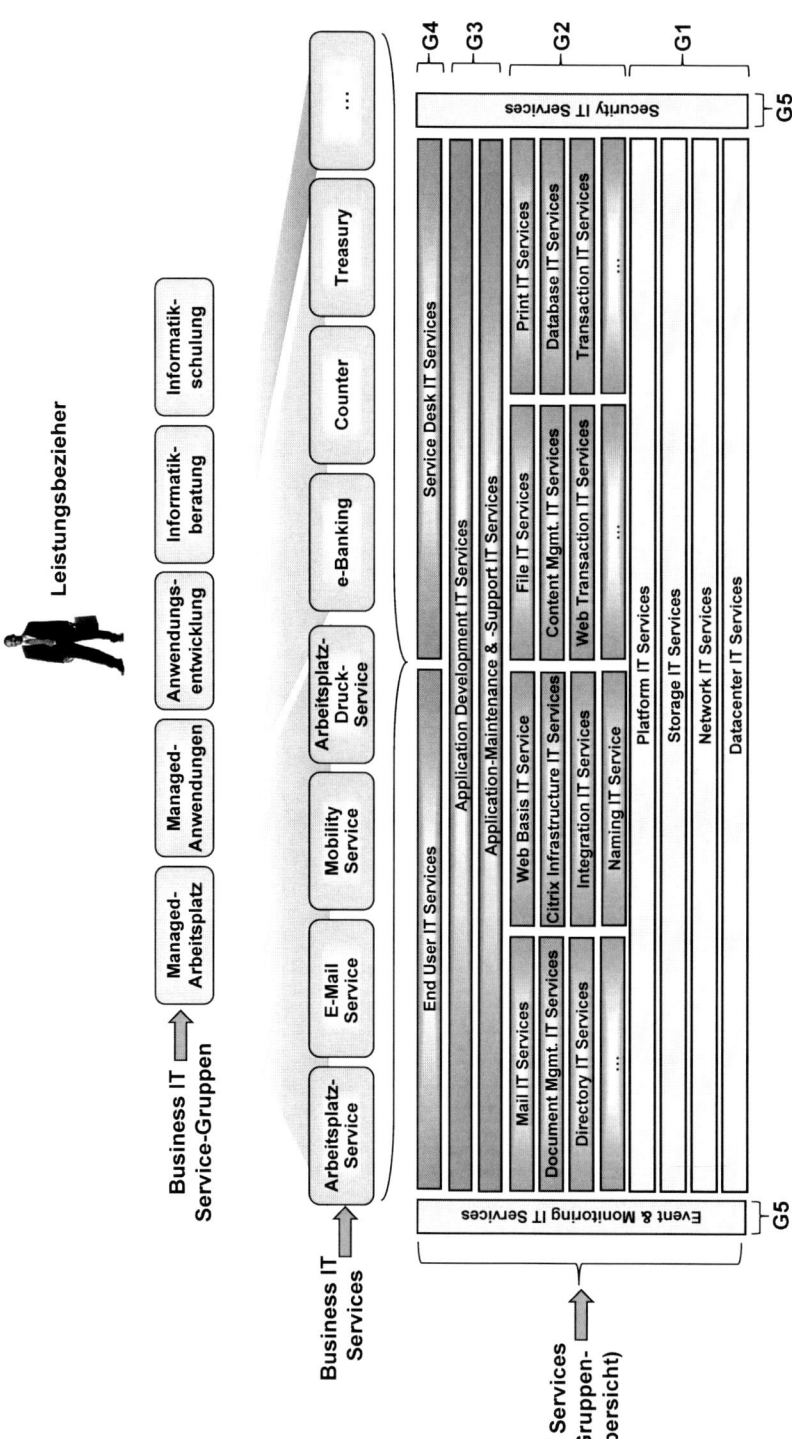

**Abb. 1.5**  Gruppenübersicht IT Services

Damit ein Business IT Service einer globalen Versicherungsgesellschaft wie z. B. die „Schadensabwicklung" mit den Service Levels (Service-Zeit 7 × 24 Std. weltweit verfügbar, Verfügbarkeit 99,6 %, Reaktionszeit < 1 Sek. bei der Schadensabfrage-Funktion) gewährleistet werden kann, sind folgende darunterliegende IT Services nötig:

- Event and Monitoring IT Service 7 × 24 Std. (aller Komponenten wie z. B. Geschäftsanwendungen, Mail-Schnittstellen, Sicherheitskomponenten, Server, Storage, WAN/LAN, USV)
- Schadensabwicklungs-Software Module Wartungs- und Support IT Service (dieser ist nötig, falls während dem Betrieb Störungen in der Software auftreten und das Command Center, welches den „Event and Monitoring IT Service erbringt, den Event oder den resultierenden Incident nicht mit den zur Verfügung stehenden Wiederanlaufprozeduren lösen kann)
- E-Mail Boundary IT Service inkl. 7 × 24 Std. 2nd Level Support (für das Versenden von Bestätigungs-Mails im Schadenfall, falls der Versicherungsnehmer eine E-Mail Adresse im Kundenstamm hinterlegt hat)
- Unix IT Service High Available/High Performance inkl. 7 × 24 Std. 2nd Level Support
- Online Storage SAN IT Service High Performance inkl. 7 × 24 Std. 2nd Level Support
- WAN IT Service High Performance mit Backup-Leitung inkl. 7 × 24 Std. 2nd Level Support
- LAN IT Service High Performance inkl. 7 × 24 Std. 2nd Level Support
- Sicherheitsrechenzentrum IT Service mit USV und Backup Anschluss inkl. 7 × 24 Std. 2nd Level Support.
- weitere IT Services aus dem Bereich „Erweiterte IT Services" sind nötig, werden aber nicht aufgelistet, um die Darstellung zu vereinfachen.

Mittels einer Pyramidendarstellung kann sehr gut der Zusammenhang zwischen den Business IT Services, welche gegenüber dem Leistungsbezieher ersichtlich sind, und den verschiedenen darunterliegenden IT Services aufgezeigt werden (siehe Abb. 1.6). Aus dieser Service-Dekomposition wird ersichtlich, wie die einzelnen Services in Verbindung stehen.

In einer Configuration Management-Datenbank werden die Verbindungen der Business IT Services zu den IT Services sowie zu der physischen Hardware oder auch Software dargestellt. Im Abschn. 3.4.10 wird vertieft auf die Verbindung zwischen den Business IT Services, IT Services und den IT-Komponenten eingegangen.

Für jeden IT Service oder seiner Option (falls diese vorhanden ist) werden klar messbare Qualitätsmerkmale definiert. Analog zu den Service Levels auf Stufe der Business IT Services verwendet der Autor auch auf Stufe der IT Services den Begriff Service Levels. Falls dieser Begriff auf der Stufe der IT Services nicht erwünscht ist, so kann eine andere Bezeichnung, wie z. B. Quality of Service oder Operational Level verwendet werden.

**Abb. 1.6** Dekomposition
Business IT Service zu IT Services

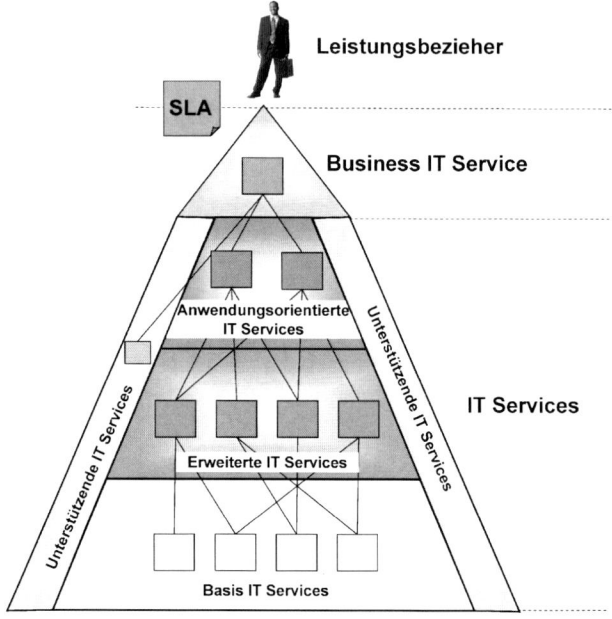

Um ein besseres Verständnis von möglichen Services Levels auf Stufe der IT Services
zu bekommen, ist hier ein Beispiel eines IT Services aus dem Bereich Windows Platform
aufgeführt.

Im folgenden Beispiel (Tab. 1.1) werden die Service Levels auf der Option „High Avail-
able/High Performance" des IT Services definiert.

Die angegebenen Werte sind Beispiele und grundsätzlich von Unternehmen zu Unternehmen unterschiedlich. Es sind auch verschiedene andere Service Levels vorstellbar wie
z. B. sicherheitsrelevante Service Levels. Grundsätzlich empfiehlt es sich, beim Aufbau von
IT Services in einer ersten Phase nur die wichtigsten Service Levels zu definieren, da diese definierten Werte auch entsprechend überwacht werden müssen. Es ist auch darauf zu
achten, dass die Service Levels gemessen werden können.

Sind für die entsprechenden IT Services alle wichtigen Service Level Werte definiert, so
können basierend auf den Anforderungen des Business IT Services (im SLA festgehalten,
z. B. Service-Zeit 7 × 24 Std. mit einer Verfügbarkeit von 99,5 % pro Monat) und der benötigten Architektur die entsprechenden IT Services mit ausreichend hohen Service Levels
selektiert werden.

Wenn alle involvierten IT Services nur eine Verfügbarkeit von 99,5 % pro Monat aufweisen, so ergibt sich auf Stufe des Business IT Services eine massiv tiefere Verfügbarkeit
von 97 % bei einer End-to-End Betrachtung[1].

---

[1] Bei einer End-to-End Betrachtung, werden alle IT Services aufgeführt, welche für die Erbringung
des Business IT Service nötigt sind. Fällt einer dieser IT Services aus, so steht der Business IT Service
für den Leistungsbezieher nicht zur Verfügung.

**Tab. 1.1**  Service Levels eines IT Services

| Service Levels | Wert |
| --- | --- |
| Service-Zeit (Service Time) des 2$^{nd}$ Level Supports | 7 × 24 Stunden |
| Verfügbarkeit (Availability) pro Monat | 99,9 % |
| Leistung (Performance) | Multi-Prozessor |
| Maximale nicht geplante Events pro Monat | 1 |
| Maximale nicht geplante Events pro Jahr | 4 |
| Reaktionszeit (Reaction Time) für den 2$^{nd}$ Level Support<br>→ Entfernt (Remote)<br>→ Vorort | 15 Minuten<br>30 Minuten |
| Reparaturzeit (Lieferant stellt Ersatzkomponenten zur Verfügung) | Max. 8 Stunden |
| Skalierbarkeit (Scalability) | Zusätzliche 10 TB Plattenspeicher stehen in 5 Arbeitstagen zur Verfügung |
| IT-Notfallvorsorge (IT Disaster Recovery) | Recovery Time Objective (RTO)[1] = 4 Stunden<br>Recovery Point Objective (RPO)[2] = 30 Minuten |
| Support-Sprache | Deutsch und Englisch |

[1] Bei Recovery Time Objective (RTO) handelt es sich um die Zeit, die vom Zeitpunkt des Ausfalls bis zur vollständigen Wiederherstellung des Business IT Service vergehen darf.
[2] Bei Recovery Point Objective (RPO) handelt es sich um die Zeitdauer zwischen zwei Sicherungen. Dieser Zeitraum definiert somit den maximal hinnehmbaren Datenverlust. Ist kein Datenverlust erwünscht, so beträgt der RPO 0 Std.


In unserem vereinfachten Beispiel sind 6 IT Services (ohne Redundanzen) mit je einer Verfügbarkeit von 99,5 % pro Monat bei einer Service-Zeit von 7 × 24 Std. für die Erbringung der Business IT Services involviert:

- Rechenzentrum (RZ)
- Wide Area Network (WAN)
- Local Area Network (LAN)
- Online Storage (SAN)
- Virtueller Unix Server (Virt. Unix Serv.)
- Business-Anwendung xxx (Bus.-Anw.)

Bei einer Service-Zeit von 7 × 24 Std. ergeben sich bei 31 Tagen für den Monat Januar total 744 Betriebsstunden.

Basierend auf dieser Service-Zeit und einer Verfügbarkeit von 99,5 % pro Monat ergibt sich eine maximal mögliche Ausfallzeit von 3 Std. und 43 Min. (dies entspricht 0,5 % von 744 Std.) pro IT Service ohne die Vereinbarung zu verletzen. Fallen nun die einzelnen IT Services nicht gleichzeitig, sondern nacheinander bis zur maximal möglichen Toleranz aus, so ergibt sich in einer End-to-End Betrachtung eine totale Ausfallzeit von 22 Std und 18 Min. (6 mal 3 Std. 43 Min.)

Grafisch stellt sich dies wie in Abb. 1.7 dar.

**Abb. 1.7** Darstellung von Ausfällen basierend auf verschiedenen IT Services

Dies entspricht auf Stufe des Business IT Services bei einer Service-Zeit von $7 \times 24$ Std. eine Verfügbarkeit von 97 % im Monat Januar.

Berechnung:

22,3 Std. / 744 Std. * 100 % = 2,997 % → gerundet 3 % Nichtverfügbarkeit im Monat Januar. Daraus ergibt sich eine effektive Verfügbarkeit des Business IT Services von 97 %.

Dieses Beispiel zeigt auf, dass die Verfügbarkeit der einzelnen IT Services immer höher sein muss, als die Verfügbarkeit auf Stufe des Business IT Services.

### 1.2.3   Etablieren der nötigen IT-Prozesse inklusive der Rollen

**Prozesse basierend auf ITIL®**

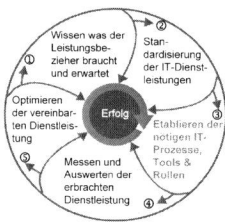

Einer der am weitesten verbreiteten Standards im Bereich der IT-Prozesse ist die Information Technology Infrastructure Library® (ITIL®). Es empfiehlt sich, sich dieses Prozess Rahmenwerkes zu bedienen, um die nötigen Prozesse im Bereich des IT Services Managements einzuführen. Doch welche Prozesse sind nötig? Für eine vereinfachte Darstellung ist es sinnvoll, von umliegenden Prozessen (später auch Umprozesse genannt) (siehe Abb. 1.8) und von Kernprozessen im Bereich des IT Service Managements zu sprechen.

Nachfolgend werden diese beiden Gruppen von IT-Prozessen (gruppiert nach den ITIL® Handbüchern) kurz erklärt. Für eine vertiefte Kenntnis empfiehlt sich ein separates Studium der einzelnen ITIL® Handbücher. Wo immer möglich, sollte der entsprechende IT-Prozess durch Tools oder Hilfsmittel unterstützt werden. Die Nutzung der IT-Prozesse durch die Anwender (Rollenträger der einzelnen IT-Prozesse) ist in Firmen, welche Tools

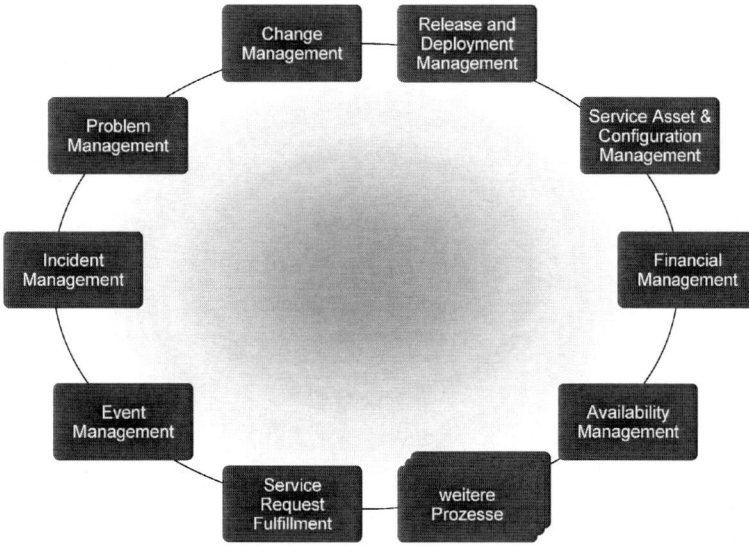

**Abb. 1.8**  IT SM Um-Prozessen

mit Workflow-Unterstützung eingesetzt haben, erfahrungsgemäß am besten gewährleistet. In vielen Fällen können die benötigten Prozessmesskennzahlen aus den Tools erhoben werden.

**Umprozesse des Service Management**

**Gruppe: Service Strategy**

- **Financial Management**
  Der Financial Management-Prozess bildet einen wichtigen Baustein im Bereich des IT Service Managements, da dieser alle Finanzinformationen für die Planung, Realisierung und Verrechnung von Business IT Services und IT Services zur Verfügung stellt. Diese Finanzinformationen können beigezogen werden, um neue Anforderungen basierend auf einer Kosten/Nutzen Überlegung zu prüfen. Als Beispiel kann es sich um Erweiterung der Service-Zeit eines Business IT Services, von bisher 5 × 10 Std. auf neu 7 × 24 Std., handeln. Mit dieser neuen Anforderung wird grundsätzlich der Business IT Service teurer, da darunter liegende IT Services oder IT Service-Optionen ausgetauscht werden müssen, um die neue Anforderung zu erfüllen. Somit sollten, falls es sich nicht um eine rein strategische Entscheidung des Unternehmens handelt, die Mehreinnahmen des Unternehmens bei einem 7 × 24 Std. Betrieb die Zusatzkosten, welche durch die Erweiterung des Business IT Services entstanden sind, decken.

In vielen Unternehmen basieren diese Überlegungen heute noch nicht auf diesem Kos-
ten/Nutzen Vergleich. Bei einem stetigen IT-Kostendruck wird dies in Zukunft vermehrt
erforderlich werden.

* **Demand Management**
  Der Demand Management Prozess hat zum Ziel, den Bedarf des Leistungsbeziehers
  zu verstehen, zu welchem Zeitpunkt die einzelnen Services genutzt werden. Basierend
  auf dieser Information wird eine entsprechende Verbrauchs-/Bedarfsplanung erarbeiten. Diese Angaben werden anderen Prozessen, im Speziellen dem Capacity Management zur Verfügung gestellt.

**Gruppe: Service Design**

* **Capacity Management (inkl. Performance)**
  Der Capacity Management inklusive Performance Management-Prozess stellt sicher,
  dass ausreichend Kapazität und Leistung für die gegenwärtigen und zukünftigen Anforderungen zur Verfügung stehen. Zusätzlich erstellt der Capacity Management-Prozess
  alle nötigen Kapazitäts- und Leistungs-Kennzahlen, welche, basierend auf Service Level
  Agreement, rapportiert werden müssen.

* **Availability Management**
  Der Availability Management-Prozess stellt sicher, dass die geforderte Verfügbarkeit entsprechend den vereinbarten Verfügbarkeits-Service Levels eingehalten wird. Zusätzlich
  erstellt der Availability Management Prozess die Verfügbarkeitskennzahlen, welche ‚basierend auf Service Level Agreement, rapportiert werden müssen.

* **IT Service Continuity Management**
  Der IT Service Continuity Management-Prozess stellt sicher, dass die geschäftskritischen
  Business IT Services auch in einem Disaster-Fall (Katastrophe) zur Verfügung stehen.
  Mittels regelmäßigen Tests wird dies entsprechend überprüft, um die im SLA vereinbar-
  ten katastrophenrelevanten Service Levels bestmöglich sicherzustellen.

* **Information Security Management**
  Der Information Security Management-Prozess stellt sicher, dass die IT-relevanten Sicherheitsrichtlinien und -Weisungen des Unternehmens umgesetzt und eingehalten werden.

* **Supplier Management**
  Der Supplier Management-Prozess überwacht alle externen Lieferanten (Supplier) und
  steuert entsprechend die Verträge (auch als Underpinning Contracts „UC" im ITIL® Umfeld bezeichnet).

**Gruppe: Service Transition**

* **Transition Planning and Support**
  Der Transition Planning and Support Prozess beinhaltet alle Prozesselemente, welche
  für die Planung und Koordination der Veränderungen im IT-Umfeld nötig sind.

- **Change Management**
  Der Change Management-Prozess stellt sicher, dass Veränderungen auf kontrollierte und zu diesem Zeitpunkt nachvollziehbare Art von der Entwicklung in den Betrieb übergehen. Dies wird i. d. R. mit einer Risikobewertung, Priorisierung, Planung, Rollback-Möglichkeit sowie mit Tests und einer entsprechenden Dokumentation gewährleistet.

- **Service Asset and Configuration Management**
  Der Service Asset and Configuration Management-Prozess verwaltet alle Configuration Items (CIs), vom Business IT Service bis zum Rechenzentrum. Alle Informationen werden in der Configuration Management Data Base (CMDB) oder auch in Federated CMDBs entsprechend aktuell aufgeführt.

- **Release and Deployment Management**
  Der Release and Deployment Management-Prozess ist verantwortlich für die Planung von verschiedenen Releases. Dies bedeutet die Bündelung von einzelnen Changes zu Releases inklusive der Überprüfung der Testresultate sowie deren Verteilung und Produktivsetzung.

- **Service Validation and Testing**
  Der Service Validation and Testing-Prozess stellt sicher, dass alle Veränderungen entsprechend ihrer Größe, Komplexität etc. getestet werden und den Anforderungen entsprechen.

- **Change Evaluation**
  Der Change Evaluation-Prozess analysiert und bewertet die Veränderungen während des Change Lifecycles. Dieser Teilprozess wird in diesem Buch nicht näher beschrieben, da er ein integrierter Bestandteil des Change Management-Prozesses ist.

- **Knowledge Management**
  Der Knowledge Management-Prozess stellt sicher, dass das Informatikwissen effizient und aktuell verfügbar ist, um z. B. Störungen so schnell als möglich zu beheben oder Events (Ereignisse) optimal zu beurteilen. Mittels eines effizienten Knowledge Managements können die Aufwände für Störungsbehebung, Störungsprävention oder Ereigniserkennung stark gesenkt werden. Zusätzlich kann das Knowledge Management auch dem Informatik Management wichtige Informationen für strategische Entscheidungen zur Verfügung stellen.

**Gruppe: Service Operation**

- **Event Management**
  Der Event Management-Prozess stellt sicher, dass alle wichtigen Events erkannt, bewertet und entsprechend behandelt werden. Falls nötig, wird die Schnittstelle zum Incident Management-Prozess sichergestellt.

- **Incident Management**
  Der Incident Management-Prozess hat zum Ziel, die Störung so schnell als möglich zu beheben, sodass die Auswirkung auf den betroffenen Business IT Service minimiert wird.

- **Problem Management**

  Der Problem Management-Prozess bezweckt das wiederholte Auftreten von Incidents mittels proaktiven Maßnahmen zu vermeiden. Zusätzlich wird die Ermittlung der Root Causes (Hauptursache/Grundursache) eines Incidents unterstützt.

- **Request Fulfillment**

  Der Request Fulfillment-Prozess bearbeitet standardisierte/vereinbarte Aufträge größtenteils benutzer-/arbeitsplatzorientiert. Dies können auch automatisierte Aufträge wie z. B. Software Verteilung auf eine Arbeitsstation sein.

- **Access Management**

  Der Access Management-Prozess regelt die Autorisierung basierend auf den Vorgaben des Information Security Management Prozesses und stellt den Leistungsbeziehern die nötigen Zugriffsrechte auf die Business IT Services und deren Daten zur Verfügung. Auch IT-interne Zugriffsrechte werden über diesen Prozess entsprechend geregelt.

### Gruppe: Continual Service Improvement

- Der Continual Service Improvement beinhaltet verschiedene Prozessschritte für die fortlaufende Verbesserung und/oder Optimierung der Service-Erbringung. Dieser kann sowohl als separater Prozess wie auch als Teilprozess in den einzelnen Prozessen erfolgen.

### Kernprozesse des IT Service Managements

Wie Sie beim Lesen nun sicher bemerkt haben, fehlen vier IT-Prozesse aus zwei ITIL® Handbüchern in den Umprozessen (siehe Abb. 1.9).

Diese werden im folgenden Abschnitt als Kernprozesse des IT Service Managements bezeichnet. Das bedeutet, dass diese Prozesse ein vitales Element des IT Service Managements bilden, welches wichtige strategische wie auch operative Elemente des ganzen Service Managements festlegt. Die Umprozesse sind nötig, um die Informatikdienstleistung sicherzustellen. Sie liefern auch verschiedene Kennzahlen im Bereich der Service Erbringung.

### Gruppe: Service Design

- **Service Level Management**

  Der Service Level Management-Prozess stellt sicher, dass die Informatikdienstleistungen (Business IT Services) mit dem Leistungsbezieher entsprechend verhandelt werden und die Resultate in einem Service Level Agreement (SLA) festgehalten werden. Zusätzlich überwacht der Prozess die vereinbarten Service-Ziele (Service Levels) der einzelnen SLAs und rapportiert diese periodisch gegenüber dem Leistungsbezieher. Bei Nichteinhaltung der Service Levels oder beim Verdacht auf mögliche zukünftige Verletzungen, leitet der Prozess in Zusammenarbeit mit den Umprozessen nötige Maßnahmen zur Behebung ein. Basierend auf ITIL® gehören in diesen Prozess auch die Erstellung von Operational Level Agreements (OLAs), bei einer internen Service-Erbringung, oder Underpinning Contracts (UCs), bei einer externen Erbringung. Grundsätzlich werden die

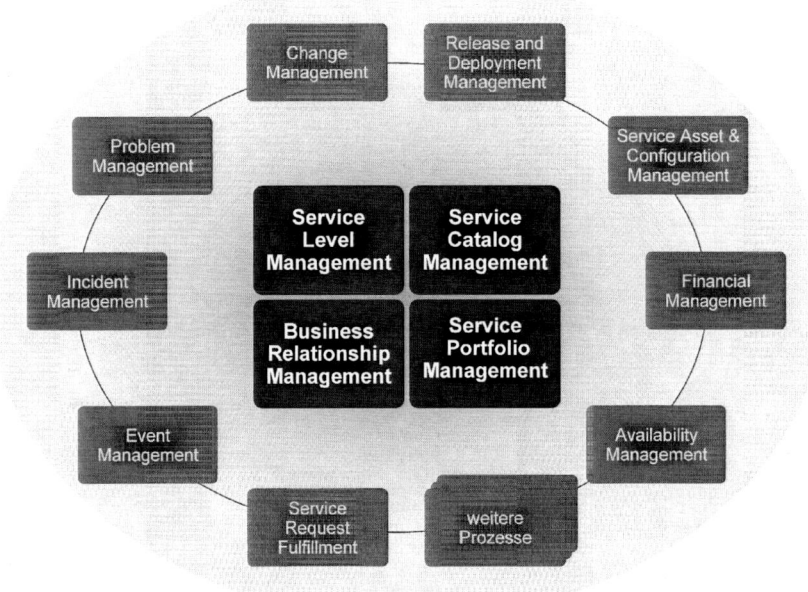

**Abb. 1.9**  IT SM-Kernprozesse

OLAs und UCs mit der entsprechenden IT-Lieferorganisation, basierend auf den definierten IT Services, abgeschlossen.

Aus verschiedenen Mandaten zeigt sich, dass die Etablierung eines eigenständigen Prozesses „Operational Level Management" sinnvoll sein kann, da die Rollen für den Operational Level Management Prozess anders zu besetzen sind als für den Service Level Management Prozess. In Abschn. 3.3.1 wird näher auf dieses Thema eingegangen.

- **Service Catalog Management**
  Der Service Catalog Management Prozess hat die Entwicklung und Wartung eines entsprechenden Service Katalogs zum Ziel. Zusätzlich stellt der Prozess sicher, dass der Inhalt des Service Katalogs immer auf einem aktuellen Stand gehalten wird. Es ist sinnvoll, in diesem Katalog beide Arten von Services, die Business IT Services (Sicht Leistungsbezieher) und die IT Services (IT-interne Sicht) zu verwalten. Zusätzlich stellt sich auch die Frage, ob der Katalog ebenso im Rahmen des Request Fulfillment Prozesses zum Abrufen von Standardaufträgen genutzt werden kann. Im Abschn. 3.3.2 wird vertieft auf dieses mögliche Zusammenspiel eingegangen.

**Gruppe: Service Strategy**

- **Business Relationship Management**
  Der Business Relationship Management-Prozess ist eine Sammlung von verschiedenen
  Prozessen. Ein sehr wichtiger Aspekt ist die Aufnahme von Anforderungen der Leis-
  tungsbezieher (Requirements Management) sowie das Stakeholder Management und
  das Complaint Management.
- **Service Portfolio Management**
  Der Service Portfolio Management-Prozess stellt sicher, dass die Entwicklungen und In-
  vestitionen in neue oder bestehende Business IT Services und die darunter liegenden
  IT Services entlang marktwirtschaftlichen Kriterien erfolgen. Basierend auf verschiedenen Portfolio Darstellungen kann das Management strategische Entscheidungen treffen.
  Zusätzlich empfiehlt es sich, dass auch die lancierten IT-Projekte mittels des Service Port-
  folio Management-Prozesses überwacht werden.

**Rollen innerhalb der IT-Prozesse**

Jeder IT-Prozess basiert auf verschiedenen Aktivitäten, welche einzelnen Prozessrollen,
wie z. B. Change Manager oder Change Assignee im Change Management oder Incident
Analyst oder Incident Queue Manager im Incident Management, zugeordnet sind. Die
entsprechenden Prozessrollen werden den IT-Mitarbeitern zugeteilt. Es ist sinnvoll, verschiedene Gruppen von Prozessrollen zu Funktionen zusammenzufassen (siehe Abb. 1.10).

**Abb. 1.10**  Prozessrollen zu
Funktion

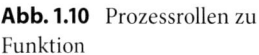
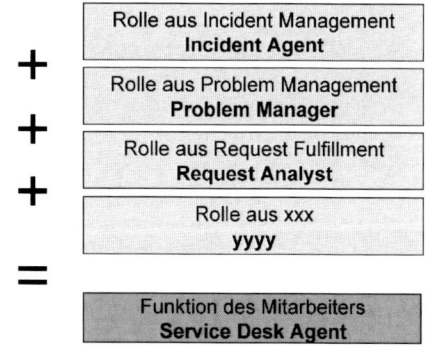

Ist die Funktion des Mitarbeiters in einer Human Resources (HR) Anwendung hinterlegt, so kann über diese Funktion mit den dazugehörigen Prozessrollen ein entsprechendes
Qualifikations- und/oder Stellenprofil für die verschiedenen Mitarbeiter erstellt werden.
Dies kann im Speziellen für neue Mitarbeiter oder wenn sich einzelne Prozessabläufe geändert haben, sehr dienlich sein.

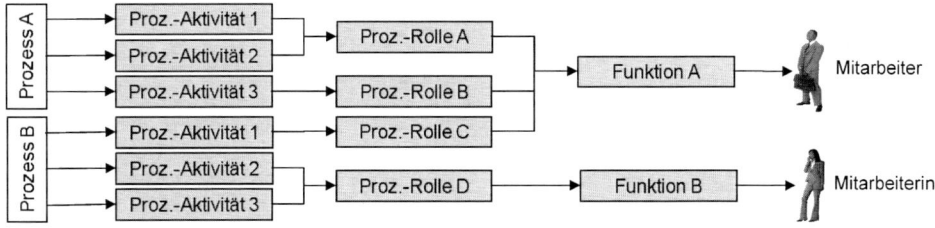

**Abb. 1.11**  Zuweisung der Funktion zu IT-Mitarbeiter

Mit der Bildung von Prozessrollen basierten Funktionen kann die Komplexität der Rollenzuteilung stark vereinfacht werden.

Zur Veranschaulichung dient Abb. 1.11.

In vielen Unternehmen sind die IT-Prozesse, Prozessaktivitäten und die Prozessrollen im Prozess Management Tool abgelegt. Die Funktionen können grundsätzlich im Human Resources (HR) Tool festgehalten werden. Was aber bisher in der Praxis meist fehlt, ist eine Verbindung von IT-Prozessrollen zu den entsprechenden Funktionen. In diesem Buch werden in den Prozessen teilweise Funktionen und/oder Prozessrollen aufgeführt. Diese sind jeweils entsprechend markiert.

**Rollen für das IT-Prozess-Management**

Im vorherigen Abschnitt haben wir über die Rollen innerhalb der IT-Prozesse gesprochen. In diesem Abschnitt möchte der Autor auf die Rollen eingehen, welche für das IT-Prozess-Management nötig sind.

Die Rollen für das IT-Prozess-Management beschäftigen sich mit der Gestaltung, Dokumentation, Einführung, Etablierung, Verankerung und der Verbesserung der IT-Prozesse. Auch die Ausbildung zu den verschiedenen IT-Prozessen kann durch diese Rollen wahrgenommen werden.

Viele Unternehmen entscheiden sich, zwei unterschiedliche Rollen für das Prozess-Management zu etablieren:

- **IT Process Owner (Eigner)**
  Diese Rolle umfasst die Gesamtverantwortung für den entsprechenden IT-Prozess von der Definition bis zur Nutzung und Verbesserung. Grundsätzlich wird diese Rolle von IT-Linienmanager (z. B. Betriebs- oder Entwicklungsleiter) wahrgenommen, in dessen Linie die Hauptnutzung oder Hauptaktivitäten des Prozesses erfolgen. Das bedeutet, dass der Verantwortungsbereich dieser Rolle meistens mehrere IT-Prozesse beinhaltet.
  Des Weiteren ist diese Rolle auch dafür verantwortlich, dass jeder IT-Prozess einem IT Process Manager zugeordnet ist. Falls die Position des IT Process Managers nicht besetzt ist, so übernimmt der IT Process Owner automatisch diese Rolle.

- **IT Process Manager (Umsetzer)**

  Diese Rolle ist für die Ausführung, d. h. für die Gestaltung, Dokumentation, Einführung, Etablierung, Steuerung und Verbesserung der in ihrer Zuständigkeit liegenden IT-Prozesse verantwortlich. Das bedeutet, dass diese Rolle die Prozesse gestaltet und dokumentiert, eventuell auch Prozessschulungen durchführt und die entsprechenden Prozessmesskennzahlen (KPIs) überwacht. Falls nötig werden entsprechende Prozessverbesserungen eingeleitet. Sollten die Prozessaktivitäten von den entsprechenden Prozessrollenträgern nicht gelebt werden, setzt der IT Process Manager mit den Prozessrollenträgern oder dem zuständigen Linienmanagement Verbesserungspläne auf und überwacht diese. In sehr hierarchisch geführten Unternehmen kann dies zu einem Problem führen, da der IT Process Manager abteilungsübergreifend agieren muss. Sollten die eingeleiteten Maßnahmen nicht umgesetzt werden oder sollten sich die Rollenträger in anderen Bereichen der Umsetzung verweigern, schaltet der IT Process Manager den IT Process Owner ein und stellt somit über die Management Ebene die Umsetzung der IT-Prozesse sicher. Bei der Einführung und Weiterentwicklung von Tools, welche den IT-Prozess unterstützen, hat der IT Process Manager eine sehr wichtige Rolle. Er stellt sicher, dass die prozessrelevanten Anforderungen im Tool entsprechend reflektiert sind. Für die Rolle als IT Process Managers eignen sich Personen, welche ein breites IT-Verständnis (Architektur, Abläufe, Organisation) und sehr gute Kommunikations- und Verhandlungsfähigkeiten haben.

In mittleren und größeren Unternehmen, welche eine große Anzahl von IT-Prozessen im Einsatz haben, empfiehlt es sich, eine zusätzliche Rolle aufzubauen. Der Autor bezeichnet diese Rolle als „Head of Process Manager". Sie beinhaltet die fachliche Führung aller IT Process Manager. Der Autor durfte in der IBM Schweiz AG über mehrere Jahre diese Rolle besetzen. In dieser Aufgabe hatte er zusammen mit 27 ihm unterstellten Process Managern die IT-Prozesse im Outsourcing Umfeld in einer ersten Phase in der Schweiz und später zusätzlich in den Ländern Österreich, Tschechien, Polen, Ungarn, Teilen von Afrika und Russland aufgebaut und die Audit Compliance sichergestellt. In dieser Rolle war er als wichtiger Impulsgeber unter anderem bei der Entwicklung der IT-Prozess-Management-Strategie und den übergeordneten Grundsätzen (z. B. Dokumentationsgrundlagen, Prozessschulungen), verantwortlich.

### 1.2.4 Messen und Auswerten der erbrachten Dienstleistung

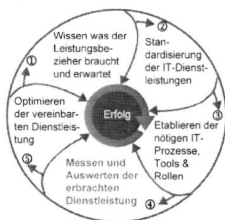

Es ist sinnvoll, dass die Messung und Auswertung der erbrachten Dienstleistung auf zwei Ebenen erfolgt:

- Service-Ebene
- Prozessebene

Es empfiehlt sich, bei der Etablierung eines Management Information Systems (MIS) in der Informatik beide Ebenen zu integrieren. Somit wird die bestmögliche Aussagekraft über die Leistung der Informatik ermöglicht. Wo entsprechende Tools eingesetzt werden, können diese (in den meisten Fällen) wichtige Kennzahlen für die IT-Prozessunterstützung liefern.

**Service-Ebene**

Wie im Abschn. 1.2.2 beschrieben, unterscheiden wir Business IT Services (Leistungs-bezieher-Sicht) und IT Services (IT-interne Sicht). In einer Dekomposition sind verschiedene IT Services nötig, um einen Business IT Service zu bilden. Aus diesem Grund werden auf der Service-Ebene beide Arten von Services abgebildet und gemessen.

Bei den Business IT Services werden SLAs mit einzelnen Service Levels, wie z. B. die Service-Zeit (Service Time), Verfügbarkeit (Availability) und Leistung (Performance) vereinbart. Es liegt nahe, dass die Messung basierend auf den einzelnen Service Levels und dann konsolidiert auf den entsprechenden Business IT Service erfolgt. Somit erhält das IT Management wie auch der Leistungsbezieher einen sehr guten Überblick über die verschiedenen Business IT Services mit deren SLAs und die darin enthaltenen Service Levels. In der Messung sollten jedoch nicht nur die qualitativen Größen einfließen, sondern auch die Ist-Kosten gegenüber den budgetierten Kosten. Damit gelingt es den finanziellen Bereich der Service-Erbringung auch im Beobachtungsbereich zu halten. In vielen Unternehmen werden die Kosten in drei Bereiche unterteilt: RtB (Run the Business), MtB (Maintain the Business) und CtB (Change the Business). Im Abschn. 3.4.1 wird vertieft auf diese Begriffe eingegangen.

Viele Unternehmen begehen beim Etablieren von SLAs den Fehler, dass sie zu Beginn zu viele Service Levels definieren, welche auch gemessen werden sollten. Dies mündet meistens in einem großen Messaufwand, ohne den die vereinbarten SLAs keinen Nutzen erbringen würden. Der Grundsatz: „weniger ist mehr" trifft in einer ersten Phase der Etablierung von Service Levels sicher zu und bewährt sich bei der Umsetzung.

### Prozessebene

Die Messungen auf der Prozessebene können als Frühindikatoren für mögliche Service-Verletzungen dienen, da meistens vor einer Service Level-Verletzung verschiedene Prozesse nicht mehr richtig eingehalten werden.

Es empfiehlt sich, pro Prozess verschiedene Key Performance Indicators (KPIs) oder Prozessmesskennzahlen zu definieren.

Mögliche Prozessmesskennzahlen sind z. B.:

- Incident Management-Prozess
  - Total Anzahl der Störungen (Incidents)
  - % der Störungen, aufgeteilt auf die verschiedenen Prioritäten
  - % der Störungen mit nicht erreichten Interventionszeiten, sortiert nach den Prioritäten
- Change Management-Prozess
  - Anzahl durchgeführter Changes
  - Nicht erfolgreiche Changes
  - Nicht autorisierte Changes (nicht über den Change Management-Prozess abgewickelte Changes)

Weitere Beispiele von KPIs sind für die wichtigsten IT-Prozesse dem Abschn. 3.3 und 3.4 zu entnehmen.

### Weitere Ebenen

Beide oben dargestellten Ebenen reflektieren die gemessenen Resultate. In einigen Unternehmen wird noch ein dritter Bereich ins Management Information System (MIS) eingebunden. Diese Ebene reflektiert dann die wahrgenommene Dienstleistungsqualität beim Leistungsbezieher und wird oft durch Umfragen erhoben und kann teilweise stark von den rapportierten Service- und Prozesskennzahlen abweichen. Gründe dafür können sein: Die Leistungsbezieher in einer Business Unit kennen die vereinbarten Service Levels nicht und erwarten eventuell eine höhere Verfügbarkeit als vereinbart oder der letzte Ausfall eines Business IT Services während einer wichtigen Geschäftsphase wurde bei der Befragung zu stark gewichtet. In beiden Fällen ist es sinnvoll, die Kommunikation zu den Leistungsbeziehern zu verstärken, so dass diese über die vereinbarte Informatikdienstleistung Kenntnis haben oder zu überprüfen, ob die vereinbarten Service Levels noch auf das aktuelle Geschäft abgestimmt sind.

## 1.2.5   Optimieren der vereinbarten Dienstleistung

In der Optimierungsphase wird die Dienstleistungsqualität sichergestellt, um so mögliche SLA Verletzungen zu vermeiden. Zusätzlich wird versucht die Kosten/Nutzen-Effizienz laufend zu optimieren.

### Reduktion von SLA-Verletzungen

Im externen Sourcing-Umfeld werden oft SLA-Verletzungen mit einer Malusregelung (Penaltys) inklusive einer Kostenrückerstattung versehen, um so den Leistungserbringer zu verpflichten, die geforderte Leistung zu liefern. Da der Malus den Profit der externen Source reduziert, hat er ein großes Interesse daran, langfristig die SLAs einzuhalten. Bei einer internen Leistungserbringung sind Malusregelungen mit Kostenrückerstattung eher unüblich, da es sich bei den Informatikkosten in vielen Unternehmen um eine rein interne Umbuchung handelt und somit kein effektiver Geldfluss stattfindet. Die Einhaltung der SLAs ist aber auch hier ein wichtiger Aspekt, um die gute Reputation der Informatik sicherzustellen.

Eine SLA Verletzung findet dann statt, wenn einzelne Service Levels der Service-Vereinbarung (SLA) nicht eingehalten werden. Für einen entsprechenden Business IT Service wurde z. B. die Verfügbarkeit von 99,5 %, über einen Monat gemessen und vereinbart. Erreicht wurde aber wegen eines größeren Ausfalls nur 99,1 %. Somit wurde das SLA im Bereich der Verfügbarkeit nicht eingehalten. Bei einer Verletzung ist in den meisten Fällen eine Root Cause-Analyse nötig (der Teil des Problem Management-Prozesses ist). In dieser Analyse wird versucht, die Ursache für die Nichteinhaltung der Verfügbarkeit zu finden. Eine Dekompositionsdarstellung des Business IT Services in verschiedene IT Services kann helfen, die Ursache für die Störung zu finden.

Zur Ansicht ist in Abb. 1.12 ein vereinfachtes Szenario dargestellt.

Wie die Darstellung aufzeigt, war die Ursache für den Ausfall eine Störung im Bereich des IT Service „Wide Area Networks mit Backup-Leitung".

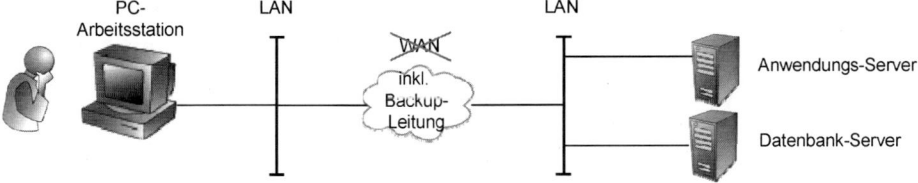

**Abb. 1.12**  Einfache End-to-End Business IT Service-Darstellung

Die Backup-Leitung hat den Betrieb nicht aufgenommen, da die Einstellungen auf den Routern nicht auf die aktuellen Protokolle ausgelegt waren. Grund dafür war, wie schon öfters in diesem Umfeld passiert, die Durchführung von Veränderungen, ohne Einbezug des Change Managements.

Um spätere mögliche SLA Verletzungen zu vermeiden, wurden im folgenden Beispiel entsprechende Maßnahmen definiert:

1. Es erfolgte eine Zusatzausbildung für Personen, welche den WAN IT Service betreuen, so dass die entsprechenden Veränderungen immer über den Change Management Prozess abgewickelt werden.
2. Es wurde ein Tool eingeführt, welches alle Hardware, Software und Konfigurationsveränderungen im WAN Umfeld sammelt und diese mit den entsprechenden Change-Tickets abgleicht. Falls weiterhin Veränderungen ohne die Einhaltung des Change-Prozesses erfolgen, so wird das entsprechende Linienmanagement informiert.
3. Einmal pro Quartal wird die Funktion Backup-Leitung während eines Change-Fensters überprüft. Falls die Funktion nicht gewährleistet ist, werden weitere Verbesserungsmaßnahmen eingeleitet.

Wie das Beispiel zeigt, können verschiedene Maßnahmen zur Reduktion der SLA Verletzungen eingeleitet werden. Folgendes Analysevorgehen hat sich bei vielen Unternehmen etabliert:

1. SLA Verletzung auf Stufe des Business IT Services erkennen
2. Lokalisieren des verursachenden IT Services
3. Identifizieren des Störungsgrundes
   - Technologieproblem
   - Prozessproblem (Rollenträger befolgen die Prozesse nicht)
   - Organisationsproblem
   - etc.
4. Falls nötig, Schritte zur Sicherstellung und Korrektur einleiten
5. Überprüfen, ob die eingeleiteten Schritte die gewünschte Verbesserung erbringen

### Sicherstellung der Dienstleistungsqualität

Die Vermeidung von SLA Verletzungen ist, wie im vorherigen Abschnitt beschrieben, ein wichtiger Aspekt. Bei einer Qualitätsbetrachtung sollte jedoch nicht nur dies im Vordergrund stehen. Basierend auf den verschiedenen IT-Prozessen wurden für jeden davon Messkennzahlen (KPIs) definiert. Viele Unternehmen versehen die KPIs und die SLA relevanten Kennzahlen mit meiner Rot/Gelb/Grün-Bewertung. Für eine spätere Rapportierung der Werte z. Hd. des Managements, ist dies sehr sinnvoll.

Nachfolgend zwei Beispiele, wie der Status des Business IT Services rapportiert werden kann (Tab. 1.2).

**Tab. 1.2**  Beispiel Service Levels mit Grün, Gelb und Rot Bewertung

| Service Level | Definition (G) grün | Definition (A) gelb | Definition (R) rot |
|---|---|---|---|
| Verfügbarkeit (End-to-End) | > 99,6 % | 99,5–99,6 % | < 99,5 % |
| Antwortzeit | < 1 Sek. | 1–1,5 Sek. | > 1,5 Sek. |

Der grüne Wert reflektiert in der Regel das SLA Target.

Mittels einer Gewichtung der einzelnen Service Levels und einer Konsolidierungsformel kann auch ein gesamter Service-Status mittels der Rot/Gelb/Grün-Bewertung angezeigt werden (siehe Abb. 1.13).

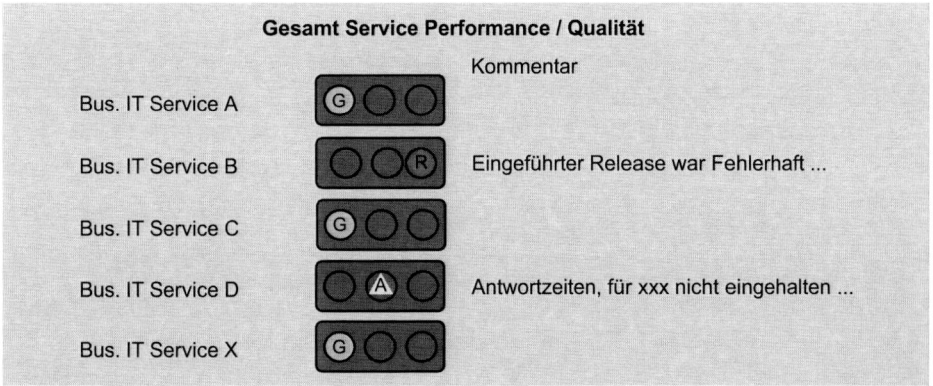

**Abb. 1.13**  MIS Business IT Service Sicht

## Kosten-/Nutzeneffizienz steigern

Wie im vorgehenden Abschnitt beschrieben ist es wichtig, die geforderte Qualität (Effektivität) zu erbringen. Zu vermeiden ist jedoch, dass die Wirtschaftlichkeit der gelieferten Leistung (Effizienz) in der Betrachtung der Dienstleistungserbringung vernachlässigt wird. Viele Unternehmen können jedoch die Kosten der Business IT Services inklusive der darunter liegenden IT Services nicht ausweisen. Somit fehlt die Basis für einen Kosten/Nutzen-Vergleich. Ein möglicher Ansatz, wie die IT-Betriebsbuchhaltung und die Leistungsverrechnung aufgebaut werden kann, ist im Abschn. 3.4.1 beschrieben.

In den nachfolgenden Bereichen besteht in vielen Unternehmen ein Potential, die Effizienz in der Informatikdienstleistung zu steigern.

### Service-Bereich

• Die Service Levels der Business IT Services sind nicht Kosten/Nutzen-orientiert auf die Geschäftsanforderungen abgestimmt.

Z. B. Gemäß einer Analyse arbeiten in einem beispielhaften KMU-Betrieb von 20:00–22:00 Uhr nur 1 % der Leistungsbezieher. Diese nutzen in dieser Zeitspanne keine geschäftskritischen Business IT Services. Somit könnte eine Reduktion der Service-Zeit von aktuell 7:00–22:00 auf 7:00–20:00 Uhr in Betracht gezogen werden. Was gemäß unserem Beispiel die Zeit des Onsite Supports oder der Pikettdienst von IT-Mitarbeitern reduziert und somit die IT-Kosten senken kann.

- Es bestehen zu viele unterschiedliche IT Service-Optionen.
  Z. B. der „Windows Standalone Service" mit folgenden Optionen (Optionen sind im folgenden Beispiel Ausprägungsarten eines IT Service mit unterschiedlichen Service Levels (Qualitätsmerkmalen) wie Service-Zeit, Verfügbarkeit, Leistung (Performance)):
  - Option 1. High Available/High Performance/Service-Zeit: Gold
  - Option 2. High Available/High Performance/Service-Zeit: Silber
  - Option 3. High Available/High Performance/Service-Zeit: Bronze
  - Option 4. High Available/Middle Performance/Service-Zeit: Gold
  - Option 5. High Available/Middle Performance/Service-Zeit: Silber
  - Option 6. High Available/Middle Performance/Service-Zeit: Bronze
  - Option 7. High Available/Low Performance/Service-Zeit: Gold
  - Option 8. High Available/Low Performance/Service-Zeit: Silber
  - Option 9. High Available/Low Performance/Service-Zeit: Bronze
  - Option x. Und die gleiche Anzahl für Middle Available-Optionen
  Hinzu kommen weitere IT Services in der Windows Gruppe, wie z. B. „Windows Virtual" oder „Windows Clustered" auch mit einer großen Anzahl weiteren Optionen.
  Der Aufbau, die Verwaltung und Steuerung dieser IT Services mit den vielen Optionen ist entsprechend komplex und führt zu verschiedenen Herausforderungen bei der Handhabung, wie z. B. bei der Kostenzuteilung je Option. Aus diesem Grund empfiehlt es sich, die Anzahl Optionen so klein wie möglich zu halten.
- Die Unternehmung erreicht bei vielen IT-Dienstleistungen die kritische Masse nicht, was sich in hohen IT-Kosten widerspiegelt. Durch ein gezieltes Sourcing könnten so eventuell standardisierte IT-Dienstleistungen zu günstigen Kosten bei professionellen Sourcing Partnern eingekauft werden.

**Prozessbereich**

- Viele Unternehmen machen bei der Prozesseinführung oft den gleichen Fehler und versuchen, die IT-Prozesse so aufzubauen, dass diese 100 % aller Anforderungen abdecken. Dies führt dazu, dass die Prozesse zu komplex werden. Bei einer erstmaligen Etablierung gilt der Grundsatz „weniger ist mehr" (Paretoprinzip). Wenn 80 % aller Anforderungen im Prozess beschrieben sind, kann mit der Einführung begonnen werden. Ausnahmen werden dann nach Aufkommen und Wichtigkeit als Ergänzung in den Prozess eingefügt. Falls in diesen Fällen keine Ergänzung im Prozess erfolgt, so kann ein Vermerk für den Prozessrollenträger hilfreich sein, der ihm aufzeigt, bei wem er nachfragen kann, um zu klären, wie er mit der außerordentlichen Situation umgehen muss.

- Bei vielen Medienbrüchen und/oder fehlender Workflow-Unterstützung bei stark genutzten Prozessen, wie z. B. Incident Management, Change Management und Service Asset and Configuration Management, kommt es zwangsläufig zu einer schlechten Kosten/Nutzen Effizienz.

Die Ursachen für die Einbußen in der Kosten/Nutzen Effizienz sind von Unternehmen zu Unternehmen unterschiedlich begründet. Es empfiehlt sich, eine detaillierte Analyse basierend auf der Lean Sigma® (Lean Management und Six Sigma) Methode durchzuführen, um die Effizienz wie auch die Effektivität zu steigern.

**Beispiel einer Lean Sigma® Analyse**   Besteht eine Überproduktion? (Overproduction)

- Mehrleistung durch falsch abgestimmte Kundenbedürfnisse.
  (Service Levels im SLA stimmen nicht mit den Kundenbedürfnissen überein)
- Regelmäßiges Überschreiten der Kundenanforderungen „Vergoldungs-Effekt".
  (Das Service Reporting weist eine massiv höhere Verfügbarkeit aus, als dies im SLA vereinbart wurde)
- Es werden Business IT Services zur Verfügung gestellt, welche kaum genutzt werden und nicht „Business-vital" oder „Business-kritisch" sind.

Bestehen Wartezeiten in den IT-Prozessabläufen? (Waiting)

- Wartezeiten zwischen Zuweisungen von Arbeitstasks.
- Leerlaufzeiten während automatisierten Workflows.
- Wartezeiten, welche durch Drittanbieter entstehen.

Bestehen Ablaufprobleme? (Motion)

- Fehlende oder suboptimale IT-Prozesse und oder IT-Aktivitäten.
- Fehlende Workflow-Unterstützung in Tools. Die Mitarbeiter müssen sehr viel manuell ausführen, was zeitaufwändig und fehleranfällig sein kann.
- Es bestehen viele manuelle Schnittstellen zwischen den Tools. Es kann sein, dass ein Event manuell ins Incident Tool übertragen werden muss, wenn dieses eine Störung anzeigt. Oder Evidenzen (Nachweise) für Audits müssen manuell aus den Tools ausgelesen werden, um diese in einer eigenen Datenbank zu speichern, so dass bei einem Audit die benötigten Informationen zur Verfügung stehen.
- Wichtige Ansprechpartner oder Prozessrollen sind nicht definiert oder nicht besetzt.

Besteht ein Transportproblem? (Transport)

- Es besteht ein nicht optimales Dispatching oder Weiterleiten von Aufgaben, so dass es zu Ping-Pong Arbeiten kommt.

- Es muss sehr viel vor Ort abgeklärt werden, da Remote Analyse- oder Support Tools fehlen.

  Ist das IT-Inventar nicht aktuell, zu komplex oder zu vielfältig? (Inventory)

- Jede Kundenanforderung basiert auf einer eigenen Lösung. Eine Standardisierung von IT-Dienstleistungen oder IT-Komponenten fehlt oder ist nur teilweise realisiert.
- Es gibt eine sehr große Anzahl von Servern, welche sehr schlecht ausgelastet sind.
- Kapazitäts- und Leistungsdaten auf Stufe der Business IT Services und IT Services fehlen oder sind nicht ausreichend.

  Sind viele Nachbesserungen erforderlich? (Rework)

- Unzureichendes oder mangelhaftes Testen vor Inbetriebnahme der Veränderung.
- Die Architekturgruppe entwickelt Systemspezifikationen/Anforderungen ohne eine Prüfung der Umsetzbarkeit.
- Anforderungen der Leistungsbezieher werden nur mangelhaft aufgenommen.

  Wird unnötige Mehrarbeit geleistet? (Over Processing)

- Es werden Systeme oder Arbeitsstationen ersetzt, ohne dass diese den Lebenszyklus erreicht haben oder einen massiven Defekt aufweisen.
- Sicherungen werden basierend auf einem zu kurzen Zyklus ausgeführt, was viel Systemressourcen benötigt.
- Reports werden erstellt, die niemand liest oder weiterverarbeitet
- Übertriebene Dokumentationen (dies ist jedoch eher selten der Fall).

  Gibt es Probleme basierend auf fehlendem Wissen oder einer falschen Stellenbesetzung? (Intellect)

- Den Mitarbeitern fehlt wichtiges Wissen, um ihre Arbeit optimal auszuführen.
- Die Fähigkeiten der Mitarbeiter entsprechen nicht dem Anforderungsprofil der Stelle.
- Die Ausbildung im Prozessbereich fehlt oder wird nicht laufend bei Anpassungen durchgeführt z. B. fehlende Prozess-Refresher-Kurse.

# Einführung eines IT Service Managements (IT SM) 2

In den meisten Unternehmen, in welchen der Autor als Berater tätig war und ist, sind die IT-Prozesse wie z. B. Incident Management, Problem Management und Change Management etabliert. Was jedoch oft fehlt, sind Prozesse wie Service Level Management, Service Catalog Management, Service Portfolio Management, Business Relationship Management oder auch Service Asset and Configuration Management.

In einigen Unternehmen war das Management sogar der Meinung, dass, wenn die Mitarbeiter die ITIL® Handbücher gelesen haben oder die Mitarbeiter eine ITIL® Ausbildung besucht haben, die ITIL® Prozesse so automatisch leben und somit die Prozesse als eingeführt gelten.

Spätestens nach einem Audit oder einem Assessment hat sich jedoch deutlich gezeigt, dass diese Meinung nicht der Realität entsprach und die IT Service Management-Prozesseinführungen basierend auf einem strukturierten Modell anzugehen sind. In diesem Abschnitt möchte der Autor etwas tiefer auf dieses Einführungsmodell eingehen.

## 2.1 Modell zur Einführung von IT SM-Prozessen

Falls neue Prozesse etabliert werden sollen, empfiehlt sich folgendes Vorgehen, welches an die Größe des jeweiligen Unternehmens angepasst werden kann.

Das hier vorgestellte Modell (siehe Abb. 2.1) unterscheidet vier verschiedene Einführungsbereiche:

- **Dokumentation**
  Auf dieser Ebene erfolgt die Definition und das Erstellen der entsprechenden Prozess- und Tool-Beschreibungen. Die Dokumentation dient als Nachschlagewerk bei Fragen betreffend der Prozessnutzung oder auch als Schulungsgrundlage für neue Mitarbeiter, welche Rollen innerhalb der Prozesse, wahrnehmen.

F. Kleiner, *IT Service Management*, DOI 10.1007/978-3-658-00181-0_2,
© Springer Fachmedien Wiesbaden 2013

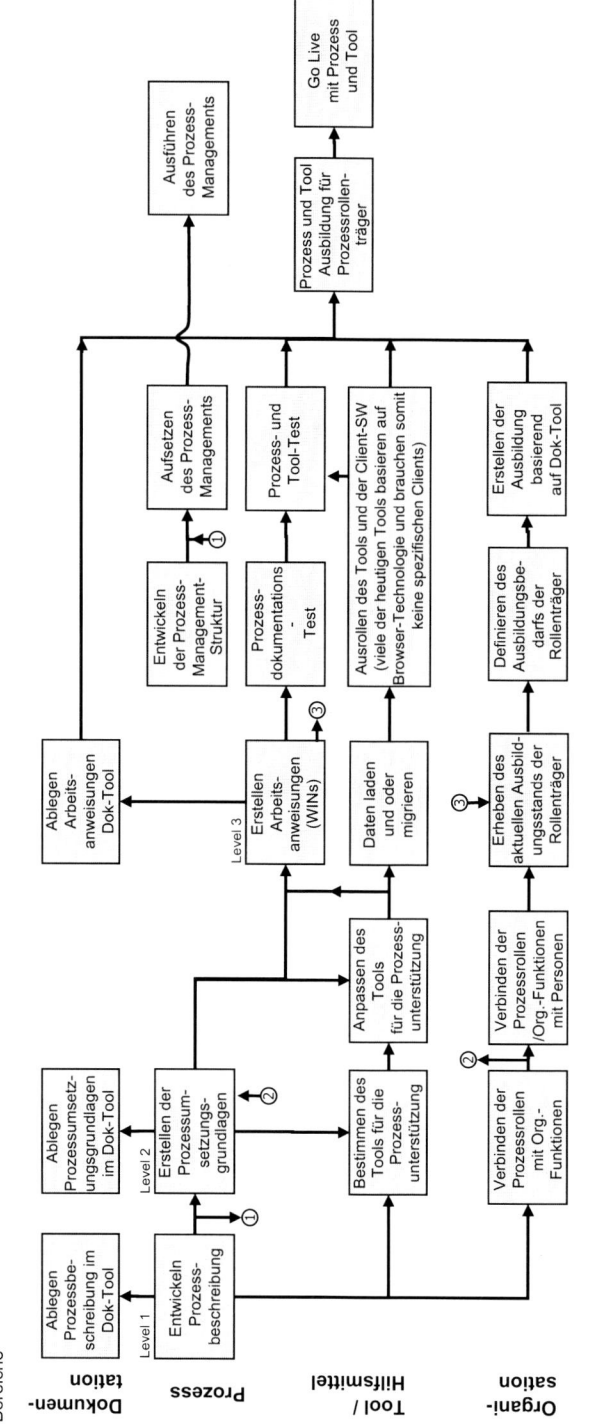

**Abb. 2.1** Einführungsmodell von IT SM-Prozessen

- **Prozess**
  Hier werden die nötigen Prozessschritte, die Prozessrollen inklusive der KPIs definiert, getestet und später in Verbindung mit dem entsprechenden Tool/Hilfsmittel eingeführt.
- **Tools/Hilfsmittel**
  Auf der Ebene der Tools/Hilfsmittel werden entsprechende Anwendungen und Software-Programme evaluiert oder auch entwickelt, um den Prozess zu unterstützen. Immer häufiger werden in diesem Bereich auch Workflow Tools eingesetzt, was die Prozessdokumentation auf Stufe der Arbeitsanweisungen, auch Working Institutions (WINs) genannt, stark vereinfacht. Die Prozessschritte, welche in einem Workflow Tool abgebildet werden, müssen nicht in einer WIN separat beschrieben werden.
- **Organisation**
  Auf der Organisationsebene werden die Prozessrollen den verschiedenen Mitarbeitern im Unternehmen zugeteilt und falls nötig, der Ausbildungsbedarf ermittelt.

Jedes Unternehmen kann dieses Einführungsmodell mit weiteren Ebenen, wie z. B. Verrechnungslösung, Drittanbieter (bei einem Sourcing), erweitern. Die Basis des Modells bleibt jedoch in den meisten Fällen bestehen.

## 2.2 Bereich: Dokumentation

Die Dokumentation der Informatikprozesse muss für jeden Rollenträger zur Verfügung stehen. Im Speziellen sind es die Arbeitsanweisungen (Working Instructions „WINs"), die den einzelnen Rollenträgern aufzeigen, in welchem Arbeitsschritt er sich befindet und wie er diesen ausführen muss. Aus diesem Grund sollte die Lösung, welche zur Prozessdokumentation verwendet wird, verschiedene Ansichten (Views) zur Verfügung stellen z. B. Ansicht nach IT-Prozessen, Ansicht nach IT-Prozessrollen oder optimalerweise auch nach IT-Funktionen (wie im Abschn. 1.2.3 beschrieben). Weitere zusätzliche Ansichten für Experten sind empfehlenswert, in denen z. B. jeder Process Manager oder Process Owner seine eigenen Prozesse sieht und diese pflegen oder Änderungen freigeben kann.

Das verwendete Tool sollte auch eine Versionierung bei Änderungen für einen späteren Audit Trail zur Verfügung stellen. Mittels einer Workflow-Unterstützung bei Prozessveränderungen, wie beispielsweise das Akzeptieren eines neuen Prozess-Inputs durch den verantwortlichen Process Manager oder die finale Abnahme/Freigabe von Prozessänderungen durch den Process Owner, kann die Pflege und Wartung der Prozessdokumentation vereinfacht werden.

Um sicher zu stellen, dass die Prozesse auf die Praxis und die Bedürfnisse der Rollenträger ausgelegt sind, hat sich ein Feedback-Knopf sehr bewährt, welcher in der Prozessansicht gedrückt werden kann, um Verbesserungen oder Anregungen zu platzieren. Das funktioniert selbstverständlich nur dann, wenn das Feedback seriös bearbeitet wird und nicht in einem großen schwarzen Loch verschwindet.

## 2.3   Bereich: Prozesse

Die Kernfrage in diesem Bereich ist: Welche Prozesse möchte man oder muss man etablieren? Da viele Firmen bereits verschiedene IT-Prozesse eingeführt haben, kann es sein, dass in einem zweiten Schritt zusätzliche Prozesse wie z. B. Business Relationship Management oder Financial Management einzuführen sind.

Bei Kunden, welche noch keine IT-Prozesse etabliert haben, stellt sich immer wieder die Frage, welche ITIL® Prozesse sollten in einer ersten Phase eingeführt werden und welche eher in einer zweiten oder dritten Phase.

Die untenstehende Auflistung basiert auf Erfahrungen bei unterschiedlichen Kunden und kann als Orientierungshilfe dienen. Da jedoch jeder Kunde eigene Anforderungen und Problemstellungen hat, können sich die Prozesse je Phase ändern. Die aufgeführten Prozesse sind nicht in einer bewerteten Reihenfolge innerhalb der Phase dargestellt, sondern entsprechen der Anordnung in den ITIL® Handbüchern.

**IT-Prozesse in der Phase 1**  (Aus Sicht des Autors sehr wichtig)

- Service Level Management (Service Design) → Der Service Level Management-Prozess sollte mindestens rudimentär eingeführt sein, so dass die Informatik weiß, was der Leistungsbezieher fordert
- Change Management (Service Transition)
- Service Asset and Configuration Management (Service Transition)
- Incident Management (Service Operation)
- Request Fulfillment (Service Operation)

**IT-Prozesse in der Phase 2**  (Aus Sicht des Autors wichtig)

- Business Relationship Management (Service Strategy)
- Financial Management (Service Strategy)
- IT Service Continuity Management (Service Design)
- Information Security Management (Service Design)
- Service Catalog Management (Service Design)
- Availability Management (Service Design)
- Capacity Management (Service Design)
- Event Management (Service Operation)
- Problem Management (Service Operation)
- Access Management (Service Operation)
- Service Portfolio Management (Service Strategy)

**IT-Prozesse in der Phase 3**   (Aus Sicht des Autors empfehlenswert)

- Demand Management (Service Strategy)
- Supplier Management (Service Design)
- Transition Planning and Support (Service Transition)
- Release and Deployment Management (Service Transition)
- Service Validation and Testing (Service Transition)
- Change Evaluation (Service Transition)
- Knowledge Management (Service Transition)
- Continual Service Improvement (CSI)[1]

Wie in der Ebene „Prozesse" in Abb. 2.1 dargestellt, erfolgt die Definition der IT-Prozesse in verschiedenen Schritten. Das Modell mit drei Leveln in der Definitionsphase hat sich sehr bewährt:

**Level 1: Entwickeln einer Prozessbeschreibung**   Dieser Schritt kann anhand der ITIL® Prozessdokumentation erfolgen und umfasst folgende Dokumentationstiefe:

- Prozessbeschreibung
- Prozessziele
- Prozessumfang (was ist enthalten, was ist nicht aufgeführt)
- Prozessschritte (Prozessboxen) und Unterschritte mit einer Beschreibung inklusive der Eingänge (Inputs) und Ausgänge (Outputs)
- Prozessrollen
- Beschreibung der zu erhebenden Prozessmesskennzahlen
- Definieren der Prozess-Management-Zuständigkeit

Es erfolgt die Zuteilung, wer die Process Owner und wer die Process Manager-Rolle für den entsprechenden Prozess übernimmt.

**Level 2: Erstellen der Prozessumsetzungsgrundlagen**   Dieser Schritt definiert, nach welchen Prinzipien und Grundlagen der Prozess umgesetzt wird. Dieser Schritt wird oft übersprungen oder nur sehr rudimentär vollzogen, was in einer späteren Phase zu großen Problemen führen kann. Ab dem Abschn. 3.3 sind unterschiedliche Beispiele ausgeführt, wie die einzelnen Prozesse umgesetzt werden können. Diese Dokumentation umfasst folgende Tiefe:

- Prinzipien/Guidelines zum Prozess
- Wichtige Umsetzungselemente → Diese sind je Prozess unterschiedlich

---

[1] Wie in diesem Buch beschrieben, wird davon ausgegangen, dass je Prozess KPIs definiert werden und diese auch ohne einen CSI Prozess entsprechend überwacht, rapportiert und falls nötig Verbesserungen aufgesetzt werden. Aus diesem Grund ist der CSI Prozess unter der Phase 3 aufgeführt.

- Eingesetzte Tools für die einzelnen Prozessschritte
- Zuteilung der Prozessrollen zu Organisationseinheiten und wo möglich zu einzelnen Funktionen sowie Personen
- Verwendete Messkennzahlen zur Steuerung des Prozesses inkl. der Berechnungsformel und, falls erwünscht, eine Rot/Gelb/Grün-Bewertungsskala für den Status der Messkennzahlen

**Level 3: Erstellen der Arbeitsinstruktionen (WINs)**  Das Erstellen der Arbeitsinstruktionen, später nur noch WINs genannt, erfolgt in Verbindung mit den prozessunterstützenden Tools. Das heißt, die WIN reflektiert auf der einen Seite die einzelnen Prozessschritte und beschreibt andererseits, was in den Tools durch den Prozessrollenträger ausgeführt werden muss. WINs sind nur nötig, wenn eine Workflow-Integration durch ein Tool fehlt. Besteht für den Prozess eine vollumfängliche Workflow-Unterstützung, so sind keine zusätzlichen WINs nötig, da alle Prozessschritte und Informationen im entsprechenden Tool vorhanden sind.

Für alle drei Schritte ist es sehr empfehlenswert, wenn Mitarbeiter mit zukünftigen Prozessrollen bei der Erarbeitung involviert sind, um die theoretischen Prozessabläufe mit der gängigen Praxis in der Unternehmung direkt verbinden zu können.

Mittels dem Prozessdokumentationstest wird sichergestellt, dass die Rollenträger die erstellten Prozessdokumente verstehen insbesondere die WINs.

Beim zweiten Test, welcher erst dann möglich ist, wenn das entsprechende Tool für die Prozessunterstützung zur Verfügung steht, erfolgt die Prüfung, ob das Tool alle Anforderungen erfüllt und ob die Arbeitsschritte in den WINs ausgeführt werden können.

Zum Thema des IT-Prozess-Managements sind drei Boxen im Modell aufgeführt. Diese Schritte können parallel zur Prozessentwicklung (Level 1–3) ablaufen:

**Entwickeln der Prozess-Management-Struktur (siehe Abb. 2.1 entsprechende Box im Bereich „Prozess")**  Wie im Abschn. 1.2.3 bereits beschrieben, ist es wichtig, dass die Prozess-Management-Rollen für jeden Prozess definiert sind. In der Regel sind dies der Process Owner und der Process Manager und in mittleren und größeren Organisationen auch eine Führungsrolle aller Process Manager (Head of Process Managers). Der Head of Process Manager stellt sicher, dass die Process Manager, basierend auf den Standards und definierten Richtlinien, die Prozesse entwickeln und warten. Zentral ist, dass es zwischen den einzelnen Process Managern regelmäßig Austausch-Meetings oder -Workshops gibt, so dass offene Fragen, Neuigkeiten oder auch das Prozess-Reporting, basierend auf den aktuellen Prozess-Messkennzahlen (KPIs), gemeinsam besprochen werden können. In diesem Schritt ist ferner zu definieren, wann die einzelnen KPIs zur Verfügung stehen z. B. immer am 10. Arbeitstag des neuen Monates.

Es empfiehlt sich, folgende Prozess-Management-Strukturelemente zu definieren:

- Welche Prozess-Management-Rollen z. B. Process Owner, Process Manager werden in der Unternehmung etabliert und durch welche Organisationsstufe werden diese eingesetzt?
- Welche Aufgaben, Kompetenz und Verantwortung (AKV) haben die definierten Prozess-Management-Rollen?
- Wie erfolgt die Eskalation, wenn ein Process Manager erkennt, dass Prozessrollenträger die Prozesse nicht einhalten, obschon diese mehrmals vom Process Manager darauf hingewiesen wurden?
- Wie erfolgt der Informations-Austausch zwischen den einzelnen Prozess-Management-Rollen (z. B. monatliche Meetings oder Web Session)?
- Wann sind die Prozesskennzahlen/KPIs zu liefern?
- Wer übernimmt das Rapportieren der Kennzahlen gegenüber dem Management?

**Aufsetzen des Prozess-Managements (siehe Abb. 2.1 entsprechende Box im Bereich „Prozess")**  Diese Aktivität beinhaltet das Besetzen der Prozess-Management-Rollen und das Etablieren weiterer Strukturelemente wie z. B. Austausch-Meetings für die Process Manager.

**Ausführen des Prozess-Managements (siehe Abb. 2.1 entsprechende Box im Bereich „Prozess")**  Diese Aktivität ist am einfachsten zu beschreiben, sie umfasst grundsätzlich nur: „Leben, was im Prozess-Management definiert und aufgesetzt wurde".

In der Realität ist dies jedoch, so wie es scheint, sehr schwierig umzusetzen. Anbei zwei Beispiele wo es scheitern kann:

- Die gemeinsamen Austausch-Meetings mit den Prozess-Managern finden nicht statt.
- Die Prozess KPIs werden nicht geliefert oder die Lieferung erfolgt nicht zum vereinbarten Zeitpunkt.

Meistens hängt der Erfolg vom Leiter aller Prozess-Manager (Head of Process Manager) ab. Dieser ist in vielen Unternehmen eine wichtige Galionsfigur. Wenn diese Person es möglichst mit Charisma, Visionen, einem sehr breiten Prozessverständnis und interessanten Themen schafft, die einzelnen Process Manager bei den Austausch-Meetings mit Begeisterung für seine Themen zu fesseln und zu motivieren, dann beginnt ein wichtiger Teil des Prozess-Managements zu „leben".

… zum Abschluss dieses Bereiches ein wichtiger Punkt zum Thema Prozesse:

Prozesse ersetzen nicht die zwingend erforderliche zwischenmenschliche Kommunikation und auch nicht das Mitdenken, der Mitarbeiter, da sich Prozesse nie bis ins letzte Detail definieren lassen.

## 2.4   Bereich: Tools und Hilfsmittel

Unter Tools und Hilfsmittel fallen alle Anwendungen, welche einen Prozess unterstützen. Dies kann ein Incident Management Tool wie z. B. IBM Tivoli Service Request Manager oder BMC Remedy IT Service Management Suite sein. Es kann auch eine MS Excel Liste sein, welche zentral auf einem Microsoft SharePoint oder IBM Lotus Team Room abgelegt ist, auf welchem z. B. die verschiedenen Service Portfolioansichten für die strategische Bewertung geführt werden. Eine solche MS Excel Liste wird als Hilfsmittel bezeichnet und nicht als ein Tool. In der WIN ist Verwendung dieser Hilfsmittel detailliert beschrieben, da diese keine Workflows unterstützen.

Die Anforderungen für das Tool oder das Hilfsmittel werden vom entsprechenden Prozess und den Umsetzungsgrundlagen definiert. Für den Autor hat der Leitspruch „Tools follow processes" eine maßgebende Bedeutung. Viele Unternehmen schaffen als erstes ein Tool an und stellen dann fest, dass dieses die benötigten Prozesse nicht abbilden kann. Dies bedeutet, dass gut optimierte Informatikbetriebsabläufe dem Tool angepasst werden müssen und diese so komplexer oder aufwendiger für die Rollenträger werden. Aus diesem Grund wird empfohlen, als erstes die Prozesse und die Umsetzungsgrundlagen zu dokumentieren und basierend auf diesen eine Evaluation des Tools zu starten. Im zweiten Schritt erfolgt die Anpassung und oder Parametrisierung des Tools. Die Parametrisierung kann beim Incident Management Tool die Abbildung der verwendeten Severity-Klassen oder die Abbildung der Dispatcher-Kreise sein. Im dritten Schritt erfolgt das Laden oder Migrieren der nötigen Daten für die Tool-Verwendung. Im vierten und letzten Schritt in diesem Bereich wird das Tool entsprechend ausgerollt, so dass es nach einer Schulung von den Rollenträgern verwendet werden kann.

## 2.5   Bereich: Organisation

Die vorgängig definierten Rollen innerhalb des Prozesses werden mit der funktionalen Organisation verbunden. Dies bedeutet, dass definiert wird, welche Funktion innerhalb der Informatik die entsprechende Aktivität z. B. „Bewertung des Changes", welcher der Rolle „Change Analyst" zugewiesen ist, auszuführen hat.

Im zweiten Schritt wird festgelegt, welche Person innerhalb der Organisationsfunktion diese Rolle ausüben wird. Nach diesem Schritt ist bekannt, welche Person die entsprechende Rolle besetzt. Basierend auf dieser Nominierung kann der Ausbildungsbedarf ermittelt werden.

Um zu bestimmen, ob und wie weit dieser wirklich besteht, ist es sinnvoll, in einem dritten und vierten Schritt den aktuellen Ausbildungsstand basierend auf den neuen Anforderungen aufzunehmen und daraus den effektiven Ausbildungsbedarf zu ermitteln.

Bei den meisten Einführungen entsteht ein Ausbildungsbedarf, da vielfach ein neues prozessunterstützendes Tool etabliert wird.

Als fünfter und letzter Schritt wird basierend auf dem Ausbildungsbedarf und der bestehenden Prozessdokumentation eine entsprechende Ausbildung durchgeführt.

Bei der Einführung von neuen Prozessen hat sich eine Grundausbildung über eine webbasierende Lösung für die Mitarbeiter sehr bewährt. Somit kann sich der Mitarbeiter während seiner Arbeit das erste Grundverständnis des Prozesses aneignen und erlernt so seine Aufgabe innerhalb des ganzen Prozesses.

Die vertiefte Prozess- und Tool-Ausbildung sollte in einer Face-to-Face-Ausbildung erfolgen, welche durch den entsprechenden Process Manager ausgeführt wird. Auf diese Weise lernen die Rollenträger den zuständigen Process Manager kennen und haben die Möglichkeit, direkt Fragen zu stellen. In vielen Unternehmen, mit Schulungen durch die Process Manager in Frontalkursen, sind die Prozesse praxisnäher umgesetzt, da die Rollenträger in der Ausbildung und auch später eine Feedback-Kultur zu den jeweiligen Process Managern etablieren.

## 2.6   Verankerung des IT Service Managements in der Führungsebene

Leider hat der Autor schon viele IT-Prozess- und IT Service Management-Einführungen scheitern sehen, weil die meisten dieser Vorhaben in der obersten Führungsebene nicht genügend verankert waren.

Aussagen oder Haltungen der Führungsebene wie:

- IT Service Management zu etablieren, finden wir eine gute Idee, dann startet mal damit
- Eine IT Service Management Einführung erfolgt „On the Job". Dazu brauchen wir kein Projekt und auch keine zusätzlichen Ressourcen
- Das IT Service Management Projekt ist ein rein internes IT-Projekt und erfordert somit keine Involvierung des Leistungsbeziehers

sind wenig hilfreich, bei der Einführung von IT Service Management. Diese Beispiele zeigen klar, dass eine Verbindlichkeit (Commitment) in der Führungsebene fehlt oder das Vorhaben massiv unterschätzt wird und so eine erfolgreiche Umsetzung stark gefährdet ist.

Falls die Führungsebene IT Service Management etablieren oder auch optimieren möchte, muss sich diese näher mit diesem Thema befassen. Sie muss eine Vision/Strategie entwickeln und sich im Klaren sein, welche Ziele mittels des IT Service Managements erreicht werden sollen. Zusätzlich sind die entsprechenden Ressourcen (Personen, finanzielle Mittel, Zeit etc.) dem Umsetzungsteam zur Verfügung zu stellen. Das Führen und Steuern der Informatik wird sich nach der Einführung auf die ausgewiesenen Service- und Prozesskennzahlen fokussieren. Die Transparenz und Verbindlichkeit der Informatik, nach innen wie nach außen, wird entsprechend zunehmen.

Nur mit dieser Transparenz kann sich das Unternehmen optimal organisieren und, falls nötig, einzelne Business-Prozesse oder -Produkte ändern oder abbauen, wenn das Kosten/Nutzen-Verhältnis dieser nicht stimmt.

Ein Management-Commitment besteht, wenn:

- das IT Service Management in der IT-Vision und IT-Strategie aufgeführt ist
- die obere IT-Führungsebene sich um das IT Service Management Marketing kümmert (nicht nur innerhalb der IT, sondern auch beim Leistungsbezieher)
- die Führung und Steuerung der IT basierend auf dem Service- und den Prozesskennzahlen erfolgt
- die entsprechenden Ressourcen (Personal, finanzielle Mittel, Zeit etc.) für die Realisierung und das „Leben" von IT Service Management zur Verfügung gestellt werden
- das mittlere Management die Ownership der einzelnen IT-Prozesse übernimmt und die Messkennzahlen gegenüber dem oberen Management rapportiert

## 2.7  Führung und Leitung des Vorhabens

Die Einführung von IT Service Management oder auch nur einzelner IT-Prozesse mit den entsprechenden Tools, ist ein größeres Projekt und sollte auch über eine Projekt-Management-Methode abgewickelt werden.

Da es zu diesem Thema viele gute Sachbücher gibt, möchte der Autor nicht weiter auf das Projekt-Management in diesem Kapitel eingehen.

Erfahrungsgemäß ist wichtig, dass neben dem Projekt-Management auch ein Veränderungs-Management eingesetzt wird, um den Projekterfolg sicher zu stellen.

Dazu möchte der Autor drei Statements aus verschiedenen Quellen aufführen (siehe Abb. 2.2).

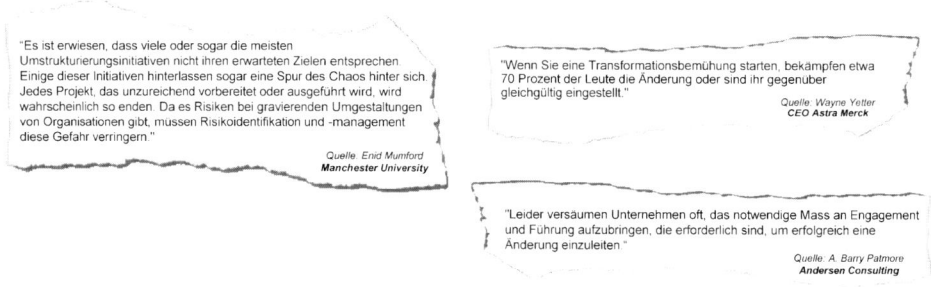

**Abb. 2.2**  Aussagen zum Thema „Veränderung"

Jede größere Einführung bedeutet für viele Mitarbeiter Unsicherheit, ein Verlassen der Komfortzone, ein äußerer Zwang, sich den geänderten Anforderungen anzupassen, oder auch zusätzliche Weiterbildung.

Das Veränderungs-Management hilft durch eine gute und gezielte Kommunikation und Information, den Mitarbeitern den Inhalt und die Vorteile der Veränderung aufzuzeigen. Folgender Nutzen ergibt sich daraus:

- Entwickeln von Verständnis und Akzeptanz bezüglich dem Bedarf für eine Veränderung
- Betroffene werden zu Beteiligten
- Verhindern eines größeren Leistungseinbruchs
- Sicherstellen und Steuern des Veränderungsprozesses, so dass dieser nachhaltig stattfindet

Gemäß einer Studie (Quelle: Bureau of Labour Statistics Study) kann die Produktivität der Mitarbeiter von 60 % (vor der Veränderung) auf bis zu 15 % (während der Veränderung) fallen (siehe Abb. 2.3).

**Abb. 2.3** Leistungskurve bei einer Veränderung

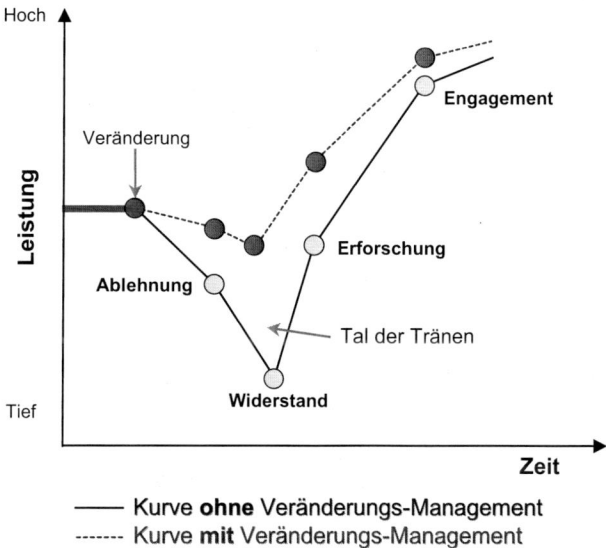

Mittels des Veränderungs-Managements wird bezweckt, diesen Verlust der Produktivität so klein wie möglich zu halten. Während der Veränderung geht die Produktivität vielfach zurück, da oft Schulungen für die Neuerung nötig sind und die Mitarbeiter zu Beginn der Veränderung noch nicht die bisherige Leistung erreichen.

Das hier aufgeführte Vorgehensmodell mit verschiedenen Aspekten je Schritt, hat sich bei Veränderungen sehr gut bewährt:

- Bewusstsein für eine Veränderung schaffen
  - Wo liegen die Schwierigkeiten und Herausforderungen?
  - Was passiert in der Zukunft, wenn nichts verändert wird?
  - Was soll geändert werden?

- – Wo liegt die Systemgrenze?
- – Besteht bei den Betroffenen ein Problembewusstsein?
- Eine Vision und Strategie mit messbaren Ziele definieren
  - – Mit der Vision wird die Richtungsweise festgelegt
  - – In der Strategie wird das Warum, Wofür, Wohin und die messbaren Ziele für die Ver-
    änderung definiert
- Veränderungs-Management-Aktivitäten planen
  - – Einbezug der Mitarbeiter, um gemeinsam mit ihnen die Veränderung zu gestalten
  - – Kommunizieren der Vision, Strategie und deren Ziele
  - – Change Readiness des zu verändernden Bereiches aufnehmen
  - – Erheben und Bewerten der Key Stakeholder
  - – Suchen und Etablieren der Change Agenten
  - – Entwickeln von weiterführenden Kommunikationsaktivitäten (Kommunikations-
    plan)
  - – Erheben des Ausbildungsbedarfs der entsprechenden Personen
  - – Einbinden der Veränderungsaktivitäten in der gesamten Projektplanung
- Veränderungs-Management-Aktivitäten umsetzen
  - – Umsetzung des Kommunikationsplans mit Hilfe der Change-Agenten
  - – Einleiten von weiteren flankierenden Maßnahmen, um die Akzeptanz bei den Key
    Stakeholdern zu fördern
  - – Aus dem Veränderungs-Management gewonnene Verbesserungen werden an das
    Projekt Management weitergeleitet
- Erfolg der Aktivitäten des Veränderungs-Managements prüfen und falls nötig Korrek-
  turen in der Planung und Umsetzung vornehmen
  - – Zweites Change Readiness Assessment durchführen, um den Bedarf weiterer Maß-
    nahmen zu definieren
  - – Falls nötig, zusätzliche Aktivitäten planen und diese entsprechend umsetzen
- Abschluss des Projekts feiern
  - – Dieser Schritt geht meistens unter, ist aber für den Abschluss des Projekts von großer
    Bedeutung. Wenn die Prozesse richtig und authentisch eingeführt worden sind, wird
    dieser Abschluss als positive Erinnerung im Gedächtnis aller Beteiligten bleiben.
  - – Review des Projekts mit „Lesson Learned" inkl. der Weitergabe an die involvierten
    Personen

Zusammenfassend zu diesem Thema möchte der Autor folgende, kritische Erfolgsfak-
toren für eine Veränderung aufführen:

- Ein „Need for Change" muss für alle ersichtlich sein
- Eine klare Vorgabe der Richtung muss definiert sein und vermittelt werden
- Eine sichtbare Führung (Leadership) muss erkennbar sein
- Ein Management Commitment betreffend der Veränderung muss für alle spürbar sein
- Ein effektives und effizientes Projekt Management existiert

- Die zu erreichenden Ziele sind messbar und werden laufend überwacht
- Eine breite Beteiligung der Mitarbeiter am Veränderungsprozess muss gegeben sein
- Die Ressourcen für die Veränderung müssen zur Verfügung gestellt werden
- Eine Zielgerichtete und auf die Empfänger abgestimmte Kommunikation muss regelmäßig stattfinden

… und das Wichtigste zum Schluss:

Man kann während einer Veränderung nie zu viel kommunizieren; auch nicht kommunizieren ist eine Art der Kommunikation, doch ob diese Art die gesetzten Ziele erreichen lässt, ist sehr fragwürdig.

# IT Service Management-Umsetzungsbeispiele 3

Bisher haben sie ein Grundverständnis eines ganzheitlichen IT Service Management-Konzepts erworben. In diesem Kapitel stehen nun die Umsetzungsbeispiele im Vordergrund, mit denen Sie Prozessmanagement, Services und die einzelnen Prozesse in Ihrem Unternehmen etablieren können.

Dazu wird je Prozess folgende Struktur verwendet:

- **Inhaltbeschreibung mit den wichtigsten Prozessschritten**
  Diese beinhaltet nur eine Beschreibung des Prozesses. Für eine Vertiefung eignet sich das Studium der ITIL® Handbücher. Aufgrund der langjährigen Beratungtätigkeiten des Autors bei der IBM Schweiz AG beruhen viele Erkenntnisse und Erfahrungen auf dem PRM-IT Modell der IBM®, welches auf ITIL® basiert.
- **Prinzipien für die Prozessumsetzung**
  Diese bilden die Leitplanken für Umsetzung und Nutzung des Prozesses und sollten somit während der Prozessentwicklung im entsprechenden Team diskutiert und definiert werden. Eine Abnahme dieser Prinzipien durch den Process Owner oder das IT Management wird empfohlen.
- **Prozessspezifische Informationen**
  Dieser Teil ist in vielen Prozessen der umfangreichste und je Prozess unterschiedlich. Diese Inhalte werden auf der gleichen Kapitelstufe wie die Inhaltsbeschreibung, Prinzipien etc. geführt.
- **Zuteilung der Prozessrollen**
  In diesem Abschnitt wird jeweils auf verschiedene, mögliche Prozessrollen und oder -Funktionen eingegangen und wie diese durch die IT und durch das Business besetzt werden können.
- **Messkennzahlen für die Überwachung des Prozesses**
  Basierend auf ITIL® oder auch COBIT (Control Objectives for Information and related Technology) gibt es sehr viele Messkennzahlen (KPIs). In diesem Abschnitt wird jeweils aufgezeigt, welche KPIs sich im Praxisumfeld bewährt haben und es wird versucht

F. Kleiner, *IT Service Management*, DOI 10.1007/978-3-658-00181-0_3,
© Springer Fachmedien Wiesbaden 2013

eine mögliche Grün-, Gelb-, Rot-Bewertung aufzuzeigen, damit das Reporting der KPIs vereinfacht werden kann. Die aufgeführten Werte sind jedoch von Unternehmung zu Unternehmung unterschiedlich. Zusätzlich steht dem Leser hier ein QR-Code für ein mögliches Feedback zur Verfügung.

## 3.1  Aufbau einer Prozess-Management-Organisation

Im Abschn. 1.2.3 wurde kurz auf die Rollen für das Prozess-Management (in anderen Literaturen auch Process Governance genannt) eingegangen. In diesem Kapitel möchte der Autor dieses Thema noch ein wenig vertiefen, da die beiden Rollen IT Process Owner und IT Process Manager für die Umsetzung der Prozesse sehr wichtig sind.

Nach der Definition, welche Prozesse in der Informatik umzusetzen sind, erfolgt oft eine Aufteilung der Prozesse auf die entsprechenden Informatikbereiche (z. B. Entwicklung, Betrieb, Support). Beispielhaft ist in Tab. 3.1 eine mögliche Aufteilung der IT-Prozesse auf den Organisationsbereich aufgeführt.

**Tab. 3.1**  Mögliche Aufteilung der IT-Prozesse auf den Organisationsbereich

| Organisationsbereiche | | | | | |
|---|---|---|---|---|---|
| Architektur/ Qualität | Entwicklung | Betrieb | Support | Service Management | Stab |
| Availability Management | Transition Planning and Support | Change Management | Incident Management | Service Level Management | Financial Management |
| Knowledge Management | Release and Deployment Management | Service Asset and Con-figuration Management | Request Fulfillment | Business Relationship Management | Information Security Management |
| Continual Service Im-provement | Service Va-lidation and Testing | IT Service Continuity Management | Problem Management | Service Cata-log Management | Supplier Management |
| | Change Eva-luation | Capacity Management | Access Management | Service Port-folio Management | |
| | | Event Management | | Demand Management | |

Die Aufteilung der IT-Prozesse auf die einzelnen Bereiche der Informatik bedeutet nicht, dass die Prozesse nur für diesen Bereich gelten, sondern, dass die Besetzung der Process Owner-Rolle und der Process Manager-Rolle durch diesen Bereich wahrgenommen werden muss.

Der zuständige Bereichsleiter hat nun die Aufgabe, die Process Owner-Rolle durch Management-Vertreter aus seinem Führungsteam zu besetzen. Falls dies nicht erfolgt, so kann mit einem Prinzip sichergestellt werden, dass der Bereichsleiter die Process Owner Rolle so lange inne hat, bis er einen Process Owner definiert.

**Aufgaben des IT Process Owners** Es ist möglich und auch meistens die Regel, dass der Process Owner für mehrere Prozesse verantwortlich ist. Dies bedeutet, dass der Owner sicherstellt, dass für jeden Prozess, welcher in seinem Verantwortungsbereich liegt, ein Process Manager definiert ist. Wie bereits im Abschn. 1.2.3 beschrieben, ist es auch auf dieser Stufe sinnvoll, das gleiche Prinzip wie auf der Stufe des Bereichsleiters zu etablieren. Dies bedeutet, dass der Process Owner die Process Manager-Rolle so lange übernehmen muss, bis eine Person gefunden ist, welche die Process Manager-Rolle übernimmt.

Der Process Owner nimmt Änderungen im Prozess ab und entscheidet, ob diese in der IT-Führung zu besprechen sind. Falls finanzielle Mittel für die Umsetzung oder Verbesserung des Prozesses, z. B. durch eine bessere Tool-Unterstützung, benötigt werden, so vertritt der Process Owner dieses Anliegen im Führungs-Team. Es ist auch sinnvoll, wenn der Process Owner die einzelnen KPIs in den regelmäßigen Bereichs-Meetings oder Führungs-Meetings für seine verantwortlichen Prozesse präsentiert. Dies hat sich leider noch nicht in allen Unternehmen durchgesetzt. Der Autor unterstützt jedoch diesen Ansatz sehr.

Bei Problemen mit der Prozessumsetzung, z. B. wenn ein Prozess von einzelnen Mitarbeitern aus anderen Bereichen nicht eingehalten wird, kann der Process Manager, falls seine Bemühungen nicht erfolgreich waren, diesen Umstand über seinen Process Owner eskalieren. Dieser wird dann über die Führungshierarchie diesen Umstand klären.

Es ist auch sinnvoll, wenn der Process Owner regelmäßig kleine Prozess-Audits durchführt, um sicherzustellen, dass die Prozesse, welche in seiner Verantwortung liegen, auch umgesetzt werden.

**Aufgaben des IT Process Managers** Der IT Process Manager ist für die Definition, Umsetzung, Schulung und Kontrolle des Prozesses verantwortlich. Dies heißt, er erstellt und wartet die Prozessbeschreibung, Prozessumsetzungsgrundlagen und die Arbeitsanweisungen (WINs) basierend auf dem eingesetzten Tool, welches den Prozess unterstützt. Oft übernimmt der Process Manager auch die entsprechende Verantwortung für Anpassungen und Erweiterungen des eingesetzten Tools.

In kleineren und mittleren Unternehmen ist es vielmals üblich, dass ein Process Manager für mehrere Prozesse zuständig ist. In den meisten Unternehmen ist dies keine Vollzeitrolle, sondern meist übernimmt ein Mitarbeiter neben seiner üblichen Arbeit zusätzlich die Aufgabe als Process Manager. Wenn jedoch das Tagesgeschäft den Mitarbeiter bereits vollständig auslastet, so ist es nicht sinnvoll, diesem Mitarbeiter auch noch die Aufgabe des Process Managers zu übertragen. Es ist bei der Besetzung immer zu beachten, dass der Mitarbeiter genügend Zeit hat, diese Rolle entsprechend verantwortungsbewusst wahrzunehmen. Der Autor wird immer wieder von Kunden gefragt, wie viel Aufwand die Process Manager Rolle für einen Mitarbeiter bedeutet. Mit einer eindeutigen Prozentzahl für alle Prozesse kann dies leider nicht beziffert werden. Es schwankt in der Regel von 5–30 Stellen-

prozente je Prozess. Um den Aufwand für die Process Manager Rolle zu reduzieren, kann es
sinnvoll sein, dass eine der Personen, welche bereits die Manager Rolle, im Prozess inne hat,
auch die Process Manager Rolle übernimmt. Dies wären z. B. die Rollen Change Manager,
Incident Manager und Capacity Manager. Mit dieser Besetzung ist es möglich, Synergien
zwischen diesen beiden Rollen zu nutzen, da generell die Manager Rolle innerhalb des Prozesses einen guten Überblick betreffend der Umsetzung des Prozesses durch die Erstellung
der KPIs hat und bei der täglichen Arbeit erkennbar ist, wo die Schwachstellen im Prozess liegen. Der Process Manager rapportiert regelmäßig den Prozessstatus an den Process
Owner. Monatliche Face-to-Face Meetings zwischen diesen beiden Rollenvertretern haben
sich bestens bewährt. Bei international tätigen Unternehmen ist dies jedoch nicht immer
möglich, da sich der Process Owner nicht immer am gleichen Standort aufhält, wie der
Process Manager.

In diesen Meetings werden grundsätzlich folgende Themen besprochen:

- Prozesskennzahlen (KPIs)
- Probleme bei der Prozesseinhaltung, z. B. wo sind Eskalationen über den Process Owner
  nötig
- Mögliche Veränderungen am Prozess
  - Genehmigung für Anpassung der Prozessdokumentation einholen
  - Bei größeren Veränderungen wird ein Budget-Antrag besprochen
- Geplante Schulungsaktivitäten
- Verschiedenes

Damit die Process Manager-Rolle auch optimal umgesetzt werden kann, ist es wichtig, dass dem Process Manager in der Informatik auch Kompetenzen eingeräumt werden.
Mit einer Prozessorientierung ist es möglich, dass die Unternehmung von einer rein hierarchisch geführten Informatikorganisation zu einer Matrix gesteuerten Informatikorganisation wechselt. Dies wird realisiert, indem die Process Manager so wie andere Rollen
innerhalb des Prozesses direkt auf Mitarbeiter in den Abteilungen zugreifen und diese, falls
sie die Prozesse nicht einhalten, entsprechend dazu auffordern, dies zu tun.

Die Abb. 3.1 zeigt dies an Hand des Incident Management-Prozesses.

Im Rahmen seines Prozesses hat der Process Manager Durchsetzungsbefugnisse und
kann so direkt auf alle Mitarbeiter, welche eine Rolle innerhalb des Prozesses besetzen, zugreifen und falls nötig die Befolgung des Prozesses durchsetzten. Ist dies nicht erfolgreich,
so erfolgt eine Eskalation an den Process Owner, welcher die Situation über die Linienor-
ganisation klärt.

Es ist sinnvoll, beide Personen (Process Owner und Process Manager) im Prozessdokumentations-Tool für alle Nutzer gut ersichtlich aufzuführen. Dies erleichtert die Suche nach
einer Unterstützung, falls der Prozessrollenträger Prozessabläufe oder WINs nicht versteht.
So kann sich der Prozessrollenträger beim Process Manager melden. Zusätzlich zeigt es auf,
dass das Management hinter den definierten Prozessen steht.

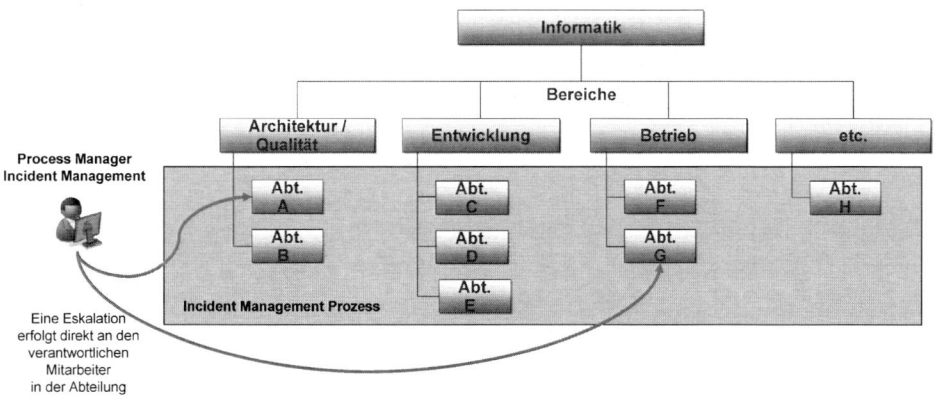

**Abb. 3.1** Durchsetzungsbefugnisse der Process Manager Rolle

**Aufgaben des Head of Process Managers** Der Head of Process Manager führt auf einer fachlichen Basis die einzelnen IT Process Manager. Oft haben die Process Owner kein vertieftes Wissen über den Zusammenhang der einzelnen IT-Prozesse und die Umsetzungsmöglichkeiten einer Prozesslandschaft innerhalb der Informatik. Der Head of Process Manager definiert Standards und Richtlinien für die Prozessdokumentation. Er steht aber auch den einzelnen Process Managern für prozessuale Fragen zur Verfügung und hilft diesen beim Abgleich von Schnittstellen zwischen den Prozessen. Um den Austausch zwischen den Process Managern zu fördern werden durch den Head of Process Manger auch regelmäßig Meetings aufgesetzt, bei denen alle Process Manager teilnehmen. In diesen Meetings werden Neuerungen im Prozessumfeld besprochen. Dies kann z. B. eine Neuerung im Bereich der Unternehmensrichtlinien und deren Auswirkung auf die Prozesse sein oder Erweiterungen im Bereich der Prozessdokumentations-Tools. In diesen Meetings ist es ferner sinnvoll, wenn jeder Process Manager kurz den Status seines Prozesses aufzeigt und, falls nötig, Änderungen und Probleme bei der Umsetzung anspricht.

Es empfiehlt sich, die Head of Process Manager-Rolle mit einer erfahrenen Person zu besetzen, welche in der Vergangenheit über längere Zeit auch die Rolle eines Process Managers inne hatte und entsprechende Erfahrung vorweisen kann.

Mit diesem QR-Code können Sie ein Feedback für Abschn. 3.1 abgeben.

## 3.2    Bildung von Business IT Services und IT Services

Im Abschn. 1.2.2 wurde kurz auf die Bildung von Business IT Services und IT Services eingegangen. In diesem Kapitel möchte der Autor diesen wichtigen Aspekt weiter vertiefen.

Die Unterscheidung von Business IT Services und IT Services ist aus Sicht des Autors ein sehr wichtiger Aspekt für ein erfolgreiches IT Services Management. Fehlt diese Trennung, das heißt alle Services werden mit dem Begriff IT Services geführt, so fehlt aus Sicht des Autors die Unterscheidung eines Halbfabrikates, was im Grunde genommen ein IT Service ist, zu einem Fertigfabrikat, was ein Business IT Service darstellt.

### 3.2.1    Business IT Services

Die Business IT Services repräsentieren das Dienstleistungsangebot der Informatik gegenüber den Leistungsbeziehern. Würde die Informatik ihre Dienstleistung an Dritte anbieten, z. B. als ein Outsourcer, welcher SAAS[1] Dienstleitungen anbietet, so könnte man hier an Stelle von Business IT Services auch von Produkten mit einem definierten Leistungsumfang sprechen, welche angeboten werden. In diesem Buch möchte der Autor jedoch den Begriff des Business IT Services für diese Art von Dienstleistung verwenden.

Viele Unternehmen haben bei der Definition von Business IT Services Schwierigkeiten, da eine Service-Sicht in der Informatikerbringung noch nicht „State of the Art" ist und es auch noch nicht sehr viel Literatur über dieses Thema gibt. Aus diesem Grund findet man in vielen Firmen vielfach je Geschäftsanwendung ein Service Level Agreement, welches die Leistung der Geschäftsanwendung definiert. Bei mittleren und größeren Unternehmen mit einer größeren Anzahl Anwendungen (bei einer Großbank können dies schnell über 3000 Geschäftsanwendungen sein) und einer Verknüpfung dieser untereinander wird die Verwaltung der SLAs auf Stufe von Geschäftsanwendungen sehr komplex. Zusätzlich stellt der Leistungsbezieher schnell fest, dass zwar die Anwendung läuft, aber einzelne Daten, welche benötigt werden, nicht zur Verfügung stehen, da eine andere Anwendung ausgefallen ist und so die Arbeit nicht ausgeführt werden kann, obschon gemäß SLA die Anwendung zur Verfügung steht.

Basierend auf der größeren Anzahl von Geschäftsanwendungen und einer synchronen Verknüpfung dieser untereinander ist es sinnvoll, Business IT Services zu etablieren. Die Entwicklung der Business IT Services sollte immer in Zusammenarbeit mit dem Leistungserbringer erfolgen, da dieser am besten beurteilen kann, welche Zusammenhänge berücksichtig werden müssen und wann ein Business IT Service als verfügbar gilt.

---

[1] SAAS (Software as a Service) oder teilweise auch (Solution as a Service) genannt.

Um Business IT Services zu definieren, ist ein 4-Schritt Ansatz von Vorteil:

1. Ermitteln aller Geschäftsanwendungen
2. Unterteilen der Geschäftsanwendungen in arbeitsplatzorientierte Anwendungen, z. B. Microsoft Word, Microsoft Visio (diese laufen auf einem Arbeitsplatzsystem) und Anwendungen, welche auf Servern oder Host-Systemen laufen und so den Leistungsbeziehern zur Verfügung gestellt werden, z. B. SAP FI/CO, PPS2000 Modul Produktionssteuerung.
3. In diesem Schritt werden die Geschäftsanwendungen gruppiert.
   Im Bereich der Server und Host basierten Anwendungen erfolgt die Gruppierung meist nach einer der drei folgenden Möglichkeiten:
   • Nach den Geschäftsprozessen respektive den Unterprozessen
   • Nach den Geschäftsfunktionen respektive den Unterfunktionen
   • Nach den Geschäftsprodukten oder Untergruppen (diese Gruppierung wird eher selten gewählt)
   Eine Gruppierung der arbeitsplatzorientierten Anwendungen ist einfacher, da sich in diesem Bereich bereits standardisierte Business IT Services abzeichnen. Diese sind z. B.:
   **Arbeitsplatz-Service**
   • Mit möglichen Optionen: Desktop Standard, Desktop mit hoher Sicherheit, Desktop High End, Thin Client, Laptop Standard, Laptop mit hoher Sicherheit etc.
   **E-Mail Service**
   • Mit möglichen Optionen: Mail 250 MB, Mail 500 MB, Mail 1 GB, Mail > 1GB (Verrechnung erfolgt je begonnene GB Tranche)
   **Collaboration Services (teilweise auch Workgroup Services genannt)**
   • Mit möglichen Optionen für Team Rooms oder File Server Speicherplatz: 50 GB, 100 GB, 250 GB, 500 GB, > 500 GB (Verrechnung erfolgt je begonnene 500 GB Tranche)
   **Arbeitsplatz-Druck-Services**
   • Mit möglichen Optionen von unterschiedlichen Druckern, z. B. schwarz/weiß, farbig, schnell und langsam.
   **Mobility Services**
   • Mit möglichen Optionen von unterschiedlichen Angeboten wie z. B. Blackberry, iPhone.
   **Client Support Service**
   • Dieser Business IT Service ist nur nötig, falls der Service Desk als einzelner Service angeboten wird. Generell ist dieser eine Querschnittdienstleistung, welche in allen Business IT Services integriert wird und somit auch an diese verrechnet wird.
4. Die Gruppierung aus dem Punkt 3 wird in diesem Schritt noch weiter verfeinert. Kriterien dazu sind:
   • Welche Anwendungen weisen synchrone Schnittstellen auf? Das heißt: Eine Online-Abfrage eines Bankschalters Business IT Services ist nur möglich, wenn aktuelle Kundendaten, Konto-/Depotdaten, Vollmachten etc. vorliegen. Somit sind die Anwen-

dungen, welche diese Daten zur Verfügung stellen, dem entsprechenden Business IT Service-„Schalter" zuzuordnen. Bei asynchronen Verbindungen ist zu bestimmen, ob diese einen großen Einfluss auf den entsprechenden Business IT Service aufweisen. Falls ja, so erfolgt auch hier eine Zuteilung zum entsprechenden Business IT Service. Grundsätzlich sollte jede Geschäftsanwendung mindestens einem Business IT Service zugeordnet werden. Wie aus diesem Satz ersichtlich wird, ist es möglich, dass eine Geschäftsanwendung mehreren Business IT Services zugeteilt werden kann. Es gibt nur wenige Unternehmen, welche diese Mehrfachzuweisungen mittels eines Prinzips untersagen, obschon aus einer Verfügbarkeitssicht diese Verbindung besteht. Dies erfolgt oft aus Gründen einer vereinfachteren Berechnung der Service Levels (z. B. Verfügbarkeit) und einer vereinfachteren Verrechnung der Business IT Services. Werden Geschäftsanwendungen in mehreren Business IT Services genutzt, dann ist für die Verrechnung ein Verteilschlüssel zu definieren.

- Bis jetzt sind die Geschäftsanwendungen basierend auf den Prozessen, Funktionen oder Produkten gruppiert und es ist bekannt, welche Anwendungen miteinander in Verbindung stehen. In dieser Aktivität wird nun geklärt, welche Service Level-Anforderungsgruppen innerhalb dieser Geschäftsanwendergruppen nötig sind. Nehmen wir dazu das Beispiel des Schalterdienstes einer Bank. Wir haben bereits gesehen, dass es dort ein Business IT Service-„Schalter" geben könnte, um z. B. Geld Ein-/Auszahlungen zu tätigen. Dieser Service muss eine sehr hohe Verfügbarkeit gewährleisten, da die Kunden, wenn sie am Schalter sind, ihre Geldgeschäfte möglichst rasch abwickeln möchten. Im Geschäftsprozess „Schalterdienst" sind aber noch weitere Aktivitäten möglich. Der Kunde kann z. B. Einzahlungsscheine für sein Konto bestellten. Da die Auslieferung in der Regel per Post sofort erfolgt, weisen diese Anwendungen, welche auch zu einem Business IT Service z. B. mit dem Namen „Schalter-Backoffice Service" gebündelt werden können, tiefere Service Levels (z. B. Verfügbarkeit) aus, als der „Schalter"-Service. Anhand dieses Beispiels ist ersichtlich, dass durch die Definition der Abhängigkeiten und der Unterscheidung der Service Level-Anforderungsgruppen mögliche Business IT Services identifiziert werden können.

Mit diesem Ansatz sollte der Leser in Zusammenarbeit mit seinen Leistungsbeziehern im Stande sein, Business IT Services und die nötigen Service Levels zu definieren. Weitere Informationen zu Service Level Agreements oder der Ermittlung der Kritikalität des Business IT Services findet der Leser in den Abschn. 3.3.1 und 3.4.5.

### 3.2.2   IT Services

In vielen Unternehmen ist die Informatik stetig gewachsen. Mit jedem Wachstumsschritt wurden neue Umgebungen installiert. Oft ist jeder Server, jede Datenbankinstallation etc. im Großen und Ganzen einzigartig, da diese jeweils basierend auf dem entsprechenden

Projektfokus aufgesetzt wurden. Möglicherweise wurden auch einzelne Firmeninformatikabteilungen, welche früher eigenständig arbeiteten, ohne ein Standardisierungsprojekt zusammengelegt. Diese große Vielfalt an unterschiedlichen Installationen erschwert und verteuert den Betrieb ebenso wie die Weiterentwicklung. Zusätzlich wird die Messung der Informatikdienstleistung bei einer fehlenden Standardisierung der Informatikdienstleistung stark erschwert.

Mit der Bildung von IT Services kann diesem Trend entgegen gewirkt werden.

IT Services können auch dem Begriff Architecture Building Blocks (ABB) gleichgesetzt werden. Ein ABB oder auch IT Service zeichnet sich wie folgt aus:

- Ist ein Packet von Funktionalitäten mit messbaren Service Levels und kann als in sich geschlossene Einheit betrachtet werden
- Hat definierte Schnittstellen, um seine Funktionalität zu nutzen
- Arbeitet mit anderen ABBs (IT Services) zusammen, um ein größeres Ganzes zu erbringen (Business IT Service)
- Setzt sich aus mindestens zwei der folgenden Aspekten zusammen: Dienstleistung, Software und oder Hardware
- Hat eine klar definierte Verantwortung für die Erbringung

Wie bereits im Abschn. 1.2.2 beschrieben, kann die Gruppierung der IT Services wie in Abb. 3.2 aussehen.

Innerhalb der Gruppen kann es wie im Plattform-Bereich auch Untergruppen geben, z. B. Plattform-basierend auf Windows oder Unix. Innerhalb der Untergruppen sind die einzelnen IT Services aufgeführt. Diese werden meist noch mittels Optionen unterschieden. Wichtig ist, dass auf der untersten Stufe (in diesem Buch auf der Stufe der Optionen) die entsprechenden Service Levels definiert werden. Ein Beispiel von Service Levels wurde bereits in der Tab. 1.1: Service Levels eines IT Services vorgestellt.

Der Autor möchte nun eine IT Service-Option, z. B. Windows Standalone Service-Option: High Available/High Performance, etwas vertieft betrachten.

Diese IT Service-Option besteht aus drei verschiedenen Elementen.

1. **Hardware:** Diese muss so gewählt werden, dass auf der Hardware das Windows-Betriebssystem installiert werden kann und die definierten Service Levels, welche die Option: High Ava/High Perf. Reflektieren, unterstützt werden. Dies bedeutet, dass vermutlich mehrere Prozessoren zum Einsatz kommen und dass ausreichend Memory und Redundanzen im Bereich des Power Supplies, Netzwerkkarten etc. zur Verfügung stehen müssen.
2. **Software:** Dieses Element beinhaltet das Betriebssystem und alle betriebssystemnahen Software-Komponenten.
3. **Dienstleistung:** In diesem Element wird die Dienstleistung der Gruppe, welche die IT Service-Option erbringt, beschrieben.

Bei allen Plattform-Services ist die Dienstleistung vielfach sehr ähnlich, sie umfasst:

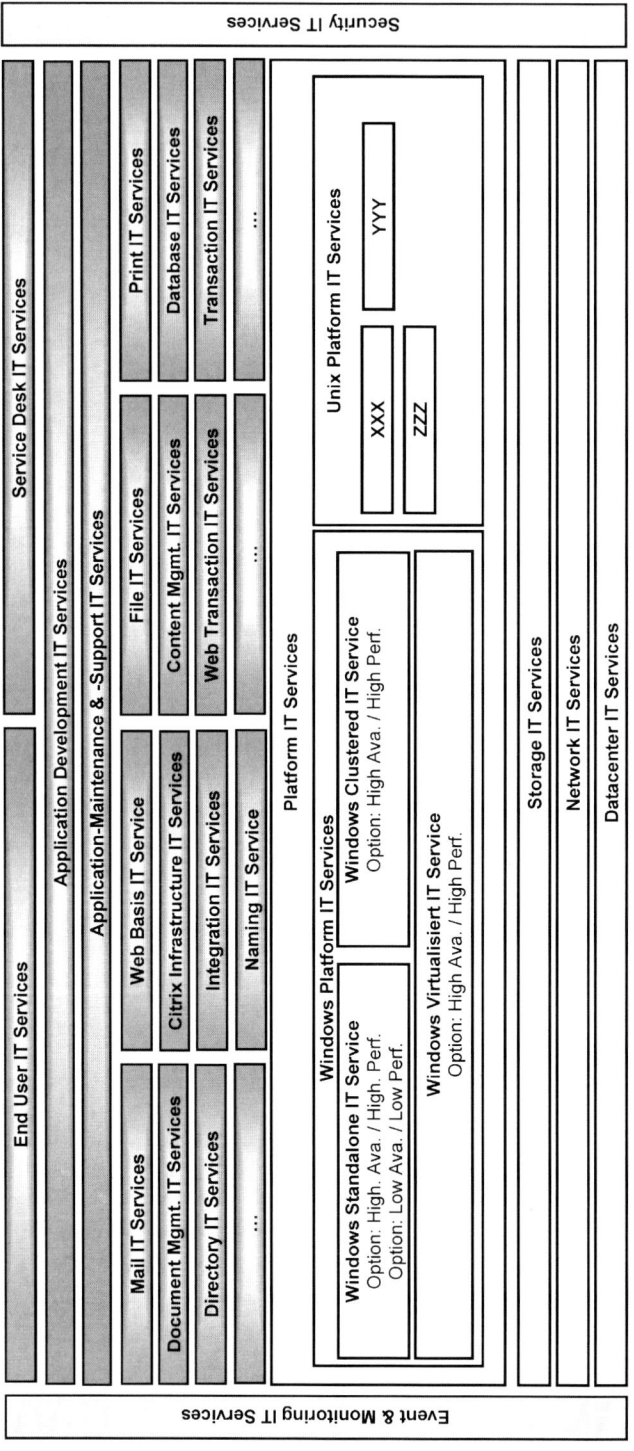

**Abb. 3.2**  IT Service Gruppen mit Details

- Das Aufsetzen der entsprechenden IT Service-Option. Dies bedeutet die Installation der Hardware, des Betriebssystems sowie der betriebssystemnahen Software.
  Läuft auf dem Server eine Datenbank, so erfolgt die Installation der Datenbank in der entsprechenden IT Service-Option aus der Gruppe „Database Services" und ist somit nicht Umfang des Windows Platform IT Services.
- Das Warten der entsprechenden IT Service-Option, wie z. B. die Sicherstellung, dass basierend auf der Security Policy immer die aktuellen Betriebssystem-Patches installiert sind. Oder falls vom Server Hersteller eine Meldung eintrifft, dass in dieser Server-Serie ein Defekt beim Power Supply auftreten kann, so liegt der vorsorgliche Austausch auch in der Verantwortung dieses Plattform-Services, da diese Aufgabe auch unter die Wartung fällt.
- Bearbeitung von Störungen und Problemen, welche die IT Service-Option betreffen, die nicht vorgängig durch den Service Desk oder durch die Gruppe, die das Event Management und Monitoring der Komponenten durchführt, gelöst werden konnten. Diese Trennung des Event Managements und Monitorings und dem entsprechenden Plattform-Services ist ein sehr wichtiger Aspekt in diesem Modell. In sehr vielen Unternehmen sind es oft auch unterschiedliche Gruppen, die diese Aufgaben ausführen. Erledigt dies jedoch die gleiche Gruppe, so werden im entsprechenden OLA für die Gruppe beide IT Service-Optionen aufgeführt. Weitere Informationen zum Thema OLA sind aus dem Abschn. 3.3.1 zu entnehmen.

Im Service-Katalog sind neben diesen drei Elementen je IT Service-Option auch die Service Levels und die Funktionalität mit den möglichen Schnittstellen zu über- und untergeordneten IT Services beschrieben. Mit diesen Informationen kann bei neuen Leistungsbezieheranforderungen eine erste Modellierung einer möglichen IT-Lösung basierend auf den bestehenden IT Services erfolgen. Dieses IT Service-Modell kann somit mit einem Lego®-Bausatz mit unterschiedlichen Lego®-Bausteinen verglichen werden, bei dem jedes Teil in der Dekomposition eine definierte Funktionalität, Service Levels und Verbindungen zu den darunter oder darüber liegenden Elementen aufweist. Einzelne Unternehmen prüfen bereits die Möglichkeit von Konfiguratoren, welche den Projektteams zur Verfügung gestellt werden können. Als Input werden die Anforderungen an die Informatiklösung eingegeben. Als Output erscheint eine Aufstellung, welche IT Service-Optionen in der Dekomposition diese Anforderungen abdecken. Wird erkannt, dass keine IT Service-Option die Leistungsbezieheranforderung unterstützt, so kann es sein, dass in der Projektphase eine neue IT Service-Option aufgebaut und diese danach auch im Service-Katalog aufgenommen wird.

Nachfolgend findet der Leser eine Auflistung möglicher IT Services innerhalb der verschieden IT Service-Gruppen. Diese dienen als Beispiele für ein besseres Verständnis und können je Unternehmen unterschiedlich sein.

**Datacenter IT Services**
In dieser Service Gruppe sind zwei IT Service-Aufteilungen vorstellbar.

- Variante 1: Jedes Rechenzentrum wird als eigener IT Service geführt. Alle möglichen Dienstleistungen z. B. Zurverfügungstellung von Rechenzentrumsfläche, Kühlung, Stromversorgung des Rechenzentrums, werden unter einem IT Service beschrieben. Dies ist sinnvoll, wenn eine Gruppe alle Dienstleistungen innerhalb des Rechenzentrums erbringt.
- Variante 2: Die verschiedenen Rechenzentren werden als unterschiedliche IT Service-Untergruppen innerhalb der Datacenter IT Service-Gruppe geführt. Die Untergruppen können aus folgenden IT Services bestehen:
  - Floor Space IT Service
  - Power IT Service (inkl. unterbrechungsfreie Stromversorgung)
  - Cooling IT Service
  - Rack IT Service
  - etc.

**Network IT Services**

- Wired LAN IT Service
- Wireless LAN IT Service
- WAN IT Service
- Internet Access IT Service
- Remote Access IT Service
- Voice over IP IT Service

**Storage IT Services**

- SAN IT Service
- NAS IT Service
- Host Storage IT Service
- Standard Backup and Restore IT Service
- Host Backup and Restore IT Service
- Archive Service

**Plattform-IT Services**

- Windows Platform IT Services
  - Windows Standalone IT Service
  - Windows Clustered IT Service
  - Windows Virtual IT Service
- Unix Platform IT Service
  - Unix Standalone IT Service
  - Unix Clustered IT Service
  - Unix Virtual IT Service
- Host Platform IT Service

**Naming IT Services**

- WINS Naming IT Service
- DHCP IT Service

**Directory IT Services**

- Active Directory IT Service

**Integration IT Services**

- Message Queuing IT Service

**Web Transaction IT Services**

- Web Transaction IT Service

**Transaction IT Services**

- Host Transaction IT Service
- Unix Transaction IT Service

**Document Management IT Services**

- Notfallvorsorge Dokument Management IT Service
- Policen Dokument Management IT Service
- Dokument Scanning Service

**Citrix Infrastructure IT Services**

- Citrix Infrastructure IT Service

**Content Management IT Services**

- Content Management IT Service

**Database IT Services**

- SQL IT Service
- Oracle IT Service
- DB2 Host IT Service
- Sybase Database IT Service

**Mail IT Services**

- Lotus Notes Mail IT Service
- Exchange Mail IT Service
- iPhone Mail IT Service
- Blackberry Mail IT Service
- Mass-Mail Boundary IT Service
- Mail Archive IT Service

**Web Basis Services**

- Apache Web Server IT Service
- Web Analytics IT Service
- Enterprise Search IT Service

**File Services**

- File Server IT Service (z. B. X-Laufwerk)
- Notes Team Room IT Service
- Share Point IT Service

**Print Services**

- Group Print IT Service (Drucken über das lokale Netzwerk mit zentralen Printern)
- Host Print IT Service
- Fax-IT Service
- Output Management IT Service (Schneiden, Falten und Verpacken)

**Application Development IT Services**

- In der Regel werden die Geschäftsanwendungen innerhalb des gleichen Business IT Services gruppiert und zu IT Services mit gleichen Service Level-Anforderungen zusammengefasst. Falls unterschiedliche Entwicklungsteams bestehen, so wird dies bei der Gruppierung der Anwendungen berücksichtig, so dass der entsprechende IT Service eine 1 : 1 Verbindung zur entsprechenden Gruppe aufweist.

**Application Maintenance and Support IT Services**

- Analog der Anwendungsentwicklung werden die Geschäftsanwendungen innerhalb des gleichen Business IT Services gruppiert und zu IT Services mit gleichen Service Level-Anforderungen zusammengefasst. Falls unterschiedliche Anwendung Wartungs- und Support Teams bestehen, so wird dies bei der Gruppierung der Anwendungen berücksichtig, so dass der entsprechende IT Service eine 1 : 1 Verbindung zur entsprechenden Wartungs- und Support-Gruppe aufweist.

**End User IT Services**

- Arbeitsplatz-IT Service
- Arbeitsplatz Druck-IT Service
- Mobility IT Service

**Service Desk IT Services**

- Service Desk (Arbeitsplatz-Support) IT Service
- Help Desk (Geschäftsanwendungs-Support) IT Service

**Event Management and Monitoring (EM&M) IT Services**

In dieser Gruppe ist es möglich, dass es nur einen IT Service gibt, welcher alle Komponenten wie z. B. USV, Netzwerk, Storage, Server, Datenbanken, E-Mail überwacht. Falls die Überwachung durch unterschiedliche Gruppen erfolgt, so ist es sinnvoll unterschiedliche IT Services zu etablieren. Als Beispiel sind einige aufgeführt:

- EM&M IT Service für Geschäftsanwendungen
- EM&M IT Service fürs Netzwerk
- EM&M IT Service für Server und Storage

**Security IT Services**

- Data Encryption IT Service
- Antivirus IT Service
- Spam IT Service
- Firewall IT Service
- Identity Management IT Service

Mit diesem QR-Code können Sie ein Feedback für Abschn. 3.2 abgeben.

## 3.3  Etablieren der Kernprozesse des IT Service Managements

### 3.3.1  Service Level Management (Service Design)[2]

Der Service Level Management (SLM)-Prozess stellt sicher, dass realistische Service Level-und Operational Level-Vereinbarungen für Business IT Services und IT Services definiert, dokumentiert und vereinbart sind. Zusätzlich stellt dieser Prozess auch das Reporting der SLAs und OLAs sicher.

**Neues SLA und OLA Modell**

Wie im Abschn. 3.1 beschrieben, sind auch für den Service Level Management-Prozess und den Operational Level Management-Prozess, wie auch für alle anderen Prozesse, die Rollen des Process Owners und Process Managers zu besetzen. Auf diese Rollen möchte der Autor in diesem und weiteren Abschnitten nicht mehr weiter eingehen. Was wir betrachten werden, sind die unterschiedlichen Arten beider Vereinbarungen (SLA und OLA). Das Verständnis dieser Vereinbarungen ist ein zentraler Bestandteil dieses Buches.

Wir unterscheiden zwei Arten von Services, die Business IT Services und die IT Services. SLAs werden verwendet, um die Vereinbarung von Business IT Services zu dokumentieren. Es ist eine Vereinbarung zwischen dem Leistungsbezieher und dem Leistungserbringer (siehe Abb. 3.3). Dem Vertreter des Leistungsbeziehers kann die Organisationsfunktion „Business IT Service Owner" und dem Vertreter des Leistungserbringers die Funktion „Business IT Service Manager" zugeordnet werden. Der Business IT Service Owner ist dafür verantwortlich, dass der Business IT Service die Geschäftsanforderungen

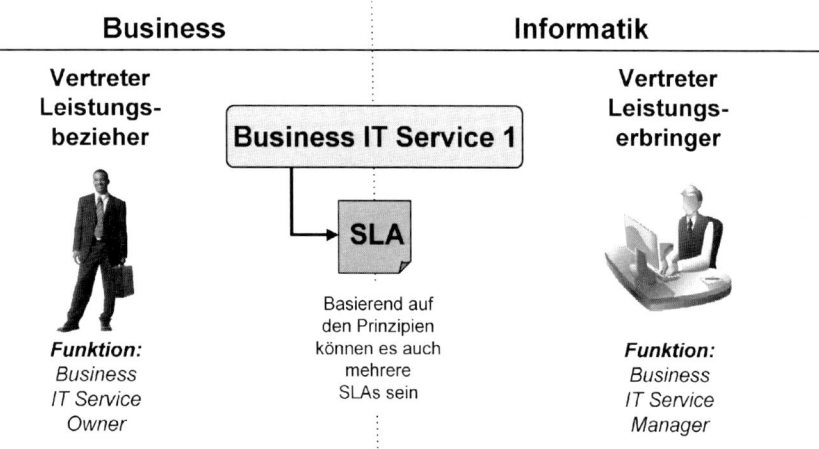

**Abb. 3.3**  Business IT Service Darstellung

---

[2] In Klammern wird jeweils bei jedem Prozess das entsprechende ITIL® Handbuch aufgeführt.

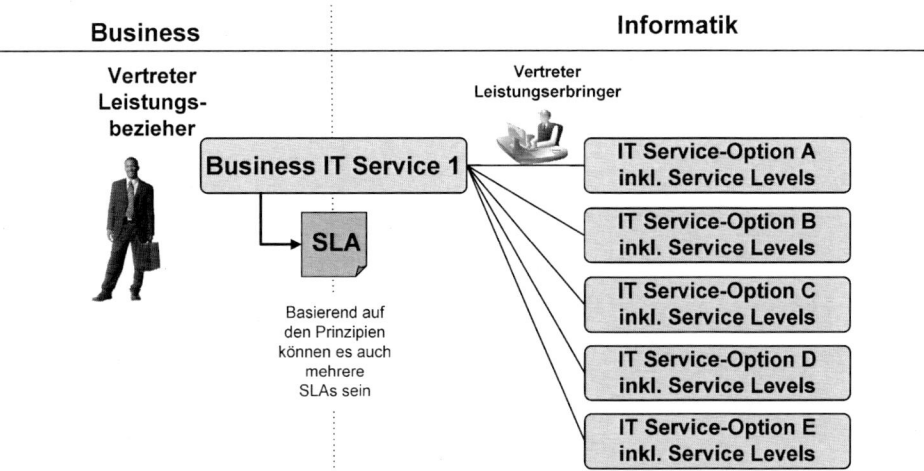

**Abb. 3.4**   Business IT Service zu IT Service-Option Verbindung

erfüllt. Der Business IT Service Manager trägt die Verantwortung dafür, dass die im SLA vereinbarten Ziele durch die Informatik eingehalten werden.

Um einen Business IT Service zu erbringen, sind verschiedene, darunterliegende IT Service-Optionen nötig. Jede IT Service-Option zeichnet sich durch entsprechende Service Levels aus. Die einzelnen Service Levels müssen aus einer End-to-End-Betrachtung das SLA des Business IT Services unterstützen (siehe Abb. 3.4).

Nun liegt die Schlussfolgerung nahe, dass es für jede IT Service-Option ein separates OLA gibt. Dies wird bei sehr kleinen Unternehmen mit wenigen IT Service-Optionen auch meist so realisiert. Bei mittleren und großen Unternehmen mit einer größeren Anzahl IT Service-Optionen würde die Anzahl OLAs sehr stark ansteigen. In diesem Fall entstehen sehr schnell mehrere hundert OLAs, welche erstellt, gewartet und überprüft werden müssen. Dies würde bedeuten, dass eine Leistungserbringerorganisationseinheit, mehrere OLAs für die gleiche Dienstleistung unterzeichnen müsste. Um solche Aufwände zu vermeiden und das Verwalten der OLAs zu vereinfachen empfiehlt es sich, jeweils nur ein OLA mit der entsprechenden Organisationseinheit zu vereinbaren, welches alle relevanten IT Services-Optionen beinhaltet. Dies funktioniert, da die IT Services-Optionen entsprechend standardisiert angeboten werden und somit zum Voraus die Service Levels definiert werden können. Im entsprechenden OLA bestätigt der Leistungserbringer nur noch, dass er diese Leistung auch wirklich garantiert.

Grafisch dargestellt sieht dies wie in Abb. 3.5 aus.

Mit diesem Konzept sind die OLAs und der Betrieb sehr einfach aufgebaut sie beinhalten eine Referenzierung auf die IT Service-Optionen inkl. deren Service Levels. Die Detailinformationen zu den IT Service-Optionen werden im Service Katalog verwaltet. Im Abschn. 3.3.2 wird vertieft auf eine mögliche Struktur des Service-Katalogs eingegangen.

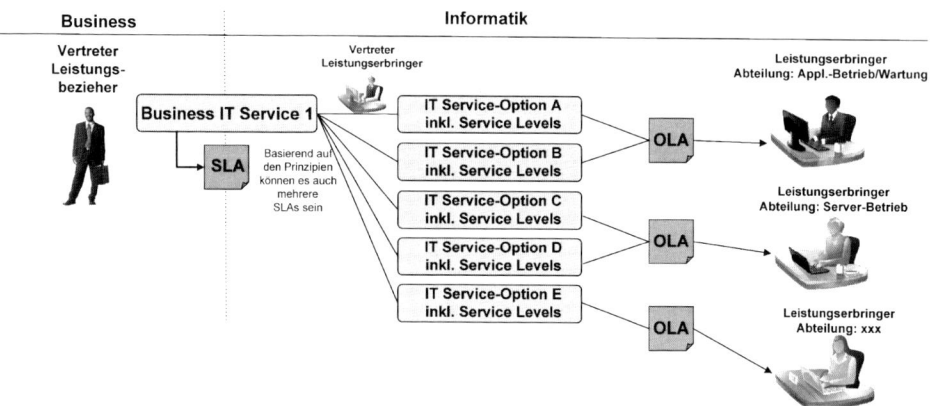

**Abb. 3.5** IT Service-Option zu OLA Verbindung

Mit einem solchen OLA Modell ist für jede IT-Organisationseinheit der zu erbringende Dienstleistungsumfang klar definiert und somit messbar. Bei einer anfallenden Reorganisation, die viele Unternehmen des Öfteren erleben, werden die IT Service-Optionen den neu zuständigen IT-Organisationen zugeteilt und die neuen OLAs von den Abteilungsleitern unterschrieben.

Falls einzelne IT Services und deren Optionen von einem externen Provider erbracht werden, so wird an Stelle eines OLAs ein UC (Underpinning Contract) erstellt. Die Inhalte der IT Service-Optionen inkl. der dazugehörigen Service Levels werden jedoch nicht verändert.

Zum Vergleich werden das in diesem Buch vorgestellte OLA Modell und das ITIL® OLA Modell nebeneinander dargestellt (siehe Abb. 3.6).

Die Anzahl OLAs steigt bei **nur** 3 Business IT Services von 4 OLAs (Modell in diesem Buch vorgestellt) auf 10 OLAs an (etabliert gemäß dem ITIL® Modell). Zusätzlich ist im ITIL® Modell nicht sichergestellt, dass die OLAs, in welchen IT Service-Optionen mehrmals vorkommen, z. B. IT Service-Option B, F, K, die gleichen Service Levels abschließen, was eine Messung der Service Levels sehr erschwert und eine weitere Fehlerquelle darstellt.

**Prozessinhaltsbeschreibung mit den wichtigsten Schritten**

Basierend auf ITIL® beinhaltet der Service Level Management-Prozess die Erstellung, Wartung und Rapportierung der Service Level Agreements (SLAs) und die Operational Level Agreements (OLAs). Viele Unternehmen scheitern jedoch beim Versuch die beiden Elemente SLA und OLA im gleichen Prozess mit den entsprechenden Prozessrollen zu etablieren. Aus diesem Grund und gemäß dem beschriebenen SLA- und OLA-Modell empfiehlt es sich, zwei eigenständige Prozesse (Service Level Management und Operational Level Management) zu etablieren oder zumindest innerhalb des Service Level Managements diese Differenzierung als Subprozessschritte für das SLA und das OLA zu unterteilen. Dies führt zu einer starken Vereinfachung und erhöht den Erfolg einer Einführung deutlich.

Nachfolgend werden die beiden so entstanden Prozesse kurz beleuchtet.

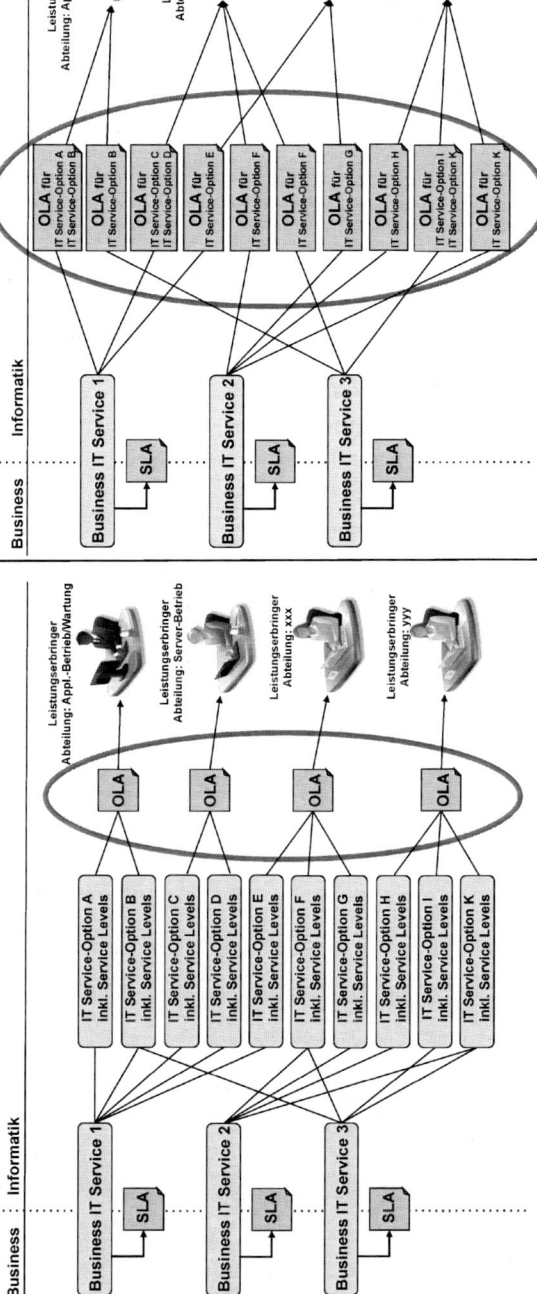

**Abb. 3.6**  Vergleich OLA Modell Buch vs. OLA Modell ITIL

**Hauptschritte des Service Level Management (SLM)-Prozesses**

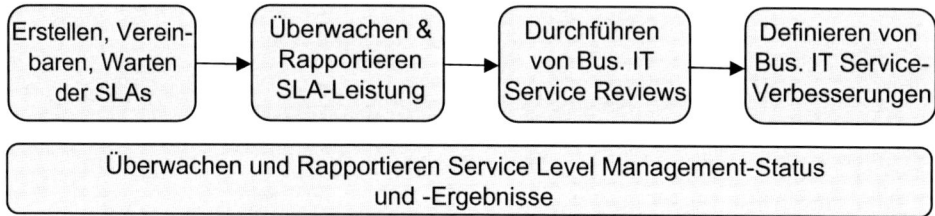

**Abb. 3.7**  Service Level Management-Prozess

In diesem Prozess stehen die Business IT Services mit ihren SLAs und die beiden Orga-nisationsfunktionen „Business IT Service Owner" als Vertreter des Leistungsbeziehers und der „Business IT Service Manager" als Vertreter des Leistungserbringers im Vordergrund.

- **Erstellen, Vereinbaren und Warten der SLAs**
  In diesem Prozessschritt werden die SLAs durch den Business IT Service Manager er-stellt, gewartet und zusammen mit dem Business IT Service Owner vereinbart. Der Busi-ness IT Service Manager stellt auch sicher, dass die richtigen IT Service-Optionen in der Dekomposition für die Erbringung des Business IT Services verwendet werden, um die Service Levels des entsprechenden SLAs zu erfüllen.
- **Überwachen und Rapportieren der SLA-Leistung**
  Bei diesem Prozessschritt wird die Serviceerbringung basierend auf den SLA-Zielsetz-ungen überwacht und es werden die Reports für Business IT Service Reviews erstellt. In vielen Unternehmen wird der Business IT Service Manager durch eine weitere Pro-zessrolle, welche als „SLA Service Level Analyst" bezeichnet werden kann, unterstützt. Diese erstellt aus den Rohdaten die benötigten Reports. Im Abschn. 3.3.1 ist diese Rolle detailliert beschrieben.
- **Durchführen von Business IT Service Reviews**
  Häufig werden in gemeinsamen Meetings die Business IT Service Reports (teilweise auch SLA Reports genannt) besprochen, welche die SLA-Zielerreichung beinhalten. Der Re-view beinhaltet auch die Bewertung von Rückmeldungen der Leistungsbezieher, um die gemessenen Ergebnisse der Serviceerbringung mit der Wahrnehmung der Servicequa-lität abzustimmen. Weitere Information zum Business IT Service Review Meeting siehe Abschn. 3.3.1.
- **Definieren von Business IT Service-Verbesserungen**
  Bei SLA-Verletzungen wird sichergestellt, dass vom verantwortlichen Leistungserbringer (IT Service Provider) Verbesserungs-/Stabilisierungsmaßnahmen aufgesetzt und durch-geführt werden.
- **Überwachen und Rapportieren Service Level Management-Status und -Ergebnisse**
  In diesem Prozessschritt wird der Service Level Management-Prozess überwacht und es werden konsolidierte Business IT Service Reports zur Verfügung gestellt.

**Hauptschritte des Operational Level Management (OLM)-Prozesses**

**Abb. 3.8**  Operational Level Management-Prozess

In diesem Prozess stehen die IT Services mit den OLAs und die IT-internen Rollen/Funktionen, wie Operational Level Manager und der IT Service Provider im Vordergrund. Die in ITIL® aufgeführten OLA-relevanten Aktivitäten des Service Level Managers übernimmt in diesem Fall der Operational Level Manager.

- **Erstellen, Vereinbaren und Warten der OLAs**
  In diesem Prozessschritt werden die OLAs durch den Operational Level Manager erstellt, gewartet und zusammen mit dem verantwortlichen IT Service Provider vereinbart.
- **Überwachen und Rapportieren der OLA-Leistung**
  Bei diesem Prozessschritt wird die Serviceerbringung basierend auf den OLA-Vereinbarungen, respektive auf den Service Levels, die auf Stufe der IT Service-Optionen vereinbart wurden, überwacht. Analog zum SLM Prozess wird der Operational Level Manager durch eine weitere Prozessrolle, welche als „OLA Service Level Analyst" bezeichnet werden kann, unterstützt. Diese erstellt aus den Rohdaten die benötigten Reports. Im Abschn. 3.3.1 ist diese Rolle detailliert beschrieben.
- **Durchführen von IT Service Reviews**
  In gemeinsamen Meetings zwischen Operational Level Manager und IT Service Provider werden die IT Service Reports (teilweise auch OLA Reports genannt) besprochen.
- **Definieren von IT Service-Verbesserungen**
  Bei OLA-Verletzungen wird sichergestellt, dass vom verantwortlichen IT Service Provider Verbesserungs-/Stabilisierungsmaßnahmen aufgesetzt und durchgeführt werden.
- **Überwachen und Rapportieren Operational Level Management-Status und -Ergebnisse**
  In diesem Prozessschritt wird der Operational Level Management-Prozess überwacht und ein konsolidierter IT Service Report zur Verfügung gestellt.

Wie man sieht, ist die Funktionsweise beider Prozesse sehr ähnlich, jedoch sind andere Funktionen oder Prozessrollen involviert. Wie in den nachfolgenden Beispielen aufgeführt, sind auch die Prinzipien und Messkennzahlen beider Prozesse unterschiedlich. Die Funktion Business IT Service Manager, die für die SLAs der Business IT Service verantwortlich ist, kann durch den Operational Level Manager entlastet werden.

**Prinzipien**

Mögliche Prinzipien, welche wichtige Leitplanken für die Einführung und Nutzung des SLM-Prozesses bilden:

- Zu jedem Business IT Service gibt es mindestens ein SLA.
- Jede Geschäftsanwendung muss einem Business IT Service zugeteilt sein.
  Bei Unternehmen, welche eine große Anzahl Geschäftsanwendungen im Einsatz haben, kann dieses Prinzip mit dem Vermerk „Jede Business-vitale oder Business-kritische Anwendung muss …" abgeschwächt werden.
- Das Verhältnis von Business IT Service zu SLA ist ausgewogen und gleichwertig 1 : 1.
  Es könnte auch ein Verhältnis von 1 : n sein. Wichtig ist, dass dieser Punkt zu Beginn des Prozesses festgelegt wird. Bei einem 1 : n Verhältnis ist zu beachten, dass, falls die Service Levels (Verfügbarkeit, Leistung etc.) in den SLAs für den gleichen Business IT Service unterschiedlich sind, zu definieren ist, wie die verschiedenartigen Leistungen zu verrechnen sind.
- Änderungen in den SLAs unterstehen dem Change Management-Prozess. Dies um sicherzustellen, dass die Auswirkungen bei Veränderungen auf die Informatik berücksichtigt werden. (Viele Unternehmen haben dieses Prinzip noch nicht etabliert).
- Um die Aktualität der SLAs sicherzustellen, sind diese mindestens einmal jährlich mit dem zuständigen Business IT Service Owner (Vertreter des Leistungsbeziehers) neu zu vereinbaren.
- Vereinbarte SLAs sind regelmäßig basierend auf den vereinbarten Zielsetzungen zu überwachen.

Mögliche Prinzipien, welche wichtige Leitplanken für die Einführung und Nutzung des OLM-Prozesses bilden:

- Jeder IT Service inkl. der Option(en) ist in einem OLA aufgenommen.
- Die OLAs werden mit den IT-Organisationen abgeschlossen, welche in der Leistungserbringung des/der entsprechenden IT Services involviert sind.
- Für alle IT Services, welche von Drittanbietern erbracht werden, bestehen Underpinning Contracts (UCs) als Anhang zum entsprechenden Dienstleistungsvertrag.
- Änderungen in den OLAs oder UCs unterstehen dem Change Management-Prozess, um sicherzustellen, dass die Auswirkungen bei Veränderungen auf die Informatik berücksichtigt werden. (Viele Unternehmen haben dieses Prinzip noch nicht etabliert).
- Vereinbarte OLAs sind regelmäßig basierend auf den vereinbarten Zielsetzungen zu überwachen.
- Um die Aktualität der OLAs sicherzustellen, sind diese mindestens einmal jährlich mit dem zuständigen Leistungserbringer und der Informatikleitung neu zu vereinbaren.

Diese Auflistung der Prinzipien ist nicht abschließend. Sie sollten basierend auf den Unternehmensanforderungen während der Ausarbeitung des Prozesses diskutiert und entsprechend angepasst werden.

## Inhalt eines SLAs

Ein SLA beinhaltet i. d. R. sechs Hauptinformationselemente:

1. Allgemeine Informationen
   Diese beinhalten u. a. die Bezeichnung der Vertragsparteien und den Namen des Business IT Services
2. Funktionale Beschreibung des Business IT Services
3. Nicht funktionale Elemente
   Diese beinhalten die entsprechenden Service Levels wie z. B. Service-Zeit, Verfügbarkeit, Leistung. Service Levels sind messbare Größen der Leistung, welche durch den Dienstleistungserbringer eines Business IT Services erbracht werden.
4. Verantwortlichkeiten
   In diesem Element werden, falls nötig, die spezifischen Verantwortlichkeiten der Vertragsparteien beschrieben.
5. Rapportierungs- und Verrechnungsinformationen
6. Unterschriftenfeld oder elektronische Signatur
   Hier wird sichergestellt, dass die Parteien das SLA genehmigt haben. In diesem Bereich wird meistens auch die Gültigkeitsdauer des SLAs sowie eine Kündigungsfrist festgelegt.

▶  Die hier aufgeführte Struktur kann als Vorlage für die Erstellung eines SLAs verwendet werden, nachfolgende Legende wird verwendet:
   **SLA-Element**
   *Beschreibung* (beide werden in einem grauen Kasten aufgeführt)
   Beispiele, basierend auf einem Versicherungs-Business IT Service

---

**Vertragsparteien**
*Auflistung der beiden Vertragsparteien (Leistungsbezieher „Business IT Service Owner" und Leistungserbringer „Business IT Service Manager").*

---

**Beispielinhalt:**

Business IT Service Owner:   Peter xxx
Business IT Service Manager: Walter yyy

---

**Business IT Service-Name**
*Name, welcher den Business IT Service definiert.*

**Beispielinhalt:**
Schadensabwicklung

> **Beschreibung des Services**
> *Beschreibt die wichtigsten Funktionen des Services.*

**Beispielinhalt:**
Der Business IT Service unterstützt folgende Geschäftsfunktionen:

- Schadensaufnahme
- Schadensbewertung
- Schadensabwicklung
- Auszahlung des Schadensbetrages
- Betrugsaufdeckung/Strafverfolgung

> **Umfang des Business IT Services**
> *Beschreibt den Umfang des entsprechenden Business IT Services (z. B. Applikationsumfang, Daten etc.).*

**Beispielinhalt:**
Der Business IT Service „Schadensabwicklung" beinhaltet die Aufnahme der Schadensmeldungen bis zur Auszahlung oder die Abwicklung bei Betrugsfällen. Dazu gehören die Geschäftsanwendungen:

- Xxxx → Stellvertreter für die Anwendungsnamen des Unternehmens
- Yyyyy
- Zzzzz

> **Nicht im Business IT Service enthalten**
> *Dieses Element kann für die Abgrenzung verwendet werden, um Funktionalitäten zu beschreiben, welche nicht im Business IT Service enthalten sind.*

**Beispielinhalt:**
Im Business IT Service „Schadensabwicklung" ist der Abschluss von Versicherungspolicen oder die Pflege des Kundenstamms nicht enthalten.

**Business IT Service-Kritikalität**

*Die Kritikalität des Business IT Services kategorisiert diesen nach den für das Unternehmen wichtigen Kriterien. Diese können beispielsweise sein:*

- *Business-vital (höchste Priorität)*
- *Business-kritisch*
- *Business-wichtig*
- *Keinen unmittelbaren Einfluss aufs Business*

  *Oder eine zweite Variante*

- *Mission critical*
- *Critical*
- *Intermediate*
- *Non-critical*

*Diese Information dient für verschiedene Prozesse als wichtiger Indikator z. B. Incident Management (Priorisierung der Störungen), Change Management (Einstufung der Change-Klasse), Portfolio-Management (Grundlage für strategische Entscheidungen).*

**Beispielinhalt:**

Business-kritisch

**Betriebszeiten**

*Beschreibt die Zeit z. B. 7 × 24 h oder Mo–Sa 06:00–19:30 Uhr, in welcher der Business IT Service zur Verfügung stehen sollte.*

*Störungen werden jedoch nur innerhalb der Service-Zeit (siehe im Abschnitt: Support-Zeiten) behoben.*

*Empfohlen wird, die Betriebszeit und die Service-Zeit zu vereinheitlichen. In vielen kleineren/mittleren Unternehmen ist die Betriebszeit länger als die Service-Zeit, um das Kosten/Nutzenverhältnis der IT zu optimieren. Eine Garantie, dass der Service außerhalb der Service-Zeit zur Verfügung steht, wird dem Leistungsbezieher jedoch **nicht** abgegeben. D. h., dass außerhalb der Service-Zeit für die Bearbeitung von Störungen kein IT-Personal zur Verfügung steht.*

*Hinweis zu den verschiedenen Zeitspannen:*

*Für eine bessere Verständlichkeit wird empfohlen, die verschiedenen Zeitspannen im SLA grafisch darzustellen.*

*Nachfolgend ein Beispiel: Online Montag bis Sonntag*

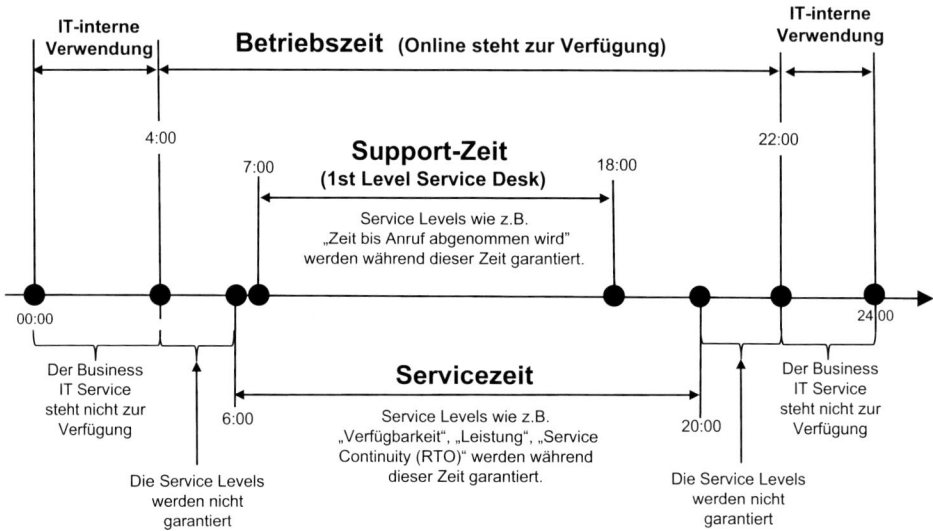

**Abb. 3.9**  Betriebs-, Support- und Service-Zeiten

**Beispielinhalt:**
Mo–So 04:00–22:00 Uhr (exkl. nationale Feiertage)

> **Service-Zeiten**
> *Beschreibt die Service-Zeiten z. B.: 7 × 24 h oder Mo–Sa 6:00–20:00 exklusive der nationalen Feiertage.*
> *Während dieser Zeit wird die vereinbarte Leistung und Verfügbarkeit garantiert. Auf dieser Zeitspanne basieren die Service Levels wie Verfügbarkeit, Performance etc.*

**Beispielinhalt:**
Mo–So 06:00–20:00 Uhr (exkl. nationale Feiertage)

> **Support-Zeiten für den 1st Level Support und Kontaktinformationen**
> *Beschreibt die Support-Zeiten, in welchen der 1st Level Support (Service Desk) dem Benutzer (Leistungsbezieher) zur Verfügung steht, sowie die Medien, über die der 1st Level Support kontaktiert werden kann.*

**Beispielinhalt:**
Mo–Sa: 07:00–18:00 Uhr (exkl. nationale Feiertage)

Der Service Desk ist über die Telefon-Nr: *9000 oder 043 xxx xxx oder via Mail: ServiceDesk@yyyy.ch erreichbar.

Außerhalb der Support-Zeit sind Störungen via Intranet unter: w3.ServiceDesk.ch zu rapportieren.

**Verfügbarkeit**

*Beschreibt die Verfügbarkeit des Business IT Services innerhalb der definierten Periode und zusätzlich die Berechnungsformel und das Messverfahren.*

## Beispielinhalt:

99,6 % gemessen pro Monat basierend auf folgenden Kriterien:

Messverfahren Beispiel 1:

Die Verfügbarkeit wird an Hand der gemeldeten Störungen (Incidents) und den in den Tickets rapportierten Ausfallzeiten des entsprechenden Business IT Services gemessen.

Messverfahren Beispiel 2:

In den Standorten xxx und yyy werden die Messung für die Transaktionen „Schadensaufnahme" und „Schadensabrechnung" mittels eines Messroboters ausgeführt. Antwortzeiten von mehr als 10 s gelten als Unterbrüche. Alle Unterbrüche werden während eines Monates kumuliert, dies ergibt die Ausfallzeit.

Formel:

$$\text{Verfügbarkeit in \%} = \frac{\left(\begin{array}{l}\text{Anzahl Std. pro Monat} \\ \text{basierend auf der Service-Zeit} - \Sigma \text{ Ausfallzeit}^*\end{array}\right)}{\begin{array}{l}\text{Anzahl Std. pro Monat} \\ \text{basierend auf der Servicezeit}\end{array}} \times 100$$

**Abb. 3.10** Verfügbarkeitsformel (* Die Ausfallzeit wird nur während der Service-Zeit berücksichtigt. Nicht zur Ausfallzeit zählen die vereinbarten Wartungsfenster.)

**Leistungsanforderungen**

*Definition der Antwortzeiten oder Durchsatz z. B. 90 % der Anfragen werden in 3 s oder weniger ausgeführt oder es werden bis zu 10.000 Rechnungen pro Nachtverarbeitung ausgeführt. Hier kann auch definiert werden, ab welchen Leistungswerten (z. B. Antwortzeiten > 8 s) eine Nichtverfügbarkeit vorliegt.*

## Beispielinhalt:

**Leistungsanforderung 1:** 90 % der Schadensbewertungstransaktionen weisen eine Antwortzeit von weniger als 1 s bei Normallast auf.

Der Mittelwert (Durchschnitt) der Abweichung (für die, welche in den 10 % liegen) darf 0,4 s nicht überschreiten.

**Leistungsanforderung 2:** Die Tages-Batch-Verarbeitung ist jeweils bis um 6:00 Uhr des nächsten Tages abgeschlossen.

**Leistungsanforderung 3:** Für die Suchanfragen „Schadenshistorie", welche jünger als 2 Jahre sind, gilt eine Antwortzeit, in 90 % der Anfragen von weniger als 2 s.

Der Mittelwert (Durchschnitt) der Abweichung (für die, welche in den 10 % liegen) darf 0,7 s nicht überschreiten.

---

**Skalierbarkeit (dieses Element ist ein Service Level)**

*Die Skalierbarkeit beschreibt die Fähigkeit des Business IT Services, entsprechende Ressourcen zur Verfügung zu stellen, um die geforderte Leistungserhöhung zu erbringen. Diese könnten sein:*

- *Mehrabwicklung von Transaktionen*
- *Zunahme der Anzahl Benutzer*
- *Zunahme der Datenmengen*

---

**Beispielinhalt:**
- Der Business IT Service kann pro Tages-Batch Job 1–5000 Schadensfälle verarbeiten.
- Ein Jahreswachstum von 20 % ist ermöglich

---

**Ausfallsicherheit**
*Beschreibt die maximalen Ausfälle innerhalb einer Zeitperiode*

---

**Beispielinhalt:**
Pro Quartal darf es beim Business IT Service „Schadensabwicklung" zu maximal 4 Ausfälle kommen.

---

**Reaktionszeit und oder Lösungszeit im Störfall**
*Beschreibt die Reaktionszeiten oder Störungsbehebungszeiten. Falls die Störung durch einen Workaround behoben wird, so gilt diese auch als behoben, da der Business IT Service wieder zur Verfügung steht.*

*Dieser Service Level wird oft bei Business IT Services im Bereich „Managed-Arbeitsplatz" verwendet.*

---

**Beispielinhalt:**
Beispiel aus dem Business IT Service „Arbeitsplatz-Service mit der Option: Desktop Standard".

Bei einer Störung gelten folgende Zeiten (während der Service-Zeit gemessen):

| Priorität | Reaktionszeit | Lösungszeit |
|-----------|---------------|-------------|
| 1 | 30 min | 3 h |
| 2 | 1 h | 5 h |
| 3 | 3 h | 8 h |
| 4 | 8 h | 24 h |

Es empfiehlt sich, auch in diesem Abschnitt die Evaluationskriterien für die Definition der Priorität festzuhalten. Dies kann z. B. sein:

Eine Priorität 1 im Bereich „Arbeitsplatz-Service Option Desktop Standard", wird nur bei definierten VIP-Personen vergeben.

Eine Priorität 2 ist möglich, falls das Arbeiten mit dem Desktop nicht mehr möglich ist, Totalausfall des gesamten PCs etc. (für Standard Benutzer)

**Notfall/Katastrophenvorsorge**
*Beschreibt den Bedarf für die Notfallvorsorge (Service Continuity Management).*

**Beispielinhalt:**
Eine Notfallvorsorge wird für den Business IT Service gewährleistet.

Recovery Time Objective (RTO) = 4 h

Recovery Point Objective (RPO) gegen 0 h

Dies bedeutet, dass bei einem Katastrophenfall der entsprechende Business IT Service innerhalb von 4 h und mit einem Datenverlust gegen 0 h (keinen Datenverlust) wieder zur Verfügung steht.

Einmal jährlich wird die Notfallvorsorge für den Business IT Service getestet. Das Resultat des Tests wird im Business IT Service Review Meeting mit dem Vertreter des Leistungsbeziehers (Business IT Service Owner) besprochen.

**Informationssicherheit/Datenschutz**
*Beschreibt nötige Sicherheitsaspekte z. B. Antivirus Schutz, Firewall sowie die Schutzaspekte, um einen Missbrauch der Daten zu vermeiden.*

**Beispielinhalt:**
In den meisten Unternehmen gibt es Sicherheitsrichtlinien. Im SLA wird auf die Einhaltung dieser Richtlinien verwiesen.

Falls keine solche Richtlinien bestehen, so können die wichtigsten Anforderungen in diesem Bereich vermerkt werden.

Für den Business IT Service „Schadensabwicklung" kann dies sein:

- Bei Schadensinformationen, welche über das Internet ausgetauscht werden, erfolgt eine Verschlüsselung der Daten.
- Alle Informationen im Bereich der Schadensabwicklung sind auf allen mobilen Geräten verschlüsselt.

> **Verantwortlichkeiten**
> *Beschreibt die speziellen Verantwortungsbereiche der einzelnen Parteien:*
> *End User (Fachbereich), Informatik etc.*

**Beispielinhalt:**

Der Fachbereich ist für die Richtigkeit der Dateninhalte verantwortlich.

Bei Veränderungen stellt der Fachbereich Mitarbeiter zur Verfügung, damit diese die „User Acceptance Tests" durchführen und die Richtigkeit der Veränderungen bestätigen.

Es ist der Informatik überlassen, ob sie für die Dienstleistungserbringung auch Drittanbieter einsetzt. Die Einhaltung der vereinbarten Service Levels ist jedoch jederzeit zu gewährleisten.

> **Verrechnung**
> *Falls im Unternehmen eine Verrechnung der Informatikdienstleistung besteht, so wird diese in diesem Abschnitt beschrieben. Auch mögliche Bonus- oder Malusbedingungen können in diesem Abschnitt aufgeführt werden.*
>
> *Eine **Malusbedingung** besagt, dass bei einer Unterschreitung von Service Levels wie z. B. Verfügbarkeit/Monat ein Nachlass auf den Business IT Service-Preis gewährt wird.*
>
> *Eine **Bonusbedingung** besagt, dass bei einer definierten Überschreitung von Service Levels wie z. B. bessere Antwortzeiten ein Bonus angerechnet wird. Dieser kann zu einem späteren Zeitpunkt für die Reduktion von Nachlässen basierend auf der Malusbedingung angerechnet werden.*
>
> *Grundsätzlich erfolgt die finale Bonus-/Malusverrechnung zum Ende des Geschäftsjahres oder bei der nächsten Quartalsverrechnung.*

**Beispielinhalt:**

In diesem Beispiel erfolgte keine Verrechnung.

Auf dieses Thema wird jedoch im Abschn. 3.4.1 vertieft eingegangen.

**Service Reporting**

*In diesem Abschnitt wird der Inhalt, die Frequenz und das Medium der Business IT Service Rapportierung definiert.*

**Beispielinhalt:**

Jeweils am 5. Arbeitstag eines Folgemonates seht der Business IT Service Report auf der Intranetseite http://xxxx.intra.net/BusITServiceReports zur Verfügung.

Der Report wird jeweils im monatlich stattfindenden Business IT Service Review Meeting besprochen.

**Unterschriftsfelder und mögliche Gültigkeitsdauer**

*Unterschriften beider Parteien oder elektronische Signaturen für die Kennzeichnung der Genehmigung des SLAs.*

*Einige Unternehmen definieren in diesem Bereich auch die Gültigkeitsdauer sowie eine mögliche Kündigungsfrist.*

**Beispielinhalt:**

Rolle, Vorname, Name und Unterschrift oder elektronische Signatur

Gültigkeitsdauer:

Das SLA wird spätestens nach einem Jahr zwischen den Parteien neu vereinbart.

## Inhalt eines OLAs

Mit dem im Abschn. 3.3.1 gezeigten Modell, kann der Inhalt eines OLAs stark vereinfacht werden. Dem Autor ist bewusst, dass die hier aufgezeigte OLA-Struktur nicht die Struktur widerspiegelt, wie sie in den ITIL® Handbüchern beschrieben ist. Die **hier** aufgezeigte Struktur ist allerdings sehr praxisorientiert.

Ein Operational Level Agreement (OLA) beinhaltet i. d. R. vier Haupt-Informationselemente:

1. Allgemeine Informationen; diese beinhalten Vertragsparteien und generelle Informationen betreffend der Einhaltung der IT-Prozesse und den IT-Richtlinien
2. Auflistung der IT Service-Optionen, für welche die Dienstleistung erbracht wird.
   Falls kein Service-Katalog besteht, können hier folgende Informationen abgelegt werden:
   - IT Service-Name,
   - Beschreibung des IT Services,
   - mögliche Optionen und
   - Service Levels (pro Option).

Falls ein Service-Katalog besteht, kann hier auf die IT Service-Optionen im Katalog verwiesen werden.

3. Informationen zur Rapportierung
4. Unterschriftenfeld oder auch elektronische Kennungen, welche sicherstellt, dass die Parteien das OLA genehmigt haben. In diesem Bereich wird meist auch die Gültigkeitsdauer des OLAs festgelegt.

> ▶   Die hier aufgeführte Struktur kann als Vorlage für die Erstellung eines OLAs verwendet werden, nachfolgende Legende wird verwendet:
> **OLA-Element**
> *Beschreibung* (beide werden in einem grauen Kasten aufgeführt)
> Beispiele, basierend auf der IT Service-Plattform „Windows und Unix"

**Vertragsparteien**

*In diesem Bereich gibt es zwei unterschiedliche Umsetzungsvarianten.*

***Variante 1:** Der Business IT Service Manager (Vertreter des Leistungserbringers) unterzeichnet alle OLAs, in welchen IT Services vorkommen, die er für seinen Business IT Service benötigt. Dies würde bei allgemeinen IT Services wie z. B. das LAN jedoch bedeuten, dass alle Business IT Service Manager das entsprechende OLA, in welchem z. B. der IT Service „Wireless LAN" aufgelistet wird, unterzeichnen müssen. Dies ist bei mehr als 10 IT Business Service Managern schon sehr umständlich und somit nicht empfehlenswert. Zusätzlich unterzeichnen der Operational Level Manager (Verwalter der OLAs) und der zuständige IT Service Provider (verantwortlich für die Erbringung der IT Service-Optionen) das OLA.*

***Variante 2:** Das OLA wird vom Operation Level Manager (Verwalter der OLAs) und dem zuständigen IT Service Provider (verantwortlich für die Erbringung der IT Service-Optionen) unterzeichnet. In Einzelfällen unterschreibt auch noch der Vorgesetzte (vielfach der Bereichsleiter) des IT Service Providers das entsprechende OLA, um die Einhaltung der Dienstleistung innerhalb der Organisationshierarchie abzusichern.*

*Die Variante 2 hat sich in mittleren und großen Unternehmen gut bewährt.*

**Beispielinhalt:**
Operational Level Manager: Markus xxx
    IT Service Provider (Abteilungsleiter „Server Staging"): Mike yyy

**Einhaltung der Informatik Prozesse**

*Dieser Abschnitt beinhaltet einen Vermerk, dass die definierten IT-Prozesse eingehalten werden. Dieser Aspekt ist für die Process Manager sehr hilfreich, da dieser bei einer Nichteinhaltung der IT-Prozesse auf diesen OLA-Abschnitt verweisen kann.*

**Beispielinhalt:**
Bei der Erbringung der IT Services und deren Optionen verpflichtet sich die verantwortliche Erbringerorganisation zur Einhaltung der definierten IT-Prozesse inkl. der Nutzung der Prozess-Tools.

> **Erbrachte IT Services und Optionen**
> *In diesem Bereich werden alle IT Services inkl. der Optionen aufgeführt, wofür der IT Service Provider (mit seinen Mitarbeitern) verantwortlich ist.*

**Beispielinhalt:**
Windows Standalone Server

- Option: High Available/High Performance
- Option: Low Available/Low Performance

  Windows Virtual Server

- Option: High Available/High Performance

  Linux Virtual Server

- Option: High Available/High Performance

In diesem Abschnitt wird auf den entsprechenden Service-Katalogeintrag oder auf zusätzliche IT Service-Datenblätter verwiesen. In einzelnen Fällen werden die Service Levels der Optionen aufgeführt.
Anbei ein Auszug von Service Levels einer IT Service-Option als Beispiel:
**Windows Standalone Server (Option: High Ava./High Perf.)**
Der IT Service Windows umfasst den Aufbau, die Wartung, die Störungsbehebung (HW und OS) inkl. Abbau des Windows-basierten Intel Servers.
Folgende Agents sind auf dem Server aktiv:

- Backup Agent
- Antivirus Agent
- Event-Monitor Agent
- Leistungs-Monitor Agent
- Inventar Agent
- Tuning Agent
- Job Scheduling Agent

| Service Level | Wert |
|---|---|
| Service-Zeit | $7 \times 24$ h |
| Verfügbarkeit im Monat | 99,87 % |
| Leistung | Multi-Prozessor |
| Max. nicht geplante Störungen pro Monat | 1 |
| Max. nicht geplante Störungen pro Jahr | 2 |
| Reparaturzeit | Max. 8 h |
| Sicherheit | Die Einspielung von Betriebssystem-Patches erfolgt nach der gültigen Security Richtlinie für Windows Systeme |
| etc. | xxx |
| Support-Sprache | Deutsch/English |

Falls die Genehmigung der OLAs mittels eines Workflow Tools basierend auf der Service-Kataloginformation erfolgt, so können alle diese Daten den verschiedenen Parteien elektronisch zur Verfügung gestellt werden.

**Service Reporting**
*In diesem Abschnitt werden der Inhalt, die Frequenz und das Medium der OLA-Rapportierung festgelegt.*

**Beispielinhalt:**
Jeweils am 5. Arbeitstag des Folgemonates steht der OLA-Report auf der Intranetseite http://xxxx.intra.net/ITServiceReports zur Verfügung.
Der OLA-Report wird jeweils im monatlichen OLA Review Meeting besprochen.

**Unterschriftsfelder und mögliche Gültigkeitsdauer**
*Unterschriften beider Parteien oder elektronische Signatur für die Kennzeichnung der Genehmigung des OLAs.*
*Einige Unternehmen definieren in diesem Bereich auch die Gültigkeitsdauer sowie eine mögliche Kündigungszeit (falls möglich).*

**Beispielinhalt:**
Rolle, Vorname, Name und Unterschrift oder elektronische Signatur.
Gültigkeit:
Das OLA wird spätestens nach einem Jahr zwischen den Parteien neu vereinbart.

**Inhalt eines Underpinning Contracts (UC)**

Das UC ist in sehr vielen Bereichen gleich zu betrachten wie ein OLA. Um die Redundanz in diesem Kapitel so klein wie möglich zu halten, wird nachfolgend nur kurz auf den Inhalt des UCs eingegangen.

- Vertragsparteien (interne IT-Organisation und externer Dienstleistungserbringer)
- Auflistung aller erbrachten IT Services-Optionen. Vielfach sind diese im Anhang mit den entsprechenden Service Levels detailliert beschrieben.
- Definition der Schnittstellen; basierend auf der erbrachten Dienstleistung werden hier die Prozessschnittstellen beschrieben, z. B. wie die Incident-Übergabe und die Rückmeldung erfolgt. Zusätzlich werden in diesem Abschnitt auch wichtige Elemente wie die Incident-Prioritäten und die Change-Klassen, festgehalten.
- Kontaktpersonen für beide Parteien bei einer möglichen Eskalation
- IT Service Reporting (Welche Reports, Kennzahlen, sollen zu welchem Zeitpunkt und in welchen Formaten zur Verfügung gestellt werden?)
- Verrechnung der Dienstleistung
- Weitere rechtliche Aspekte (Gültigkeitsdauer, Kündigungsbedingungen, Umgang mit Minderleistungen etc.)
- Unterschriften

**Service Level Meetings**

Im Bereich der Business IT Services (SLA) sind regelmäßig Besprechungen, welche mit Vorteil in gemeinsamen Sitzungen (Face to Face) erfolgen sollten, zwischen dem Business IT Service Manager und dem Business IT Service Owner nötig. In diesen Besprechungen werden verschiedene Themen rund um den zuständigen Business IT Service besprochen und die Beziehung zwischen Business und der Informatik gepflegt. Nachfolgend einige Informationen hierzu:

**SLA-Vereinbarungsgespräch**

- Frequenz:
  - In den meisten Fällen einmal pro Jahr
- Teilnehmer:
  - Business-Vertreter in der Funktion als Business IT Service Owner
  - IT-Vertreter in der Funktion als Business IT Service Manager
- Inhalt:
  - Veränderungen im SLA besprechen
  - Unterzeichnen des/r (neuen) SLAs

**Business IT Service Review Meeting**

- Frequenz:
  - In den meisten Fällen monatlich für die Business IT Services, welche als Business-vital oder Business-kritisch eingestuft sind. Bei tiefer eingestuften Business IT Services wird die Kadenz oft weniger dicht gewählt.
- Teilnehmer:
  - Business-Vertreter in der Funktion als Business IT Service Owner
  - IT-Vertreter in der Funktion als Business IT Service Manager
  - Teilweise auch andere Personen aus der IT, falls es um spezifische Themen geht.
- Inhalt:
  - Status anhand der SLA Reports
  - SLA-Verletzungen und die eingeleiteten Maßnahmen
  - Business IT Service-Veränderungen aus Sicht des Leistungsbeziehers und Leistungs-erbringers
  - Falls der Business IT Service Owner auch eine Kostenverantwortung hat, so können in der gleichen Besprechung auch finanzielle Aspekte und Optimierungspotentiale thematisiert werden (die im Rahmen des Financial Management Prozesses abgewickelt werden)

## Operational Level Management Meetings

Im Bereich der IT Services (OLAs) sind regelmäßig Besprechungen, welche mit Vorteil in gemeinsamen Sitzungen (Face to Face) erfolgen sollten, zwischen dem Operational Level Manager und dem IT Service Provider (Abteilungsleiter, dessen Abteilung die IT Services erbringt), nötig.

In diesen Besprechungen werden verschiedene Themen rund um den entsprechenden IT Service bearbeitet. Nachfolgend einige Informationen hierzu:

**OLA-Vereinbarungsgespräch**

- Frequenz:
  - In den meisten Fällen einmal pro Jahr
- Teilnehmer:
  - Operational Level Manager
  - IT Service Provider
  - Evtl. nimmt auch der Bereichsleiter (Vorgesetzter des IT Service Providers) an diesem Gespräch teil
- Inhalt:
  - Veränderungen im OLA respektive in den IT Services und deren Service Levels besprechen
  - Unterzeichnen des neuen oder geänderten OLAs

**OLA Review Meeting**

- Frequenz:
  - In den meisten Fällen monatlich, um bei einer Nichteinhaltung reagieren zu können
- Teilnehmer:
  - Operational Level Manager
  - IT Service Provider
  - In einzelnen Unternehmen gibt es für jeden IT Service noch eine Person, welche aus einer architektonischen Sicht sicherstellt, dass der IT Service erbracht werden kann. Meist wird diese Rolle auch beigezogen, falls Probleme mit einem IT Service bestehen.
- Inhalt:
  - Status anhand der OLA Reports
  - OLA-Verletzungen und die eingeleiteten Maßnahmen
  - Mögliche IT Service Veränderungen aus Sicht des Leistungserbringers
  - Falls der IT Service Provider auch eine Kostenverantwortung hat, können auch finanzielle Aspekte besprochen und Optimierungspotentiale thematisiert werden.

## Mögliche Prozessrollen und ihre Zuteilung

Die aufgeführten Funktionen und/oder Prozessrollen sind im ITIL® Framework nur teilweise beschrieben.

### Funktionen/Rollen im Service Level Management-Prozess

- Business IT Service Owner (Diese Funktion ist nicht Teil von ITIL®)
  - Aufgabe
    - Vertritt alle Anliegen des Business (Leistungsbezieher)
    - Sicherstellen, dass der Business IT Service die Geschäftsanforderungen erfüllt
    - Abnahme des SLAs (kann für einen oder auch mehrere Business IT Services verantwortlich sein)
  - Besetzung
    - Diese Funktion wird auf Seiten des Leistungsbeziehers besetzt. In der Regel ist dies der Verantwortliche für das Geschäft, welches durch den entsprechenden Business IT Service unterstützt wird. Oder auch ein Repräsentant, welcher das Geschäft oder die Geschäftsprozesse gut kennt.
    - Der Business IT Service Owner kann für einen oder auch mehrere Business IT Services verantwortlich sein.
- Business IT Service Manager (bei ITIL® wird diese Funktion als „Service Level Manager" bezeichnet; sie hat jedoch dort einen größeren Umfang, da von dieser Rolle auch die OLAs erstellt und gewartet werden)
  - Aufgabe
    - Vertritt alle Anlagen der Leistungserbringer Organisation
    - Erstellt und wartet die SLAs

– Stellt sicher, dass alle unterliegenden IT Services in der Service-Dekomposition die Anforderungen des Business IT Services erfüllen
– Rapportiert regelmäßig die SLA-Erbringung
– Setzt mit dem IT Service Provider bei möglichen SLA-Verletzungen die nötigen Maßnahmen für eine zukünftige Sicherstellung der Service Levels auf
– Besetzung
  – Die Besetzung dieser Rolle ist in vielen Unternehmen unterschiedlich. Größere Unternehmen bilden eigene Abteilungen und bündeln so alle ihre Business IT Service Manager an einem Ort.
  In einem anderen Fall übernehmen Personen aus der Applikationsarchitektur basierend auf dem Verantwortungsbereich von Geschäftsanwendungen die Rolle als Business IT Service Manager. Es besteht auch die Möglichkeit, diese Rolle in einer Betriebsabteilung zu besetzen.
  Die Besetzung erfolgt aus Sicht des Autors richtig, wenn diese Rolle von Personen wahrgenommen wird, welche ein breites IT-Verständnis aufweisen, den entsprechenden Business IT Service und das Geschäft aus Sicht einer End-to-End-Betrachtung verstehen, gerne kommunizieren und Freude an der Kundenpflege haben.

• SLA Service Level Analyst (Diese Prozessrolle ist nicht Teil von ITIL®)
  – Aufgabe
    – Stellt sicher, dass die benötigten Report-Daten zur Verfügung stehen
    – Sammelt alle relevanten, im SLA beschriebenen Service Level-Daten
    – Erstellt die SLA Reports
    – Stellt sicher, dass die ausgewiesenen SLA Report-Daten auf allen Reports konsistent sind
  – Besetzung
    – Dies ist meistens eine Backoffice-Funktion. Viele große Unternehmen haben diese Rolle aus Kostenüberlegungen in ein Billiglohnland ausgelagert, was jedoch bei Problemstellungen zu einer Mehrbelastung des Business IT Service Managers führen kann. Zudem sind verschiedenste, rechtliche Aspekte bei dieser Art von Outtasking zu beachten.
  – SLM Controller (Diese Prozessrolle ist nicht Teil von ITIL®)
  – Aufgabe
    – Erstellen Vorgaben z. B. wie der Inhalt eines SLAs aussehen soll
    – Führt falls nötig die einzelnen SLA Reports zu einem Gesamtreport zusammen
    – Überwachen und Rapportieren der SLM-Leistung
  – Besetzung
    – Vielfach wird diese Rolle durch den SLM Process Manager besetzt.

**Operational Level Management Prozessrollen**

- Operational Level Manager (Diese Prozessrolle ist nicht Teil von ITIL®)
  - Aufgabe
    - Erstellt und wartet die OLAs
    - Rapportiert regelmäßig die OLA Erbringung
    - Setzt mit dem IT Service Provider bei möglichen OLA-Verletzungen die nötigen Maßnahmen für eine zukünftige Sicherstellung der OLA Service Levels auf.
  - Besetzung
    - Es wird empfohlen, diese Rolle innerhalb des entsprechenden Bereiches z. B. Entwicklung, Betrieb, in dem die IT Services erbracht werden, zu besetzen. Diese kann z. B. von einer Person in der Stabsstelle des Bereichsleiters übernommen werden. Bei nötigen Eskalationen wäre so die Unterstützung durch den Bereichsleiter sichergestellt.
  - IT Service Provider (Diese Funktion ist nicht Teil von ITIL®)
- Aufgabe
  - Verantwortlich für die Lieferung der IT Service-Optionen, welche basierend auf den definierten Service Levels im OLA aufgeführt sind
  - Unterzeichnet das OLA
- Besetzung
  - Oft wird diese Funktion durch den Abteilungsleiter besetzt, dessen Abteilung die IT Service-Optionen erbringt.
- OLA Service Level Analyst (Diese Prozessrolle ist nicht Teil von ITIL®)
  - Aufgabe und Besetzung ist gleich wie beim SLA Service Level Analyst, jedoch liegt die Datenaufbereitungstiefe auf Stufe OLAs (Service Levels der IT Services-Option).
- OLA Controller (Diese Prozessrolle ist nicht Teil von ITIL®)
  - Aufgabe
    - Erstellen Vorgaben, wie der Inhalt eines OLAs aussehen soll
    - Führt falls nötig die einzelnen OLA Reports zu einem Gesamt-Report zusammen
    - Überwachen und Rapportieren der OLM-Leistung
  - Besetzung
    - Vielfach wird diese Rolle durch den OLM Process Manager besetzt.

## Messkennzahlen für die Überwachung des Prozesses

**Tab. 3.2** KPIs SLM-Prozess, Service Level Management Prozesskennzahlen

| KPI | Beschreibung | Definition Grün | Definition Gelb | Definition Rot |
|---|---|---|---|---|
| SLA-Verletzungen | Ist einer der Service Level innerhalb eines SLAs nicht eingehalten, so gilt das SLA als verletzt. Angabe in % verfehlte SLAs zur Gesamtzahl der SLAs. | < 3 % | 3 %–8 % | > 8 % |
| SLA Service Level-Verletzungen | Angabe in % verfehlte Service Levels (basierend auf den Business IT Services) zur gesamten Anzahl aller Service Levels aller SLAs | < 3 % | 3 %–8 % | > 8 % |
| Operative Business IT Services ohne unterzeichnetes SLA | Erheben der Anzahl Business IT Services ohne ein unterzeichnetes SLA | 0 | Gelb steht für diesen KPI nicht zur Verfügung | > 0 |
| Aktualität der SLAs[a] | Erheben der Aktualität der SLAs in % zur gesamten Anzahl | 0 % sind älter als 1 Jahr | > 0–3 % sind älter als 1 Jahr | > 3 % sind älter als 1 Jahr |
| Durchlaufzeit SLA-Genehmigung | Erheben der Durchlaufzeit für die SLA-Genehmigung (Status „Approval Pending" zu „Approved") | > 80 % der SLAs < 1. Monat Genehmigungszeiten | 60 %–80 % der SLAs < 1. Monat Genehmigungszeiten | < 60 % der SLAs < 1. Monat Genehmigungszeiten |
| **Weitere informative Kennzahlen für Vergleiche** | | | | |
| Anzahl SLAs | Anzahl bestehender SLAs in der gegenwärtigen Vertragssituation | | nn | |
| Anzahl ausgeführter korrektiver Maßnahmen | Zählen der Aktionen im Aktionslog | | nn | |
| SLM Aufwand Manager und Analyst Rolle | Erheben des rapportierten Aufwands für das Service Management (Total aufgewendete Std. für die Business IT Service Manager-Funktion und den SLA Service Level Analyst) | | nn Std. | |

[a] Falls in den Prinzipien definiert wurde, dass die SLAs jährlich mit dem Business IT Service Owner validiert werden müssen, so ist dieser KPI von Vorteil.

Alle KPIs werden für die entsprechende Rapportierungsperiode ausgewiesen.

**Tab. 3.3**   KPIs OLM-Prozess, Operational Level Management-Prozesskennzahlen

| KPI | Beschreibung | Definition Grün | Definition Gelb | Definition Rot |
|---|---|---|---|---|
| OLA-Verletzungen | Ist einer der Service Level innerhalb eines OLAs nicht eingehalten, so gilt das OLA als verletzt. Angabe in % verfehlte OLAs zur Gesamtzahl der OLAs. | < 3 % | 3 %–8 % | > 8 % |
| Operative IT Services ohne unterzeichnetes OLA | Erheben der Anzahl IT Services ohne ein unterzeichnetes OLA | ≤ 1 | 2–5 | > 5 |
| Aktualität der OLAs[a] | Erheben der Aktualität der OLAs in % zur gesamten Anzahl | 0 % sind älter als 1 Jahr | > 0–3 % sind älter als 1 Jahr | > 3 % sind älter als 1 Jahr |
| Durchlaufzeit OLA-Genehmigung | Erheben der Durchlaufzeit für die OLA-Genehmigung (Status „Approval Pending" zu „Approved") | > 80 % der OLAs < 1. Monat Genehmigungszeiten | 60 %–80 % der OLAs < 1. Monat Genehmigungszeiten | < 60 % der OLAs < 1. Monat Genehmigungszeiten |
| **Weitere informative Kennzahlen für Vergleiche** | | | | |
| Anzahl OLAs | Anzahl bestehender OLAs in der gegenwärtigen Vertragssituation | | nn | |
| Anzahl ausgeführter korrektiver Maßnahmen | Zählen der Aktionen im Aktionslog | | nn | |
| OLM Aufwand Manager und Analyst-Rolle | Erheben des rapportierten Aufwands für das Service Management (Total aufgewendete Std. für die Operational Level Manager und den OLA Service Level Analyst) | | nn Std. | |

[a] Falls in den Prinzipien definiert wurde, dass die OLAs jährlich mit dem IT Service Provider validiert werden müssen, so ist dieser KPI von Vorteil.

Mit diesem QR-Code können Sie ein Feedback für Abschn. 3.3.1 abgeben.

## 3.3.2   Service Catalog Management (Service Design)

Der Service Catalog Management (SCM)-Prozess stellt sicher, dass ein aktueller und vollumfänglicher Service-Katalog (SK) basierend auf den angebotenen Business IT Services und IT Services zur Verfügung steht.

**Prozessinhaltsbeschreibung mit den wichtigsten Schritten**

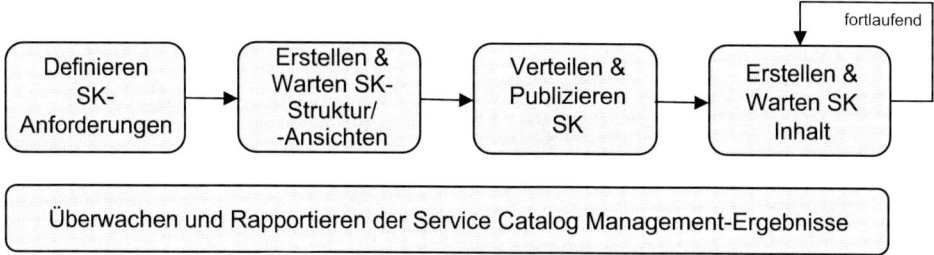

**Abb. 3.11**   Service Catalog Management-Prozess

- **Definieren der Service-Kataloganforderungen**
  Aus den verschiedenen Prozessen können Anforderungen entstehen, welche in den Service-Katalog integriert werden müssen, z. B. die Abbildung eines neuen Service Levels auf Stufe der IT Services oder die Erstellung einer neuen Ansicht auf Grund von Kundenzufriedenheitsumfragen bei den Leistungsbeziehern.
- **Erstellen und Warten der Service-Katalogstruktur und/oder der Ansichten**
  Basierend auf den Anforderungen werden die Service-Katalogstruktur und/oder die verschiedenen Ansichten für die Service-Katalognutzer erstellt oder verändert.
- **Verteilen und Publizieren des Service-Katalogs**
  Alle Veränderungen werden zur Nutzung freigegeben und publiziert. Dies heißt auch, dass die Leistungsbezieher informiert werden, falls es Veränderungen in der Service-Katalogstruktur oder in den Ansichten im Bereich der Business IT Services gegeben hat, oder dass das IT-Personal informiert wird, falls es sich um solche Veränderungen im Bereich der IT Services handelt.
- **Erstellen und Warten des Service-Kataloginhalts**
  Dieser Schritt erfolgt laufend und wird gemäß dem vorgestellten Modell im Bereich der Business IT Services durch die Funktion Business IT Service Manager und für IT Services durch die Funktion IT Service Provider ausgeführt.
- **Überwachen und Rapportieren der Service Catalog Management-Ergebnisse**
  Mit diesem Schritt wird sichergestellt, dass die Informationen im Service-Katalog stets aktuell sind. Zusätzlich werden den Katalognutzern auch standardisierte Reports über den Kataloginhalt zur Verfügung gestellt.

**Prinzipien**

Mögliche Prinzipien, welche wichtige Leitplanken für die Einführung und Nutzung des SCM-Prozesses bilden:

- IT-weit gibt es **einen** zentralen Service-Katalog. Bei großen Unternehmen ist die Durchsetzung dieses Prinzips nicht immer einfach. Dies ist jedoch sehr hilfreich, da die Wartung, Standardisierung, Report-Erstellung etc. somit stark vereinfacht wird.
- Der Service-Katalog wird verwendet, um die Business IT Services (Business-Ansicht) und die IT Services (IT-interne Ansicht) zu verwalten.
- Der Katalog repräsentiert stets das aktuelle Service-Angebot.
- Der Katalog bietet die Möglichkeit, alle Service-Veränderungen über eine Historie nachzuvollziehen (Audit Trail).
- Aus dem Service-Katalog sollten Bestellungen von Business IT Services oder Komponenten, welche über Request Fulfillment abgewickelt werden, ermöglicht werden. (Dieses Prinzip ist bisher nur bei wenigen Unternehmungen eingeführt).
- Jeder Service im Katalog beinhaltet einen Preis. (Dieses Prinzip kommt nur dann zur Anwendung, wenn eine interne Leistungsverrechnung erfolgt).
- Im Katalog werden auch SLAs, OLAs und alle Service-Informationen, wie z. B. die Service Levels der IT Service-Optionen abgelegt.
- Jeder Business IT Service und IT Service muss mindestens einmal im Jahr validiert werden.
- Der Katalog unterstützt einen Prozess-Workflow für die Freigabe und Revalidierung der Services inkl. der darin enthaltenen SLAs und OLAs. (Dieses Prinzip ist zwar von Vorteil, jedoch bei vielen Unternehmen (noch) nicht umgesetzt)

**Aufbau eines Service-Katalogs**

Der Inhalt eines Service-Katalogs ist von Unternehmen zu Unternehmen sehr unterschiedlich, da die Anforderungen sehr verschieden sind. Das nachfolgende Beispiel zeigt den größtmöglichen Umfang eines Katalogs auf und beinhaltet nicht nur eine „Service-Ansicht" (linke Kolonne), sondern auch eine „Produkt-Ansicht" (rechte Kolonne). Dem Autor ist bewusst, dass dies den Umfang eines Service-Katalogs stark ausweitet. In diesem Abschnitt wird auch erklärt, warum dieser ganze Umfang gezeigt wird. Falls der Leser nur einen reinen Service-Katalog einführen möchte, so kann er sich auf die „Service-Ansicht", d. h. die linke Kolonne, fokussieren.

Der hier gezeigte Katalog unterscheidet zwei Hauptansichten (siehe Abb. 3.12):

- Eine Leistungsbeziehersicht (horizontal oberer Bereich)
- Eine Leistungserbringersicht (horizontal unterer Bereich)

Die Leistungsbezieheransicht zeigt alle Business IT Services auf, welche von der Informatik für das Business angeboten werden. Es wird empfohlen, diese nach den beiden Gruppen „Managed-Anwendungen" und „Managed-Arbeitsplatz" aufzuteilen, da so dem Benutzer des Katalogs das Navigieren erleichtert wird.

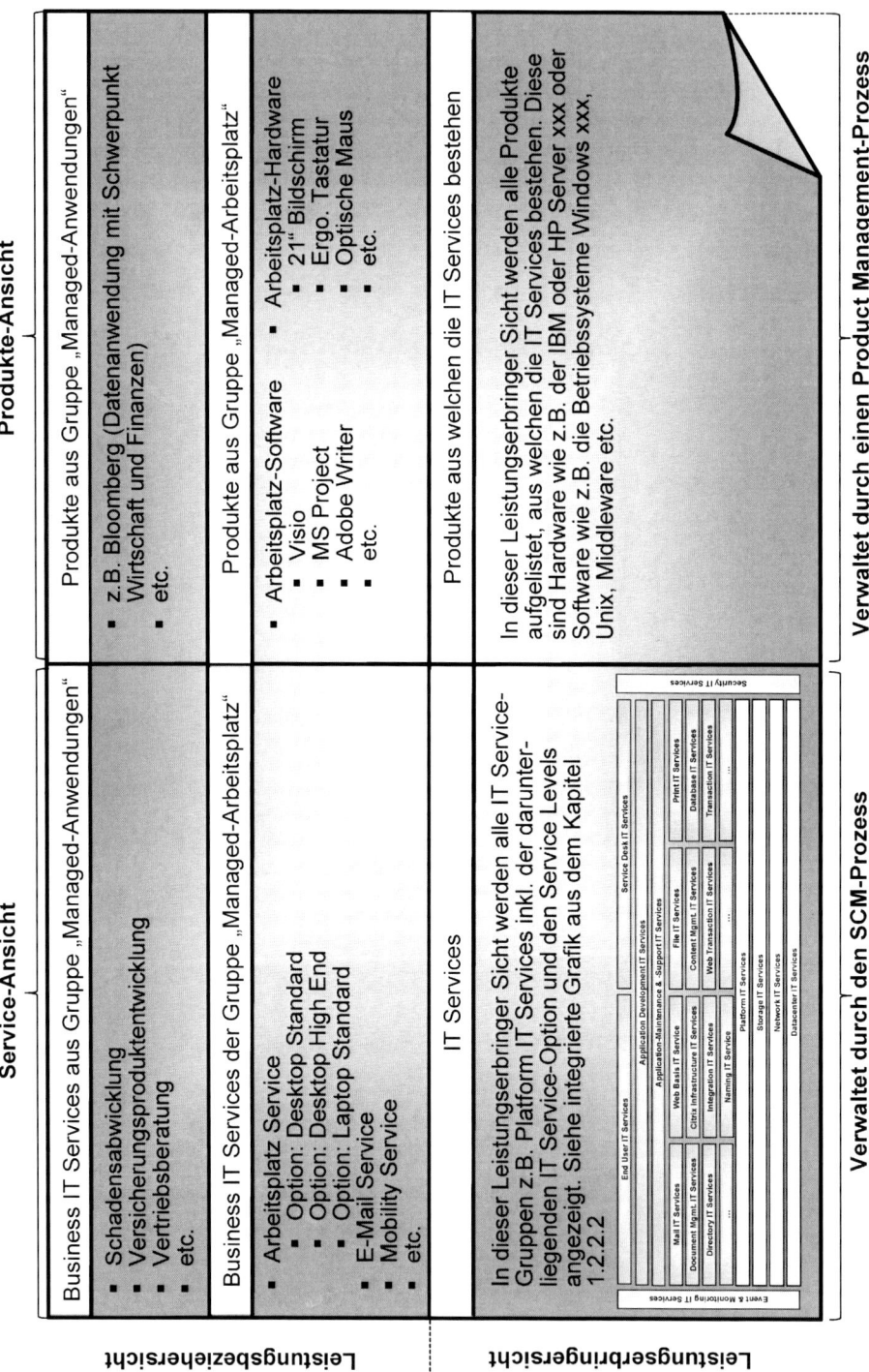

**Abb. 3.12** Inhalt eines Service-Katalogs

Wird dieser Katalog auch gleichzeitig für den Abruf von Bestellungen, z. B. über das Request Fulfillment verwendet, so ist es sinnvoll, neben den Services auch zusätzlich angebotene Produkte aufzuführen. Somit kann ein Leistungsbezieher via der Service-Ansicht den Arbeitsplatz-Service z. B. mit der Option: „Desktop Standard" für einen neuen Mitarbeiter bestellen. Falls der Mitarbeiter einen zusätzlichen, optionalen Bildschirm benötigt, kann das Produkt: „21-Zoll Bildschirm", welches für diesen Service als Ergänzung angeboten wird, mitbestellt werden. Das gleiche gilt für Produkte aus der Gruppe „Managed-Anwendungen". So können auch zusätzlich zu den Business IT Services einzelne Produkte, welche separat angeboten werden, als Bestellauswahl, zur Verfügung gestellt werden, wie z. B. Bloomberg.

Wie Sie sehen, ist dieses Beispiel kein Service-Katalog nach reiner Lehre. Und es sind auch mehrere Prozesse nötig, um diesen umfangreichen Katalog aufzubauen, welcher ein Service-/Produkt-/Bestellkatalog sein kann. Aber aus einer praxisnahen Überlegung macht es Sinn, beim Aufsetzen eines Katalogs zu definieren, was dieser beinhalten soll und welche Funktionen basierend auf dem Katalog angeboten werden.

Zurück zur Leistungserbringer-Service-Ansicht (untere Zeile links): In diesem Bereich werden alle IT Services inkl. deren Optionen aufgelistet. Diese Ansicht ist der IT vorbehalten und kann z. B. für das Entwickeln von neuen Business IT Services genutzt werden, da die IT Services das gesamte IT-interne Dienstleistungsangebot reflektieren. So können Lösungs-Designer oder auch Architekten basierend auf den Anforderungen eines neuen Business IT Services in der Dekomposition die geeigneten IT Services ermitteln, wodurch die IT Services in einer End-to-End-Betrachtung die Service Levels des Business IT Services unterstützen. Damit können, wie mittels eines Lego® Systems, die geeigneten IT Service-Optionen modular zusammengestellt werden, um die Anforderungen des Business IT Services zu erfüllen.

Meist wird dieser Katalog auch verwendet, um die SLAs und OLAs abzulegen. Auch dies entspricht nicht ganz der reinen Lehre, ist aber aus Sicht der Praxis vielfach sinnvoll. Die Überwachung der Einhaltung der SLAs und OLAs unterliegt aber weiterhin den entsprechenden Prozessen. Bei näherer Betrachtung ist ein SLA grundsätzlich ein Screenshot (Momentaufnahme) eines Business IT Service Eintrages (welcher auch die Service Levels beinhaltet), vereinbart zwischen Leistungsbezieher und Leistungserbringer inklusive einer gültigen Laufzeit. Somit sind grundsätzlich mit Ausnahme der Vertragsparteien und der Genehmigung alle Informationen im Katalog verfügbar.

## Mögliche Status der Services im Katalog

Die nachfolgende Tabelle zeigt den möglichen Status eines Services (Business IT Service und IT Service), welcher im Katalog abgelegt wird. Diese Status reflektieren nur den Service-Bereich und nicht den jeweiligen Status der einzelnen SLAs und OLAs.

Der Service Catalog Management-Prozess basierend auf ITIL® verwaltet nur aktive Services. Services, welche in der Pipeline sind, oder solche, welche „retired" sind, gehören nach ITIL® nicht zum Umfang des Service Catalog Management-Prozesses. Es wird aber dennoch empfohlen, auch diese Services im Katalog mit den entsprechenden Status zu füh-

**Tab. 3.4** Mögliche Status der Services im Katalog

| Status | Beschreibung |
| --- | --- |
| Pipeline | Dieser Service ist im Aufbau und nur für spezielle Funktionen/Rollen ersichtlich. Das Aktivierungsdatum ist noch unklar, es besteht nur eine grobe Terminplanung. |
| Coming soon | Der Service steht kurz vor einer operativen Umsetzung (bis max. 3 Monate). Ein Aktivierungsdatum ist gesetzt. Dieser Service ist schon im Service-Katalog ersichtlich, jedoch immer noch mit einem Hinweis versehen, dass er noch nicht operativ ist. Diese Information kann für verschiedene andere Prozesse hilfreich sein, da evtl. Reports oder im Incident Tool Auswahlfelder angepasst werden müssen. Zusätzlich kann es auch für Lösungs-Designer oder Architekten im IT Service-Umfeld sehr interessant sein, wenn sie einen neuen Business IT Service aufbauen. So können sie erkennen, welche Services kurz vor der operativen Umsetzung stehen. |
| Operational/Live | Der Service wurde von allen Genehmigungsstellen freigegeben und steht für die Verwendung zur Verfügung. |
| Terminated/Retiring | Der Service steht kurz vor „Retired" und besitzt bereits ein Retirement-Datum. Er sollte nicht mehr weiter für eine detaillierte Planung verwendet werden. Dieser Service gilt für alle Auswertungen jedoch noch als operativ. |
| Retired | Der Service ist nicht mehr operativ und kann auch nicht mehr selektiert werden. Auf Jahres-Reports sowie Rechnungen erscheint dieser noch bis zum effektiven Retirement-Datum. Im Katalog wird der Service für Standard-Rollen nicht mehr angezeigt, er bleibt jedoch für einen späteren Audit Trail weiterhin im Katalog. Eine Änderung an den Service-Informationen ist nicht mehr möglich. |

ren, um auf der einen Seite einen Audit Trail für alte Services aufweisen zu können und auf der anderen Seite die Pipeline Services schon frühzeitig strukturiert erfasst zu haben.

Die in Tab. 3.4 folgenden Status beinhalten somit den vollen Lebenszyklus eines Services und gelten für Business IT Services ebenso wie für IT Services. Diese Status sind im Sinne einer Empfehlung zu verstehen und können jederzeit angepasst werden.

Falls ein Workflow Tool für das Service Lifecycle Management basierend auf dem Service-Katalog eingesetzt wird, so kann es noch weitere Status wie z. B. „approval pending" geben.

## Mögliche Ansichten in einem Service-Katalog

**Tab. 3.5**  Mögliche Ansichten in einem Service-Katalog

| Katalogansichten | Beschreibung |
|---|---|
| Alle Inhalte | Diese Ansicht ist für den Service Catalog Manager. Er sollte alle Inhalte des Katalogs sehen können. |
| **Ansichten für Business IT Services** | |
| Business IT Service Owner | Für den Business IT Service Owner sollte es eine eigene Ansicht geben, in welcher nur seine Business IT Services aufgeführt werden und wo er als Owner eingetragen ist. |
| Business IT Service Manager | Für den Business IT Service Manager sollte es auch eine eigene Ansicht geben, wo nur seine Business IT Services aufgeführt werden und in welcher er als Manager eingetragen ist. Der Business IT Service Manager kann Anpassungen an seinen Services vornehmen. |
| Leistungsbezieher | Die Leistungsbezieher (End User) können die zur Verfügung gestellten Business IT Services einsehen. |
| Alle IT-Mitarbeiter | Alle IT-Mitarbeiter können alle Business IT Services einsehen, jedoch nicht ändern. |
| Service Portfolio Manager | Diese Ansicht beinhaltet alle Business IT Services im Zuständigkeitsbereich des entsprechenden Portfolio Managers. |
| **Ansichten für IT Services** | |
| IT Service Provider (IT Service Owner) | Der IT Service Provider sieht in seiner Ansicht alle IT Services und deren Optionen, welche er in seinem Bereich erbringt (im OLA aufgeführt). Der IT Service Provider kann Anpassungen an seinen Services vornehmen. |
| Operational Level Manager | In seiner Ansicht werden alle IT Services und deren Optionen aufgeführt, welche in seinem Verantwortungsbereich liegen, z. B. alle IT Service-Optionen, welche durch die Entwicklungsabteilung (falls es einen Operational Level Manager je Bereich gibt) erbracht werden. |
| Alle IT-Mitarbeiter | Alle IT-Mitarbeiter können alle IT Services Optionen einsehen, jedoch nicht ändern. |
| Service Portfolio Manager | Diese Ansicht beinhaltet alle IT Services im Zuständigkeitsbereich des entsprechenden Portfolio Managers. |

## Inhalt eines Service-Katalogs

Kunden stellen immer wieder die Frage, ob auch die Business IT Service-Dekomposition, somit die ganze Struktur der darunterliegenden IT Services, im Service-Katalog abgelegt werden sollte. Die Empfehlung ist ein klares „Nein", da ein Katalog nur das Angebot reflektiert und nicht die effektive Konfiguration (Dekomposition) aufzeigt, wie sie für jeden individuellen Business IT Service oder IT Service umgesetzt ist.

Ein Service-Katalog kann mit einem Warenhauskatalog verglichen werden. Dieser reflektiert das Angebot (mit allen Service Levels wie Material/Gewebe, Farbe, hitzebeständig bis 60° etc.). Was der einzelne Kunde bestellt hat, ist in einer Kunden-Historie (in der IT ist dies die Konfiguration) abgelegt.

Entsprechend verhält es sich mit dem Service-Katalog und der Configuration Management Data Base (CMDB) auf welche im Abschn. 3.4.10 eingegangen wird.

## Mögliche Prozessrollen und ihre Zuteilung

In den ITIL® Handbüchern ist ausschließlich die Catalog Manager-Rolle definiert. Es ist jedoch von Vorteil, zwei unterschiedliche Rollen für diesen Prozess zu etablieren.

- Service Catalog Content Manager (Diese Prozessrolle ist nicht Teil von ITIL®)
  - Aufgabe
    - Erstellen und Warten des Service-Kataloginhalts, basierend auf seiner Service-Verantwortung
  - Besetzung
    - Es ist sinnvoll, wenn die Funktion „Business IT Service Manager" mit der Verantwortung über das SLA des Business IT Services auch die Wartung des entsprechenden Business IT Services im Katalog übernimmt.
    - Das gleiche gilt für den IT Service. In diesem Fall sollte der zuständige IT Service Provider die Wartung des Kataloginhalts übernehmen.
- Service Catalog Manager (ITIL® Prozessrolle)
  - Aufgabe
    - Definieren der Service-Kataloganforderungen
    - Erstellen und Warten der Service-Katalogstruktur und/oder Ansichten
    - Verteilen und Publizieren des Katalogs
    - Überwachen und Rapportieren der Service Catalog Management-Ergebnisse
  - Besetzung
    - Vielfach wird diese Rolle durch den Service Catalog Process Manager besetzt. Gibt es im Unternehmen zwei unterschiedliche Kataloge (einen für die Business IT Services und einen weiteren für die IT Services), so ist es auch möglich, dass zwei unterschiedliche Personen diese Rolle wahrnehmen.

## Messkennzahlen für die Überwachung des Prozesses

**Tab. 3.6** KPIs SCM-Prozess

| KPI | Beschreibung | Definition Grün | Definition Gelb | Definition Rot |
|---|---|---|---|---|
| Abdeckungsrate der Business IT Services im SK | % Anteil der im Service-Katalog dokumentierten Business IT Services/IT Services im Verhältnis zu der gesamten Anzahl Business IT Services/IT Services. Dies wird in den | > 98 % | 90–98 % | < 90 % |
| Abdeckungsrate der IT Services im SK | meisten Fällen manuell durch den Catalog Manager erhoben, da oft eine Datenbasis für die nicht dokumentierten Services fehlt. | > 98 % | 90–98 % | < 90 % |
| Aktualität der Business IT Services im SK | Erhebung der Aktualität der Business IT Services/IT Services im | ≤ 12 Monate | 12–15 Monate | > 15 Monate |
| Aktualität der IT Services im SK | Service-Katalog basierend auf dem letzten Review-Datum. | ≤ 12 Monate | 12–15 Monate | > 15 Monate |
| Benutzerfreundlichkeit des SK | Mittels einer Benutzerumfrage wird die Benutzerfreundlichkeit des Katalogs halbjährlich erhoben. | > 80 % Zufriedenheit | 80–65 % Zufriedenheit | < 65 % Zufriedenheit |
| **Weitere informative Kennzahlen für Vergleiche** | | | | |
| Anzahl Business IT Services im SK | Anzahl bestehender Business IT Services im Katalog | | nn | |
| Anzahl IT Services im SK | Anzahl bestehender IT Services im Katalog | | nn | |
| SCM-Aufwand Manager-Rolle | Erheben des rapportierten Aufwands für das Service Catalog Management (Total aufgewendete Std. für die Rolle Service Catalog Manager[a] | | nn Stunden. | |

[a] Falls erwünscht ist es auch möglich, weitere Aufwände von Rollen wie z. B. Business IT Service Manager für das Service Catalog Management aufzunehmen. Jedoch müssen diese Rollen im Zeiterfassungstool die einzelnen Aufwände auch entsprechend rapportieren.

Alle KPIs werden für die entsprechende Rapportierungsperiode ausgewiesen. Mit diesem QR-Code können Sie ein Feedback für Abschn. 3.3.2 abgeben.

### 3.3.3   Business Relationship Management (Service Strategy)

Der Business Relationship Management (BRM)-Prozess wurde in ITIL® V3 2011 neu in das ITIL® Service Strategy-Handbuch aufgenommen. Dieser Prozess ist eine Sammlung verschiedener Prozesse mit sehr vielen Aktivitäten. Aus Sicht des Autors sind drei Hauptaktivitäten sehr wichtig, sie werden in der Folge beschrieben:

- Requirements Management
- Stakeholder Management
- Complaint Management (Reklamations-Management)

Das Requirements Management ist für das Service Management ein sehr wichtiger Aspekt, da dieses systematisch alle Bedürfnisse der Leistungsbezieher sammelt.

Wie die Abb. 3.13 zeigt, gibt es somit 3 Hauptprozesse, welche Informationen der End User Population (Leistungsbezieher) aufnehmen.

**Abb. 3.13** Prozessschnittstelle Business-IT

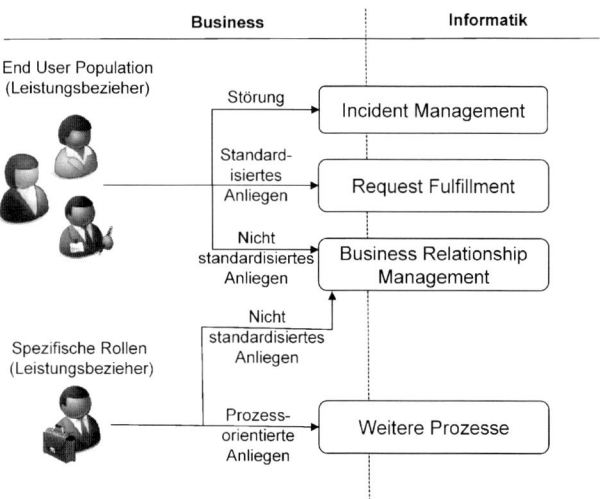

Über das Incident Management werden Störungen aufgenommen. Mittels Request Fulfillment werden standardisierte Anliegen, wie Passwort-Resets, Installation eines Arbeitsplatzes, Starten eines definierten Batch Jobs etc., beantragt.

Über das Business Relationship Management werden alle restlichen, nicht strukturierten Anliegen aufgenommen. Dies können Änderungswünsche an Applikationen, Erhöhung von Service Levels eines Business IT Services oder benötigte Kapazitätserweiterungen basierend auf einem Firmenzukauf sein. Somit kann diese Tätigkeit als Requirements Management betrachtet werden.

Ist das Sammeln von Bedürfnissen in Unternehmen nicht durch einen Prozess mit entsprechender Tool-Unterstützung geregelt, so hört man vielfach Aussagen von Leistungsbeziehern, wie: „Ich habe diesen Änderungswunsch bei der IT bereits vor 2 Monaten platziert, aber nichts mehr davon gehört." Wird dann in der IT nachgefragt, so kann es sein, dass man folgende Antwort bekommt: „Wir wissen nichts von einem solchen Änderungswunsch".

**Prozessinhaltsbeschreibung mit den wichtigsten Schritten**

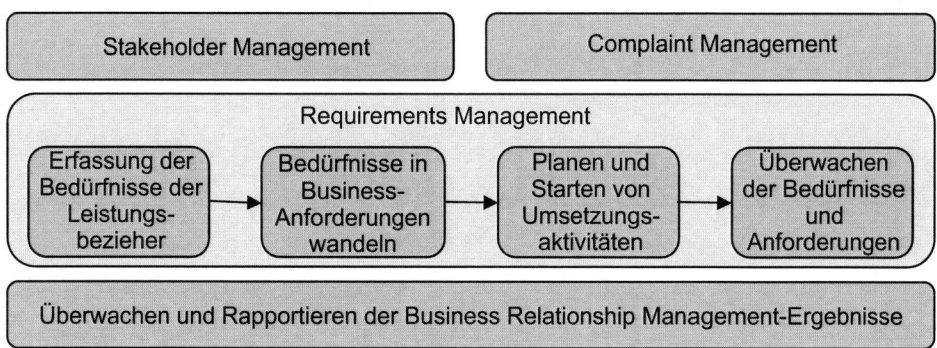

**Abb. 3.14** Business Relationship Management-Prozess

- **Stakeholder Management**
  Das Stakeholder Management identifiziert die wichtigsten Personen in der Leistungs-bezieherorganisation, welche im Bereich des Service Managements eine tragende Rolle einnehmen. Es stellt sicher, dass die Stakeholder in wichtige Aspekte beigezogen und diese über die IT-Belange entsprechend informiert werden.
- **Complaint Management**
  Die Aktivitäten des Complaint Managements stellen sicher, dass Reklamationen vom Leistungsbezieher aufgenommen und bearbeitet werden. Aus Sicht des Autors ist jede Beschwerde eine Chance die Kundenbeziehung zu verbessern.
- **Requirements Management**
  Das Requirements Management beinhaltet weitere Unteraktivitäten und sollte mittels Tool-Unterstützung erfolgen. Dies bedeutet, dass der Bedürfnissteller sein Anliegen be-reits nach einem definierten Schema erfassen muss und diese Information anschließend an die weiteren Rollen verteilt werden kann. Somit ist ein Abruf des Status der Anfrage jederzeit möglich.
  - **Erfassen der Bedürfnisse der Leistungsbezieher**
    Jeder Leistungsbezieher kann ein Bedürfnis einreichen, wobei es sich empfiehlt, die-ses strukturiert schriftlich vorzunehmen, um die Weiterbearbeitung zu vereinfachen. Eine Zuordnung des Bedürfnisses zum entsprechenden Business IT Service ist soweit möglich empfehlenswert.
  - **Bedürfnisse in Business-Anforderungen wandeln**
    Diese Unteraktivität beinhaltet eine Analyse des Bedürfnisses und eine Beschreibung der Business-Anforderung und des Bedarfs.

– **Planen und Starten von Umsetzungsaktivitäten**
  In dieser Unteraktivität wird definiert, wie die Anforderung weiter verarbeitet wird. Mittels einer Planung werden für die Anforderung die entsprechenden Aktivitäten wie z. B. Initiativen oder Projekte ausgelöst. Es kann sein, dass einzelne Bedarfsinformationen als Information dem Capacity Management-Prozess gemeldet werden oder dass größere Anforderungen über ein Vorprojekt abgewickelt werden müssen, um eine genauere Information über die Anforderung und den Bedarf zu erhalten.
– **Überwachen der Bedürfnisse und Anforderungen**
  Hier wird sichergestellt, dass die Bedürfnisse und Anforderungen entsprechend bearbeitet werden.
• **Überwachen und Rapportieren der Business Relationship Management-Ergebnisse**
  In diesem Prozessschritt erfolgt die Überwachung und Rapportierung des Business Relationship Managements.

## Prinzipien

Mögliche Prinzipien, welche wichtige Leitplanken für die Einführung und Nutzung des BRM-Prozesses bilden:

• Stakeholder Management
  – Für die Pflege der Stakeholder-Beziehung sind das IT Management und die zuständigen Business IT Service Manager verantwortlich
• Complaint Management
  – Jede Reklamation muss erfasst und bearbeitet werden
• Requirements Management
  – Das Requirements Management ist für die Aufnahme von nicht standardisierter Anliegen (Bedürfnisse) des Leistungsbeziehers verantwortlich. Hinweis: Standardisierte Anliegen werden über das Request Fulfillment bearbeitet.
  – Alle Bedürfnisse werden unternehmensweit in einem Tool festgehalten und, wo immer möglich, den Business IT Services und IT Services zugeordnet.
  – Die Erfassung des Bedürfnisses erfolgt grundsätzlich durch einen Antragsteller

## Analysieren der eingehenden Bedürfnisse

Es empfiehlt sich, jedes Bedürfnis bei der Erfassung und spätestens bei der vertieften Verifikation nach folgenden Punkten zu analysieren:

• Beurteilung des Nutzens für das Business, sofern das Bedürfnis realisiert wird:
  – Ist ein finanzielles Wachstum zu erwarten? Falls ja, wie hoch wird dieses eingeschätzt?
  – Sind Kosteneinsparungen im Business möglich? Falls ja, wie hoch sind die zu erwartenden Einsparungen?
  – Ist eine Qualitätsverbesserung des Business IT Services zu erwarten? Falls ja, in welchem Bereich?
  – Ist eine Quantitätsverbesserung des Business IT Services zu erwarten? Falls ja, in welchem Bereich?

- – Steigt die Kundenzufriedenheit?
- – Ist das Bedürfnis durch gesetzliche Vorschriften und Regulatoren bedingt?
- – Ist die Ursache des Bedürfnisses die Sicherstellung der zukünftigen Leistungsfähigkeit der Business IT Services? (Beispielsweise Informationen über eine neue Leistungsanforderung „Erhöhung der Verarbeitungstransaktionen durch den Zukauf einer neuen Firma").
- – Gibt es ein anderes wichtiges Kriterium? Falls ja, so ist dieses zu beschreiben.
- • Was passiert, wenn das Bedürfnis nicht realisiert wird?
- • Bestimmen, welche Services betroffen sind:
  - – Welche Business IT Services?
  - – Welche IT Services?
- • Wie hoch fällt die erste finanzielle Aufwandschätzung aus, um das Bedürfnis zu realisieren?
- • Mit welcher Realisierungszeit muss gerechnet werden?

### Regelung der BRM-Reaktionszeiten

In Tab. 3.7 sind mögliche Arten von Informationsanliegen mit beispielhaften Lösungszeiten aufgeführt.

**Tab. 3.7** BRM-Reaktionszeiten

| Bereich | Reaktionszeit |
| --- | --- |
| Complaint Management | 3 AT |
| Requirements Management | 7 AT |

Die Reaktionszeit ist die Zeit, bis die Reklamation oder die Anforderung durch die zuständige Person analysiert und weiterbearbeitet wird. Meist erhält der Antragssteller dann aus dem verwendeten Tool wieder eine Meldung, welche mit der Information versehen ist, dass eine entsprechende Bearbeitung folgt. Die Definition einer Lösungszeit für die Bearbeitung ist in beiden Fällen schwierig und wird sehr selten bei Kunden umgesetzt.

### Mögliche Prozessrollen und ihre Zuteilung

In den ITIL® Handbüchern ist für den BRM-Prozess nur die Rolle des Business Relationship Managers beschrieben. Aus Sicht des Autors ist es sinnvoll, mehrere Rollen für diesen Prozess zu etablieren.

Auf die Rollen innerhalb des Stakeholder Management-Prozesses und des Compliant Management-Prozesses wird in diesem Buch nicht weiter eingegangen. Viele Unternehmen, welche diese beiden Aktivitäten eingeführt haben, haben eine entsprechende „Manager"-Rolle z. B. Stakeholder Manager oder Compliance Manager etabliert.

Für das Requirements Management wird empfohlen, folgende Rollen zu etablieren:

- Requirements Originator „Antragssteller" (Diese Prozessrolle ist nicht Teil von ITIL®)
  - Aufgabe
    - Erfassen und Beschreiben des Bedürfnisses.
  - Besetzung
    - Grundsätzlich wird diese Rolle durch die End User-Population auf der Seite des Leistungsbeziehers wahrgenommen. Es ist aber auch denkbar, dass diese Rolle durch den Leistungserbringer wahrgenommen wird, wenn innerhalb der Informatik mögliche Geschäftsanforderungen erkannt werden.
- Requirements Analyst (Diese Prozessrolle ist nicht Teil von ITIL®)
  - Aufgabe
    - Analysieren der zugewiesenen Bedürfnisse und Ermitteln der daraus resultierenden Anforderung.
    - Planen, was nötigt ist, um die Anforderung umzusetzen.
    - Auslösen von Umsetzungsaktivitäten. Dies kann z. B. das Aufsetzen eines Budget-Requests sein, das Starten eines Projekts oder Weiterleiten der Anforderungen an den Capacity Management-Prozess, welcher diese Information nutzt, um die zukünftige Kapazität sicher zu stellen.
  - Besetzung
    - Wurde das Bedürfnis bereits in einem Tool erfasst und ist der betroffene Business IT Service Manager bekannt, so ist es sinnvoll, wenn er auch diese Rolle übernimmt. Falls keine Zuteilung möglich ist oder die Bedürfnisse über E-Mail gesammelt werden, dann ist diese Rolle durch andere Personen innerhalb der IT zu besetzen.
    - Nachfolgend ein Beispiel einer Rollenzuteilung aus dem Bankenumfeld. In der Beispielbank gibt es jeweils pro Business-Bereich (Investment Banking, Privat Banking etc.) eine IT-Kontaktperson für das Business. Diese Person hat ein sehr gutes Geschäftsverständnis und kennt auch das Informatikumfeld. Entsprechend ist diese Person prädestiniert, die Rolle des Analysten für den entsprechenden Business-Bereich, in dem das Bedürfnis identifiziert wurde, zu übernehmen.
- Business Relationship Manager (ITIL® Prozessrolle)
  - Aufgabe
    - Überwachen der Bedürfnisse und Anforderungen aus dem Requirements Management
    - Überwachen der Reklamationen aus dem Complaint Management
    - Überwachen der Stakeholder Management-Aktivitäten
    - Falls nötig, Eskalationen vornehmen, wenn die Bedürfnisse oder Reklamationen, welche eingegangen sind, nicht in der vereinbarten Zeit bearbeitet werden können.
    - Rapportieren der BRM-Leistung
  - Besetzung
    - Diese Rolle kann durch eine zentrale Funktion besetzt werden. Bei größeren Unternehmen ist es möglich, dass je Geschäftsbereich ein Business Relationship Manager nominiert wird, da dieser über das bereichsspezifische Fachwissen verfügt.

## Messkennzahlen für die Überwachung des Prozesses

**Tab. 3.8**  KPIs BRM-Prozess

| KPI | Beschreibung | Definition Grün | Definition Gelb | Definition Rot |
|---|---|---|---|---|
| Reaktionszeit Complaint Management nicht eingehalten in % | Anzahl Reklamationen, bei welchen die Reaktionszeit nicht eingehalten wurde, im Verhältnis zur Gesamtzahl der eingereichten Reklamationen in % | < 5 % | 5–10 % | > 10 % |
| Reaktionszeit Requirements Management nicht eingehalten in % | Anzahl Bedürfnisse, bei welchen die Reaktionszeit nicht eingehalten wurde, im Verhältnis zur Gesamtzahl der eingereichten Bedürfnisse in % | < 10 % | 10–20 % | > 20 % |
| **Weitere informative Kennzahlen für Vergleiche** | | | | |
| Eingereichte Reklamationen | Anzahl eingereichter Reklamationen, welche über das Complaint Management abgewickelt werden | | nn | |
| Erledigte Reklamationen | Anzahl erledigter Reklamationen, welche über das Complaint Management abgewickelt werden | | nn | |
| Eingereichte Bedürfnisse | Anzahl eingereichter Bedürfnisse, welche über Requirements Management abgewickelt werden | | nn | |
| Erledigte Bedürfnisse | Anzahl erledigter Bedürfnisse, welche über Requirements Management abgewickelt werden | | nn | |
| Initiativen, Projekte aus dem Requirements Management-Prozess | Anzahl gestartete Initiativen/Projekte aus dem Requirements Management-Prozess | | nn | |
| BRM-Aufwand Manager-Rolle | Erheben des rapportierten Aufwands für den Business Relationship Manager (Total aufgewendete Std.) | | nn Std. | |

Alle KPIs werden für die entsprechende Rapportierungsperiode ausgewiesen.

Mit diesem QR-Code können Sie ein Feedback für Abschn. 3.3.3 abgeben.

### 3.3.4  Service Portfolio Management (Service Strategy)

Auch diesen Prozess möchte der Autor so beschreiben, dass dieser in der Praxis verstanden wird und gut umsetzbar ist. Aus diesem Grund gibt es in dieser Prozessumsetzung kleine Abweichungen vom ITIL® Service Portfolio Management (SPM)-Prozess.

Basierend auf ITIL® stehen die Services im Business-Kontext im Vordergrund, aus Sicht des Autors sollten beide Arten von Services, die Business IT Services und die IT Services mittels dem SPM-Prozess strategisch gesteuert werden.

Das SPM, welches in diesem Buch beschrieben wird, bietet dem Business- und dem IT Management durch verschiedene Portfolioansichten die Möglichkeit, strategische Entscheidungen zu treffen. Dies kann beispielsweise sein, dass definiert wird, in welchen Business IT Service vermehrt investiert werden sollte, weil dieser ein großes Geschäftspotential aufweist. Oder es wird festgestellt, welcher IT Service in nächster Zeit den End of Life-Zyklus (Terminated oder Retired) erreicht hat, da dieser nur noch vereinzelt in Business IT Services genutzt wird oder es bereits einen Ersatz-IT Service gibt.

Der SPM-Prozess kann auch genutzt werden, um Programme und Projekte zu steuern. Auf diesen Punkt wird im Buch jedoch nicht vertieft eingegangen. Wichtig ist im Bedarfsfall die Frage, in welchem Gremium und basierend auf welchen Portfolios, Entscheidungen über die freizugebenden finanziellen Ressourcen gefällt werden.

**Prozessinhaltsbeschreibung mit den wichtigsten Schritten**

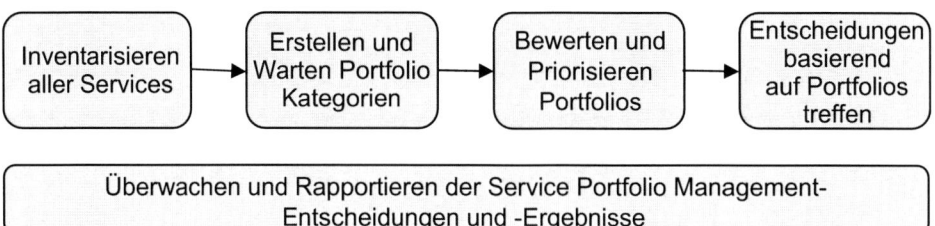

**Abb. 3.15**  Service Portfolio Management-Prozess

- **Inventarisieren aller Services**

  Entsprechend der gewünschten Service-Ebene (Business IT Services oder IT Services) werden alle Services selektiert, welche im Portfolio dargestellt werden sollen.

  Wenn der Service Catalog Management-Prozess so umgesetzt wurde, wie er in diesem Buch beschrieben ist, dann sind dort alle portfoliorelevanten Services erfasst. Dies sind die „pipeline", „coming soon", „operativ" (aktiven) und die „terminated" Services (Siehe SCM Abschn. 3.3.2). Die „retired" Services, welche nicht mehr zur Auswahl stehen, sind aus Sicht des Autors für strategische Entscheidungen nicht mehr relevant.

  Falls der Service-Katalog nicht gemäß diesem Buch umgesetzt wurde, so sind die relevanten Services aus den zugrundeliegenden Quellen, zu sammeln.

- **Erstellen und Warten der Portfoliokategorien**

  In diesem Schritt erfolgt die Bestimmung der gewünschten Portfoliokategorien mit den entsprechenden Achsen. Es wird also festgelegt, nach welchen Kriterien die einzelnen Services verglichen werden. Mögliche Kategorien sind im Abschn. 3.3.4 aufgeführt. Zusätzlich wird auch überprüft, ob die Datenbasis für den gewünschten Vergleich zur Verfügung steht. Es ist sinnvoll, dass diese Kategorien von den beteiligten Gremien (Steering Groups) verabschiedet werden.

- **Bewerten und Priorisieren der Portfolios**

  Die einzelnen Services werden basierend auf ihrer Wertigkeit in den Portfolioansichten dargestellt. Diese Darstellungen werden verifiziert und strategische Handlungsempfehlungen mit der dazugehörigen Priorisierung abgeleitet.

- **Entscheidungen basierend auf den Portfolios treffen**

  In diesem Schritt werden durch die verschiedenen Entscheidungsgremien (Steering Groups) bei den Business IT Services (Business-Vertreter und oberes IT Management) und bei den IT Services (oberes IT Management und mittlerer IT Management Layer) die strategischen Entscheidungen im Bereich der Services getroffen.

  Diese legen z. B. fest:

  - wo investiert wird,
  - wo der Status-Quo gehalten wird,
  - welcher Business IT Service stärker auf das Business ausgerichtet werden muss,
  - welche Business IT Services (z. B. basierend auf einer „Shared Services Initiative") in nächster Zeit vermehrt genutzt werden oder
  - welche mit der Zeit abgebaut werden.

  Viele Unternehmen nutzen periodisch stattfindende Workshops, um die entsprechende strategische Ausrichtung festzulegen.

- **Überwachen und Rapportieren der Service Portfolio Management-Entscheidungen und -Ergebnisse**

  Dieser Schritt stellt sicher, dass die wichtigen Entscheidungen getroffen werden und diese den beteiligten Personen rapportiert und kommuniziert wurden.

**Prinzipien**

Mögliche Prinzipien, welche wichtige Leitplanken für die Einführung und Nutzung des SPM-Prozesses bilden:

- Ein Prinzip, welches den Umfang des SPM festlegt, ist von Vorteil. Der Umfang kann die Business IT Services und IT Services als auch IT-Programme/Projekte beinhalten.
- Entscheidungen über die strategische Ausrichtung der Business IT Services werden nur in Zusammenarbeit mit den Business-Vertretern getroffen.
- Strategische Entscheide bei den IT Services erfolgen ohne Einbezug des Businesses. Die IT Services müssen jedoch die Anforderungen der Business IT Services erfüllen.
- Aus Kostensicht sind immer alle Kostenelemente für
  - „Run the Business" (RtB) → Betriebskosten,
  - „Maintain the Business" (MtB) → Unterhalts-/Wartungskosten,
  - „Change the Business" (CtB) → Weiterentwicklungs-/Neuentwicklungskosten
  zu berücksichtigen. Falls das Unternehmen es wünscht, könnte CtB noch in die Bereiche „Grow the Business" (GtB) und „Transform the Business" (TtB) unterteilt werden. Eine Differenzierung der Kosten nach diesen beiden Bereichen ist jedoch nicht immer ganz einfach.

**Mögliche Portfoliokategorien**

Im Bereich der Business IT Services sind die nachfolgend aufgelisteten Kategorien für die Darstellung der Portfolioansichten vorstellbar. Zu beachten ist jedoch immer, ob die entsprechende Datenbasis für einen Vergleich basierend auf den Kriterien wie z. B. der Business Value eines Business IT Services zur Verfügung steht. Dieser kann bei Bedarf in Form einer finanziellen Größe dargestellt werden oder vom Business IT Service Owner mittels einer Bewertungsskala 1–9 (sehr tief bis extrem hoch) festgelegt werden.

Mögliche Kategorien für die Business IT Service Portfolioansichten sind:

- Finanzieller Wert des Business IT Services für das Unternehmen (Business Value)
- Finanzieller Wert des Business IT Services für die Informatik (Value for IT)
- Business IT Service-Kosten (RtB, MtB oder CtB)
- Business IT Service-Kritikalität (Business-vital, Business-kritisch etc.)
- Status des Business IT Services im Lebenszyklus (Service Lifecycle)
- Durchschnittliche Anzahl Business IT Service-Benutzer
- Benutzerzufriedenheit des Business IT Services
- Anzahl Service Level Agreement-Verletzungen
- Funktionale (z. B. Division, Sub Division, Departement) oder regionale (z. B. Global, Regional, Land) Nutzung des Business IT Services

**Abb. 3.16** Portfolioansicht (Business Value zu RtB Business IT Service-Kosten)

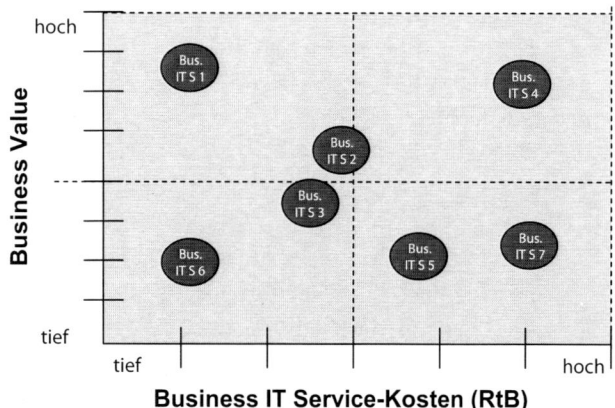

Mögliche Kategorien für die IT Service Portfolioansichten sind:

- Finanzieller Wert des IT Services für die Informatik (Value for IT)
- IT Service-Kosten (z. B. RtB-, MtB-, CtB- oder auch Hardware-, Software-, Dienstleistungskosten etc.)
- Kritikalität des IT Services (Diese könnte vom Business IT Service vererbt werden)
- Status des IT Services im Lebenszyklus (Service Lifecycle)
- Verwendung des IT Services in der Business IT Service-Dekomposition
- Anzahl Operational Service Level Agreement-Verletzungen

### Entscheidungen basierend auf den Portfolioansichten

Nehmen wir an, Ihr Unternehmen hat den Service Portfolio Management-Prozess etabliert und die verschiedenen Kategorien definiert. Mit diesen wurden die Business IT Services und IT Services bewertet und dargestellt. Und jetzt stellt sich die Frage: „Was nun?".

Das hier dargestellte Portfolio für Business IT Services (siehe Abb. 3.16) basierend auf den Kategorien „Business Value" und „Business IT Service RtB-Kosten" wurde erstellt und die einzelnen Services entsprechend eingestuft. Basierend auf dieser Darstellung zeigt sich ein mögliches Optimierungspotential bei den Business IT Services 5 und 7, da diese einen tiefen Business Value und hohe RtB-Kosten aufweisen. Es kann versucht werden, den Business Value z. B. durch eine verbesserte Funktionalität zu erhöhen oder die RtB-Kosten zu reduzieren.

Das Portfolio Management kann somit genutzt werden, um das im Budget-Prozess freigegebene Informatik-Budget nach strategischen Überlegungen zu verteilen. Es kann auch genutzt werden, um eine Abschätzung vorzunehmen, wo Investitionen nötig sind, welche zusätzlich in den Budget-Prozess einfließen müssen.

**Mögliche Prozessrollen und ihre Zuteilung**

In den ITIL® Handbüchern ist für den SPM-Prozess nur die Rolle des Service Portfolio Managers beschrieben. Aus Sicht des Autors ist es sinnvoll, drei Rollen/Gremien für diesen Prozess zu etablieren.

- Service Portfolio Manager (Diese Prozessrolle ist Teil von ITIL®)
  - Aufgabe
    - Sicherstellen, dass alle Services (Business IT Services oder IT Services) und die Informationen, welche im Portfolio aufgeführt werden, zur Verfügung stehen
    - Erstellen und Warten der Portfolio Kategorien inkl. Abstimmung mit den entsprechenden Verantwortlichen
    - Bewerten und Priorisieren der Portfolios
    - Überwachen und Rapportieren der Portfolio Management-Entscheidungen und -Ergebnisse
  - Besetzung
    - Diese Prozessrolle wird in der Regel durch verschiedene Personen wahrgenommen. So könnte diese z. B. durch eine Person für das Business IT Service Portfolio und eine weitere für das IT Service Portfolio besetzt werden. Bei sehr vielen Business IT Services, welche je nach Geschäftsbereich unterschiedlich sind, ist es auch möglich, dass es pro Geschäftsbereich (z. B. Privat Banking, Investment Banking) je einen Service Portfolio Manager für die Business IT Services gibt.
- Business and IT Steering Group (B&IG) → Nötig bei Business IT Service Portfolios (Diese Funktion ist nicht Teil von ITIL®)
  - Aufgabe
    - Bestimmen, welche Kategorien für die verschiedenen Portfoliodarstellungen für die **Business IT Services** zu verwenden sind
    - Abnehmen der Portfolios
    - Strategische Entscheidungen (Finanzen, Förderungsmaßnahmen etc.), betreffend der **Business IT Services**, fällen
  - Besetzung
    - Auf der Business-Seite sind es Vertreter der Leistungsbezieherorganisation, welche in den meisten Fällen auch eine Finanzverantwortung für die Business IT Services haben
    - Auf Seite der IT ist hier das oberste IT Management vertreten
- IT Steering Group (ISG) → Nötig bei IT Service Portfolios (Diese Funktion ist nicht Teil von ITIL®)
  - Aufgabe
    - Bestimmen, welche Kategorien für die verschiedenen Portfoliodarstellungen für die **IT Services** zu verwenden sind
    - Abnehmen der Portfolios
    - Strategische Entscheidungen (Finanzen, Ressourcen, Standardisierung, Lifecycle Management etc.) betreffend der **IT Services** fällen

– Besetzung
  – Vertreter aus dem oberen IT Management und Bereichsleiter und/oder Abteilungs-
    leiter, welche für IT Services verantwortlich sind

## Messkennzahlen für die Überwachung des Prozesses

**Tab. 3.9**  KPIs SPM-Prozess

| KPI | Beschreibung | Definition Grün | Definition Gelb | Definition Rot |
|---|---|---|---|---|
| Business IT Services über SPM bewertet | In % ausgedrückt, wie viele Business IT Services für den SPM-Prozess bewertet sind, im Verhältnis zur gesamten Anzahl Business IT Services | > 95 % | 85–95 % | < 85 % |
| IT Services über SPM bewertet | In % ausgedrückt, wie viele IT Services für den SPM-Prozess bewertet sind, im Verhältnis zur gesamten Anzahl IT Services | > 95 % | 85–95 % | < 85 % |
| Kommunikation der SPM-Entscheidungen | Der SPM Process Manager bewertet die durchgeführte Kommunikation der Service Portfolio Manager | Gut | Mittel | Schlecht |
| **Weitere informative Kennzahlen für Vergleiche** | | | | |
| SPM-Aufwand Manager-Rolle | Erheben des rapportierten Aufwands für das SPM (Total aufgewendete Std. aller Service Portfolio Manager) | | nn Std. | |

Alle KPIs werden für die entsprechende Rapportierungsperiode ausgewiesen.
Mit diesem QR-Code können Sie ein Feedback für Abschn. 3.3.4 abgeben.

## 3.4  Etablieren der Umprozesse des IT Service Managements

### 3.4.1  Financial Management for Services (Service Strategy)

Dem Autor ist bewusst, dass dieses Kapitel eigentlich ein ganzes Buch füllen könnte. Darum werden in diesem Kapitel nur die wichtigsten Service-spezifischen Aspekte beleuchtet.

Wie Sie sicher bemerkt haben, ist die Bezeichnung des Prozesses ein wenig anders geschrieben, als er in ITIL® aufgeführt wird. Der Begriff „IT" wurde weggelassen, da in diesem Buch, wie bereits erklärt, zwei Arten von Services unterschieden werden. Der Inhalt des hier beschriebenen Prozesses ist jedoch mit Ausnahme dieser Unterscheidung analog zum ITIL® Financial Management for IT Services-Prozess.

Die Ausprägung des Prozesses Financial Management for Services (FMS) kann von Unternehmen zu Unternehmen sehr unterschiedlich sein, da es davon abhängt, wie die Leistungsverrechnung innerhalb der Unternehmung erfolgt. Dies kann von einer Verteilung der gesamten IT-Kosten, mittels einem standardisierten Verteilschlüssel, bis hin zur verbrauchsbasierenden Business IT Service-Verrechnung sein. Bei einer internen Leistungsverrechnung ist zu beachten, dass das Kosten/Nutzenverhältnis in Bezug auf den Aufwand für die Rapportierung und Führung der einzelnen Aufwände, im Verhältnis zum effektiven Nutzen stehen sollte.

Für das Service Management ist dieser Prozess ein wichtiger Bestandteil, da das Ausweisen von rein qualitativen Werten (Service Levels) ohne eine Angabe der Erbringungskosten nur die halbe Wahrheit aufzeigt.

Dem Autor ist es wichtig, dass der Leser den ganzen Umfang des FMS-Prozesses kennenlernt, um später fundierte Entscheidungen über die optimale Ausprägung im eigenen Unternehmen treffen zu können.

**Prozessinhaltsbeschreibung mit den wichtigsten Schritten**

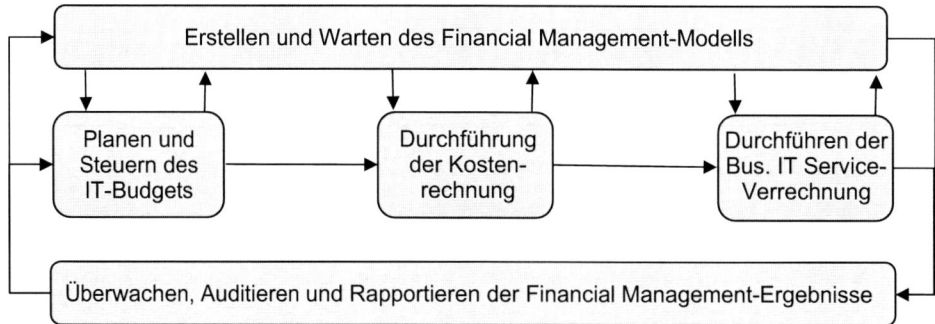

**Abb. 3.17**  Financial Management for Services-Prozess

- **Erstellen und Warten des Financial Management-Modells**

  Dieser Schritt beinhaltet die Erstellung und Wartung eines Financial Management-Modells. Es wird definiert, auf welcher Stufe die Budgetierung erfolgt, welche Kostenarten und Kostenträger es in der IT gibt, welche Träger direkt und welche über die Gemeinkosten auf die IT Services umgelegt werden. Zusätzlich wird definiert, wie die Verrechnung der Business IT Services ausgeführt wird, z. B. direkt an den Kostenstellenleiter der entsprechenden Leistungsbezieherorganisation oder über eine interne Business-Koordinationsstelle, welche dann die Verteilung an den Leistungsbezieher vornimmt.

- **Planen und steuern des IT Budgets (Budgeting)**

  Durch eine Budgetplanung und -steuerung wird sichergestellt, dass vorausberechnete Kosten durch ein entsprechendes Budget abgedeckt sind. Mittels einer Überwachung werden Abweichungen frühzeitig erkannt, um allfällige Korrekturen zu veranlassen. Die Budgetierung basiert auf der einen Seite auf den Business IT Services und auf der anderen Seite auf den IT Services.

- **Durchführung der Kostenberechnung (Accounting)**

  Die Kostenberechnung berücksichtigt alle angefallenen Informatikkosten, wo möglich und sinnvoll, werden die Kosten immer auf die einzelnen IT Services-Optionen verbucht. In einem zweiten Schritt können diese Kosten den einzelnen Business IT Services mittels der IT Service-Dekomposition und den effektiv konsumierten Leistungseinheiten zugeordnet werden.

- **Durchführung der Business IT Service-Verrechnung (Charging)**

  In diesem Schritt erfolgt die Verrechnung der Business IT Services an die Leistungsbezieherorganisationen (Kostenstellenleiter) oder über eine interne Business-Koordinationsstelle. Es können die effektiv angefallenen IT-Kosten verrechnet werden oder, falls das Erwirtschaften eines Profits erwünscht ist, auch ein zusätzlicher Aufschlag erhoben werden, um einen Gewinn zu erzielen.

- **Überwachen, Auditieren und Rapportieren der Financial Management-Ergebnisse**

  Dieser Schritt beinhaltet die Bewertung der Leistung des Financial Managements und stellt somit sicher, dass alle Schritte, wie Budget, Kostenberechnung und die Verrechnung, den Unternehmensrichtlinien entsprechen.

## Prinzipien

Mögliche Prinzipien, welche wichtige Leitplanken für die Einführung und Nutzung des FMS-Prozesses bilden.

Allgemeine Prinzipien:

- Unternehmensweit wird ein einheitliches Kostenberechnungs- und Verrechnungsmodell verwendet.
- Bei einer weltweit tätigen Unternehmung kann es aus Konsolidierungssicht Sinn machen, wenn für den Finanzbereich eine Standardwährung definiert wird oder die Währungsumrechnungskurse für eine längere Zeit festgelegt werden.

Prinzipien für den Budget-Bereich:

- Das Budget wird jährlich im November für das Folgejahr festgelegt. In der Jahresmitte wird dieses mit der aktuellen Kostenübersicht verglichen und bei Bedarf angepasst.
- Die Erkennung von Abweichungen zwischen dem definierten Budget und den aktuellen Kosten obliegt der Verantwortung der im Budget-Prozessschritt definierten Rollen und erfolgt auf monatlicher Basis.

Prinzipien für den Kostenberechnungs-Bereich:

- Wo immer möglich, werden die IT-Kosten direkt den IT Service-Optionen[3] zugeordnet (direkte Kosten).
- Alle IT-Kosten werden über die IT Service-Optionen via den Business IT Services dem Business verrechnet.
- Gemeinkosten werden den entsprechenden IT Services mittels eines vom IT Management definierten Schlüssel je Gemeinkosten-Typ den IT Service-Optionen zugeordnet.

Prinzipien für den Verrechnungsbereich:

- Die Ermittlung der Business IT Service-Kosten basiert auf der Dekomposition der involvierten IT Service-Optionen, welche in der Configuration Management Database (CMDB) reflektiert ist. (Weitere Informationen zu diesem Thema finden Sie im Abschn. 3.4.10.)
- Es wird empfohlen, ein Prinzip zu etablieren, wie die Berechnung des Business IT Service-Preises erfolgt.
  Anbei zwei Beispiele wie ein solches aussehen kann:
  - Es werden alle IT-Kosten für die Erbringung des Business IT Services dem Leistungsbezieher verrechnet (1 : 1).
  - Auf alle IT-Kosten, welche für die Erbringung des Business IT Services entstehen, wird ein Zuschlag (Uplift) von z. B. 7 % auf den Business IT Service verbucht. Der Zuschlag, welcher für die Weiterentwicklung der IT Services genutzt wird, wird regelmäßig mit dem Business abgestimmt.
- Für jeden Business IT Service werden drei Kostengruppen separat ausgewiesen; RtB (Kosten, welche für den Betrieb entstehen), MtB (Wartungskosten, beinhalten grundsätzlich Software-Wartungskosten, externe oder auch interne Aufwände für z. B. kleine Weiterentwicklungen) und CtB (Kosten, welche bei der Weiterentwicklung und/oder Erweiterung des Business IT Services entstehen).
- Bei Geschäftsanwendungen, welche von mehreren Business IT Services genutzt werden, erfolgt die Definition des einzusetzenden Verrechnungsverteilschlüssels in der Verantwortung der beteiligten Business IT Server Owners. Falls es zu keiner Einigung kommt,

---

[3] Die Zuordnung der Kosten erfolgt in der Regel auf der Stufe, wo die Service Levels definiert werden. Dies kann je nach Einführung auf Stufe der IT Services oder auf Stufe der Optionen des IT Services sein.

so wird das entsprechende Leistungsbezieher-Management zur Lösungsfindung einge-
schaltet. (Dieses Prinzip kommt nur zum Tragen, wenn Business IT Service-orientierte
Verrechnung erfolgt und es Geschäftsanwendungen gibt, welche von mehreren Business
IT Services genutzt werden.)

## Grundmodelle für die Kostenrechnung, Verrechnung und Budgetierung

### Grundmodell für die Kostenberechnung (IT-interne Betriebsbuchhaltung)

Wo immer möglich, werden die Informatikkosten den einzelnen IT Service-Optionen zugeordnet. Dies bedeutet, dass das IT-Fachpersonal, welches die Leistungen für die einzelnen IT Service-Optionen erbringt, entsprechend die Aufwendungen oder Kosten auf diese
IT Service-Option verbucht.

In Abb. 3.18 sind nochmals die möglichen IT Service-Gruppen aufgeführt.

Ein IT Service in der Gruppe „Platform IT Services" könnte beispielsweise ein „Windows Standalone Server" mit der Option: „High Available/High Performance" sein.

Alle Mitarbeiter, welche für das Aufsetzen, Warten und Betreuen dieser IT Service-
Option verantwortlich sind, rapportieren ihre Aufwendungen entsprechend auf diesen Ser-
vice. Auch die benötigten Hardware- und Software-Kosten werden auf die entsprechende
IT Service-Option verbucht.

Eine Kostenaufstellung für die entsprechende IT Service-Option kann wie in Tab. 3.10
aussehen.

**Tab. 3.10**  Kostenaufstellung einer IT Service-Option

| Kosten- Gruppen | Kosten-Typen | Aufwand in Std. | Kosten in Euro |
|---|---|---|---|
| **Run the Business (RtB)** | | | |
| | Personal | 1000 Std. à 90 €/Std. | 90.000 |
| | Hardware (Server-Abschreibung) | | 300.000 |
| | Software (Server Tools) | | 20.000 |
| | Leistungen von Dritten | | 15.000 |
| **Maintain the Business (MtB)** | | | |
| | Personal (kleine Projekte) | 200 Std. à 90 €/Std. | 18.000 |
| | Hardware-Wartung | | 20.000 |
| | Software-Wartung | | 2000 |
| Totalkosten für IT Service „Windows Standalone Server" Option: High Available/High Performance | | | **465.000** |

Ist eine direkte Verbuchung der Kosten auf die Option nicht möglich oder nicht erwünscht, so können die Kosten auch auf eine Gruppe wie z. B. „Windows Platform IT
Services" verbucht werden. Diese müssen jedoch mittels eines Verteilschlüssels auf die einzelnen Optionen umgelegt werden. Empfehlenswert ist, wo immer möglich, die Kosten
direkt auf die Optionen (oder den Ort, auf welchen die Service Levels definiert sind) zu
verbuchen.

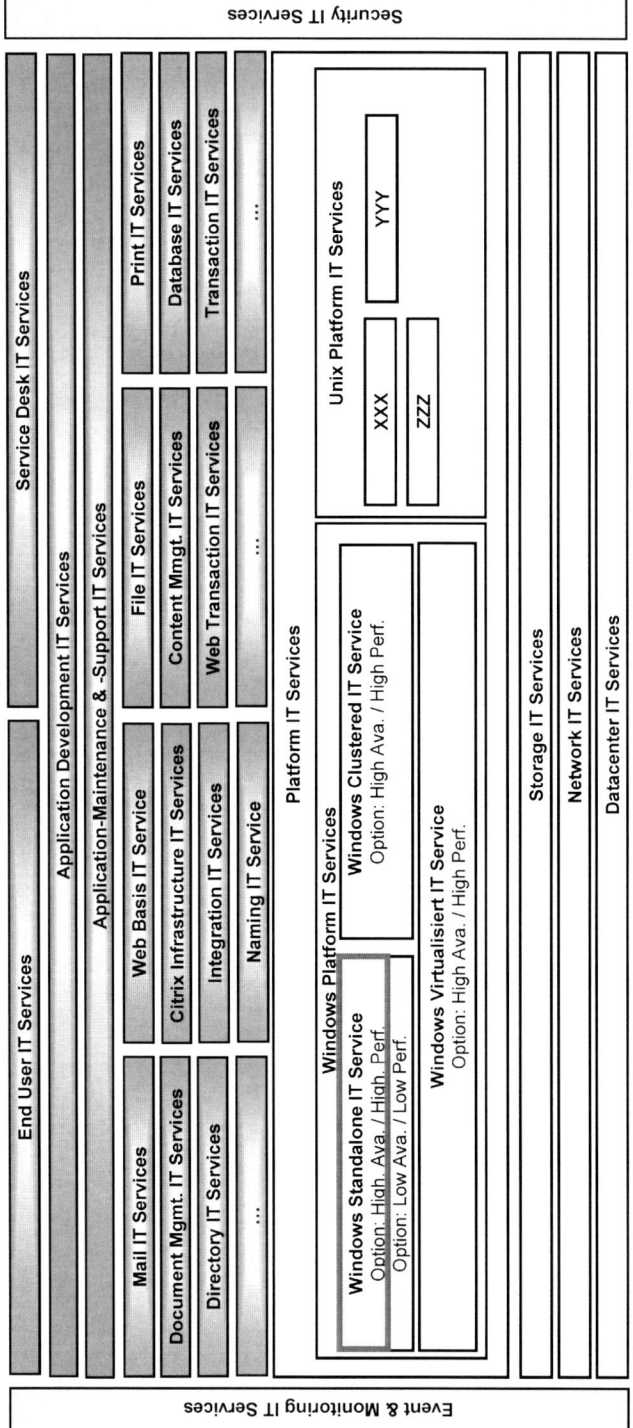

**Abb. 3.18** Zuordnung der Kosten auf die IT Service-Optionen

In vielen Unternehmen werden den IT Service-Optionen auch noch die Gemeinkosten zugeteilt. Diese entstehen für das Linien-Management, Prozess Management, Compliance etc. und werden mittels eines IT-internen Verteilschlüssels zugeteilt.

Basierend auf der oben aufgeführten Beispieltabelle sind die totalen Kosten (mit oder ohne Gemeinkosten) für die entsprechende IT Service-Option ersichtlich.

Aus der CMDB (im Abschn. 3.4.10 beschrieben) kann nun die Anzahl von Server-Einheiten ermittelt werden, welche mit der entsprechenden IT Service-Option verknüpft sind. Mit diesen beiden Angaben (Kosten pro IT Service-Option und Anzahl Server) ist es möglich, die effektiven Kosten je Einheit zu ermitteln.

Bei 400 Servern, welche Kosten von 465.000 € verursachen, sind dies 1162,50 € pro Server für diese IT Service-Option (Windows Standalone Server mit der Option: High Available/High Performance).

Mittels dieser Methode ist es möglich, die effektiven Kosten jeder IT Service-Option zu ermitteln (von der Datacenter IT Service-Option, über das Netzwerk, Event Management and Monitoring bis zur IT Service-Option der Business-Anwendung für die Wartung und Unterstützung).

### Grundmodell für die Verrechnung

Das gewählte Verrechnungsmodell ist von verschiedenen Faktoren abhängig. Nachfolgend sind einige Fragen aufgeführt, welche helfen sollen, das geeignete Verrechnungsmodell auszuwählen.

Einige dieser Punkte sind bereits in den oben aufgeführten Prinzipien festgehalten:

- Darf/muss die IT als eigenständiges Cost Center resp. Profit Center einen Gewinn er-wirtschaften oder werden nur alle entstandenen IT-Kosten dem Business verrechnet?
- Erfolgt die Verrechnung auf Stufe der Business IT Services? Falls ja, welches Verrech-nungsprinzip wird verwendet?
  – Verursachungsprinzip
    – Beim Verursachungsprinzip, auch Kausalitätsprinzip genannt, werden alle Business IT Services verbrauchsorientiert den Leistungsbeziehern (Business-Kostenstellen) in Rechnung gestellt. Somit ist je Business IT Service mindestens ein verbrauchs-orientierter Schlüssel wie z. B. die durchschnittliche Anzahl Benutzer, welche den Business IT Service nutzen, zu definieren
  – Tragfähigkeitsprinzip
    – Bei diesem Prinzip steht nicht die Kostenverursachung im Vordergrund, son-dern die mögliche finanzielle Belastbarkeit des entsprechenden Leistungsbeziehers (Business-Kostenstellen). Basierend auf der Belastbarkeit des Leistungsbeziehers werden die Business IT Services mittels einem festgelegten Verteilschlüssel in Rechnung gestellt.

– Durchschnittsprinzip
  – Mittels dem Durchschnittsprinzip wird basierend auf einer geeigneten Bezugsgrö-
    ße ein durchschnittlicher Verteilschlüssel festgelegt. Auf diese Weise werden den
    verschiedenen Leistungsbeziehern (Business-Kostenstellen) die durchschnittlichen
    Business IT Service-Anteile in Rechnung gestellt.
- Oder es erfolgt **keine** Business IT Service-orientierte Verrechnung. Das heißt, es wer-
  den den einzelnen Business-Kostenstellen mittels eines regelmäßig festgelegten Verteil-
  schlüssels die IT-Kosten als ein Kostenblock belastet (z. B. IT-Kosten 100.000 €).
  – Mit dieser Variante braucht es kein komplexes Verrechnungsmodell. Es ist nur zu
    definieren, wer den Verteilschlüssel definiert und wie der Verrechnungsmodus an-
    gewendet wird. Diese Variante wird vielfach in kleineren Unternehmen angewendet.

Falls es eine verursacherorientierte Business IT Service-Verrechnung gibt, so ist zu definieren, wie granular diese erfolgen sollte. In Tab. 3.11 sind drei mögliche Grundvarianten
eines Verrechnungs-Reports aufgeführt.

Da die Variante 2 sehr viele Verrechnungselemente ausweist, werden diese bei verschiedenen Unternehmen zu Verrechnungsgruppen innerhalb des RtB-Bereiches zusammengefasst. Diese können z. B. bei Business IT Services im Bereich der Managed-Anwendungen
sein:

- Server/Host
- Operation
- Printing
- Storage und Datenbanken
- Shared Infrastructure (z. B. Netzwerk, Datenzentren)
  Mit diesem Ansatz wird eine zu detaillierte Aufstellung vermieden, welche meist vom
  Business nicht verstanden wird.

### Grundmodell für die Budgetierung

Es ist sinnvoll, die Budgetierung nach den beiden Arten der Services und den drei Kostengruppen RtB, MtB und CtB zu unterteilen. Es ist ebenfalls empfehlenswert, wenn die Geschäftsleitung und/oder das IT Management die strategischen Budget-Rahmenbedingungen
für die nächste Budget-Phase im Vorfeld festlegt (z. B. ein steigendes Budget von + 5 %, da
ein Wachstum erwartet wird oder ein sinkendes Budget von − 10 %, da Kosten eingespart
werden müssen).
  Basierend auf folgende Überlegungen:

- den strategischen Budget-Rahmenbedingungen,
- anderen strategischen Überlegungen aus dem Service Portfolio Management-Prozess,
- den aktuellen IT Service-Option-Kosten und
- den erwarteten Veränderungen (basierend auf dem in diesem Buch aufgezeigten „Business Relationship Management" oder den laufenden Projekten),

**Tab. 3.11** Grundvarianten von Verrechnungs-Reports

| Variante 1 | Variante 2 | Variante 3 |
|---|---|---|
| Es werden nur die RtB-, MtB-, CtB-Verrechnungselemente je Business IT Service ausgewiesen. | Alle IT Service-Optionen mit den entsprechenden Verrechnungselementen, welche für die Erbringung des Business IT Services relevant sind, werden mit einer Unterteilung nach RtB, MtB und CtB ausgewiesen. | Das RtB-Verrechnungselement wird in einen fixen Bestandteil, welcher auf den vereinbarten Service Levels basiert, und in einen für das Business verständlichen, variabel steuerbaren Bestandteil unterteilt. |

**Variante 1**

**Verrechnungsreport**

| | |
|---|---|
| RtB-Preis für Business IT Service A | 13.600 |
| MtB-Preis für Business IT Service A | 2.000 |
| CtB-Preis für Business IT Service A | 3.000 |
| **Preis für Business IT Service A pro Monat** | **18.600** |

Diese Aufstellung wird für jeden Business IT Service, welcher von der entsprechenden Business-Einheit konsumiert wurde, ausgewiesen.

**Variante 2**

**Verrechnungsreport**

| RtB-Preisblock | | | |
|---|---|---|---|
| IT Service-Option | Preis pro Einheit | Volumen | Verrechnung |
| Event Monitoring 7x24 | 10 CHF/Monito.Unit | 40 | 400 |
| eMail boundary für Schalter | 0,1 CHF/Mail | 10.000 | 1.000 |
| xxx | yyy CHF / vvv | xxx | 2.000 |
| JAP Runtime Gold | 300 CHF/Instance | 10 | 3.000 |
| Wintel H-Perf/H-Ava | 200 CHF/Server | 10 | 2.000 |
| Online Stor.SAN G-High Perf | 1 CHF/GB | 2.000 | 2.000 |
| Network WAN | Kosten/Verteilschlüssel 0,1% | | 200 |
| Datacenter "Hochsicherheit" | 300 CHF/m2 | 10m2 | 3.000 |
| **RtB-Preis für Business IT Service A pro Monat** | | | **13.600** |
| MtB-Preisblock | | | |
| Anwendungs-Wartung & -Unterstützung | 100 CHF / Std. | 20 Std. | 2.000 |
| **MtB-Preis für Business IT Service A pro Monat** | | | **2.000** |
| CtB-Preisblock | | | |
| Projekt Anteil „Global Bank" | Kosten/Verteilschlüssel 0,01% | | 3.000 |
| **CtB-Preis für Business IT Service A pro Monat** | | | **3.000** |
| **Preis für Business IT Service A pro Monat** | | | **18.600** |

Diese Aufstellung wird für jeden Business IT Service, welcher von der entsprechenden Business-Einheit konsumiert wurde, ausgewiesen.

**Variante 3**

**Verrechnungsreport**

| RtB-Preisblock | | | |
|---|---|---|---|
| Bezeichnung | Preis pro Einheit | Volumen | Verrechnung |
| Fixkostenblock für Business IT Service | | | 5.000 |
| Variable Kosten | | | |
| Anzahl aktive Benutzer | 100 CHF / Benutzer | 25 | 2.500 |
| Ausgeführte Business-Trans | 5 CHF/Transaktion | 1.000 | 5.000 |
| Aktive Kunden-Records | 10 CHF/Kunden-Rec. | 110 | 1.100 |
| **Total RtB-Preis für Business IT Service A pro Monat** | | | **13.600** |
| MtB-Preisblock | | | |
| Anwendungs-Wartung & -Unterstützung | 100 CHF / Std. | 20 Std. | 2.000 |
| **Total MtB-Preis für Business IT Service A pro Monat** | | | **2.000** |
| CtB-Preisblock | | | |
| Projekt Anteil „Global Bank" | Kosten/Verteilschlüssel 0,01% | | 3.000 |
| **Total CtB-Preis für Business IT Service A pro Monat** | | | **3.000** |
| **Preis für Business IT Service A pro Monat** | | | **18.600** |

Diese Aufstellung wird für jeden Business IT Service, welcher von der entsprechenden Business-Einheit konsumiert wurde, ausgewiesen.

| Variante 1 | Variante 2 | Variante 3 |
| --- | --- | --- |
| | **Vorteile** | |
| Einfache Darstellung Inhalt des Verrechnungs- Reports ist sehr übersichtlich | Diese Darstellung ist sehr detailliert Es ist klar zu sehen, wie der totale Preis je Business IT Service aufgebaut ist (Transparenz) | Einfache Darstellung Die preistreibenden Aspekte des variablen Teils sind für das Business verständlich Das Business kann den Business IT Service-Preis über den variablen Teil selber steuern z. B. mit der Reduktion der Anzahl Benutzer, welche den Business IT Service verwenden Es wird ein Anreiz geschaffen, den IT-Verbrauch direkt zu beeinflussen |
| | **Nachteile** | |
| Durch die vereinfachte Darstellung hat das Business nicht die Möglichkeit, den Verrechnungspreis direkt zu beeinflussen, da Detailinformationen fehlen. | Oft werden die Detailinformationen vom Empfänger nicht verstanden, da diese zu technisch sind. Es kann passieren, dass das Business basierend auf den Detailinformationen bei der Dekomposition der IT Services mitentscheiden möchte, z. B. „wieso verwendet ihr Windows Server und nicht Unix Server, diese sind im Betrieb günstiger" | Für die Informatik ist es aufwändiger, kosten-treibende Steuerelemente für den variablen Preisbereich zu finden Für eine mögliche Unter- oder Überdeckung der Informatikausgaben muss ein Lösungsansatz gefunden werden |

werden in einem ersten Schritt in der Informatik die neuen IT Service-Kosten auf Stufe der Optionen ermittelt, so dass diese für die Budgetierung der Business IT Services verwendet werden können.

Falls größere IT-interne Projekte nicht über einen Zuschlag (Uplift) auf die Business IT Service-Verrechnung abgewickelt werden können, so sind diese Mehrkosten und/oder Abschreibungen auch in den IT Service-Kosten zu berücksichtigen.

In einem zweiten Schritt können nun die Business IT Services budgetiert werden. Falls der Business IT Service Owner eine Kostenverantwortung inne hat, so wird dieser zusammen mit dem Business IT Service Manager diesen zweiten Schritt durchführen.

Im Bereich der RtB-Kosten werden die Grundlagen des ersten Schrittes genutzt, um das Budget je Business IT Service festzulegen:

- Ist mit Veränderungen wie z. B. Wachstum, Rückgang oder veränderten Rahmenbedingungen im Bereich des Business IT Services zu rechnen? Falls ja, welche Auswirkung haben diese auf das RtB Budget (Betriebskosten) und wie muss dies im Budget berücksichtigt werden? Zum Beispiel der Storage-Platz wird sich wegen einer neuen Corporate Compliance-Richtlinie verdoppeln.
- Sind Anpassungen in den Service Levels des Business IT Services geplant? Falls ja, so sollte die daraus resultierende Kostenveränderung berücksichtigt werden.
- Wurden in der letzten Budget-Phase Projekte realisiert oder gestartet, welche für die neue Budget-Phase Auswirkungen auf die RtB-Kosten haben? Falls ja, so sind diese im RtB Budget zu berücksichtigen.

Im Bereich MtB-Kosten werden alle Aufwendungen für die Wartung budgetiert:

- Bei externen Software-Lieferanten ist zu prüfen, ob es Veränderungen im Bereich der Wartungskosten geben wird.
- Bei einer internen Entwicklung wird definiert, welchen Wartungsaufwand für Korrekturen und kleinere Entwicklungen, die über die MtB-Kosten abgewickelt werden, für das nächste Budget einzuplanen sind.

Im Bereich CtB-Kosten werden Aufwendungen budgetiert, welche über Projekte oder Programme abgewickelt werden:

- Auch hier können die Informationen aus dem Business Relationship Management-Prozess und dem Service Portfolio Management zur Bestimmung der CtB Budgetierung als Grundlage verwendet werden.
- In den meisten Fällen ist es in der Budget-Phase einfach, die CtB-Kosten zu berücksichtigen, welche direkt dem Business IT Service zugeordnet werden können. Vielfach schwieriger ist es, Projekte oder Programme, die Business IT Service-übergreifend wirken, ins jeweilige CtB Budget des entsprechenden Business IT Services aufzunehmen. Bei Kunden, welche im Projekt-Management frühzeitig (z. B. im Projektantrag) eine entsprechende Zuteilung zu den betroffenen Business IT Services mit einer Verteilung der

Kosten vornehmen, ist die Integration dieses Aufwandes ins Budget stark vereinfacht. Bei unternehmungsweiten Programmen, die sehr viele Business IT Services tangieren, kann es sinnvoll sein, diese Kosten separat zu budgetieren und die CtB-Kosten somit nicht auf die Business IT Services umzulegen.

## Mögliche Prozessrollen und ihre Zuteilung

In den ITIL® Handbüchern ist für den FMS-Prozess nur die Rolle des IT Financial Managers beschrieben. Aus Sicht des Autors ist es sinnvoll, mehrere Rollen/Funktionen für diesen Prozess zu etablieren.

Um die Zuteilung der Rollen/Funktionen zu vereinfachen, werden diese im jeweiligen Prozessschritt aufgeführt.

### Definieren des Financial Managements-Modells

- IT Financial Manager (ITIL® Prozessrolle)
  - Aufgabe
    - In Zusammenarbeit mit dem Business Management, dem IT Management und Finanzspezialisten wird das IT Financial Management-Modell definiert
  - Besetzung
    - Grundsätzlich wird diese Rolle durch eine zentrale Stelle innerhalb der Informatik oder durch das Finance Controlling, welches über entsprechendes Finanzwissen verfügt, wahrgenommen.

### Planen und steuern des IT Budgets (Budgeting)

- Business Management und IT Management (Diese Funktion ist nicht Teil von ITIL®)
  - Aufgabe
    - Definieren der strategischen Budget-Rahmenbedingungen für das nächste Jahr (z. B. das IT Budget wird um 10 % reduziert).
    - Abnehmen der erstellten Budgets für die Business IT Services und die IT Services (Die Budgets für die IT Services werden nur durch das IT Management abgenommen. Eine Business-Involvierung ist hier grundsätzlich nicht nötig).
  - Besetzung
    - Oberes Business- und IT Management.
- IT Service Provider (Diese Funktion ist nicht Teil von ITIL®)
  - Aufgabe
    - Pro IT Service wird das Budget basierend auf den Vorjahreszahlen der geplanten Veränderungen für das nächste Jahr sowie der definierten Investitionsgrundstrategie des Managements festgelegt.
    - Stellt sicher, dass das Budget für die IT Services eingehalten wird
  - Besetzung
    - In der Regel wird diese Funktion/Rolle durch den jeweiligen Abteilungsleiter dessen Abteilung den/die IT Service(s) erbringt, besetzt.

- Business IT Service Owner (Diese Funktion ist nicht Teil von ITIL®)
  - Aufgabe
    - In Zusammenarbeit mit dem Business IT Service Manager erstellt der Business IT Service Owner das Business IT Service Budget basierend auf den Kostengruppen RtB, MtB und CtB.
    - Stellt in Zusammenarbeit mit dem Business IT Service Manager sicher, dass das Budget für die Business IT Services eingehalten wird.
  - Besetzung
    - Diese Funktion wird auf Seiten des Leistungsbeziehers besetzt. Vielfach ist dies der Anwendungsverantwortliche auf der Business-Seite oder auch ein Repräsentant, welcher den Business IT Service gut kennt.
- IT Financial Manager (ITIL® Prozessrolle)
  - Aufgabe
    - Ist die treibende und steuernde Kraft im Budget-Prozessschritt.
    - Zusammentragen, Konsolidieren und Verifizieren der Budget-Informationen, so dass diese allen Stellen zur Verfügung stehen.
  - Besetzung
    - Grundsätzlich wird diese Rolle durch eine zentrale Stelle innerhalb der Informatik oder durch das Finance Controlling, welches über entsprechendes Finanzwissen verfügt, wahrgenommen.

**Durchführung der Kostenberechnung (Accounting)**

- IT-Finanz-Analyst (Diese Prozessrolle ist nicht Teil von ITIL®)
  - Aufgabe
    - Sammeln und Verifizieren der Kosten auf Stufe der IT Service-Option.
    - Sicherstellen, dass die Verteilschlüssel z. B. für die Gemeinkosten oder für Shared-Infrastruktur definiert und genehmigt sind.
    - Überprüfen der Rechnungstellung von IT-Drittanbietern
    - Erstellen der benötigten Kostenrechnungs-Reports.
  - Besetzung
    - Grundsätzlich wird diese Rolle durch eine Person im IT-Finanzteam wahrgenommen.

**Durchführung der Business IT Service-Verrechnung (Charging)**

- IT-Finanz-Analyst (Diese Prozessrolle ist nicht Teil von ITIL®)
  - Aufgabe
    - Sammeln und Verifizieren der Verrechnungsdaten auf Stufe der Business IT Services.
    - Sicherstellung, dass alle nötigen Verteilschlüssel, z. B. wenn eine Geschäftsanwendung von mehreren Business IT Services genutzt wird, definiert und von den zuständigen Business IT Service Ownern genehmigt sind.

    – Erstellen der Business IT Service-Verrechnung und/oder Verrechnungs-Reports.
    – Beantworten von Anfragen betreffend der Verrechnung.
    – Erstellen von Verrechnungs-Reports.
  – Besetzung
    – Grundsätzlich wird diese Rolle durch eine Person im IT-Finanzteam wahrgenommen.

**Überprüfen, Auditieren und Rapportieren der Financial Management-Ergebnisse**

- IT-Finanz-Auditor (Diese Prozessrolle ist nicht Teil von ITIL®)
  – Aufgabe
    – Planen und Durchführen von Finanz-Audits
    – Klassifizieren und Publizieren der Audit-Resultate
    – Definieren und Überwachen von Korrekturmaßnahmen
  – Besetzung
    – Grundsätzlich wird diese Rolle durch eine zentrale Stelle (Compliance oder Audit Team) innerhalb der Informatik oder dem Finance Controlling mit entsprechendem Audit- und Finanzwissen wahrgenommen.

## Messkennzahlen für die Überwachung des Prozesses

**Tab. 3.12**   KPIs FMS Prozess

| KPI | Beschreibung | Definition Grün | Definition Gelb | Definition Rot |
|-----|--------------|-----------------|-----------------|----------------|
| Budget-Einhaltung je Business IT Service (RtB, MtB und CtB) | Budgetierte Kosten vs. der aktuellen IT-Kosten auf Stufe der Business IT Services für die Bereiche: RtB, MtB und CtB | 0–5 % | 5 %–15 % | > 15 % |
| Budget-Einhaltung je IT Service-Option | Budgetierte Kosten vs. der aktuellen IT-Kosten auf Stufe der IT Service-Option | 0–5 % | 5 %–15 % | > 15 % |
| Business IT Services Budget fristgerecht | In % fristgerecht gelieferte Business IT Service Budgets im Verhältnis zur gesamten Anzahl Business IT Service Budgets | > 97 % | 90–97 % | < 90 % |
| IT Service Budget fristgerecht | In % fristgerecht gelieferte IT Service Budgets im Verhältnis zur gesamten Anzahl IT Service Budgets | > 97 % | 90–97 % | < 90 % |

**Tab. 3.12** (Fortsetzung)

| KPI | Beschreibung | Definition Grün | Definition Gelb | Definition Rot |
|---|---|---|---|---|
| Finanz-Reports | Die regelmäßig zu erstellenden Finanz-Reports stehen zeitgerecht immer am 7. Arbeitstag im neuen Monat zur Verfügung | Ja | – | Nein |
| Business IT Service-Verrechnung fristgerecht | Die Verrechnung der Business IT Service-Kosten erfolgt jeweils am 8. Arbeitstag des neuen Monats | Ja | – | Nein |
| **Weitere informative Kennzahlen für Vergleiche** | | | | |
| Steigerung/ Senkung der IT-Kosten gegenüber Vorjahr | Vergleich des Vorjahres IT-Kosten mit den aktuellen IT-Kosten in Prozenten (kann rollend erfolgen) | | +/– xx % | |
| FMS-Aufwand | Erheben des rapportierten Aufwands für das Finanz Management (Total aufgewendete Std. für die Rollen im FMS-Prozess) | | nn Std. | |

Alle KPIs werden für die entsprechende Rapportierungsperiode ausgewiesen.

Auf den KPI „FMS-Standards/Prinzipien sind definiert" wurde verzichtet, da dieser aus Sicht des Autors beim Etablieren des Prozesses erfüllt sein muss und danach grundsätzlich als „Grün" ausgewiesen würde.

Mit diesem QR-Code können Sie ein Feedback für Abschn. 3.4.1 abgeben.

## 3.4.2 Demand Management (Service Strategy)

Beim Demand Management (DM)-Prozess steht das Erkennen des Leistungsbezieherbedarfs im Fokus. Es wird versucht, verschiedene Verbrauchsmuster zu erkennen, welche für die Planung des zukünftigen Leistungsangebots hilfreich sind.

**Prozessinhaltsbeschreibung mit den wichtigsten Schritten**

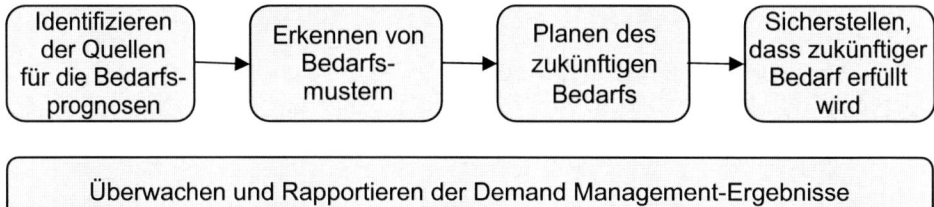

**Abb. 3.19**  Demand Management-Prozess

- **Identifikation der Quellen für die Bedarfsprognosen**
  In diesem Schritt werden die verschiedenen Informationsquellen für die Bedarfsermittlung identifiziert. Diese sind z. B.: Business-Pläne, Marketing-Pläne, Verkaufsziele etc.
- **Erkennen von Bedarfsmustern (Pattern of Business Activity „PBA")**
  Anhand von Benutzerprofilen (z. B. Geschäftsleitung, Versicherungsvertreter, Versicherungsassistent, Versicherungs-Hotline oder der Rollen aus den Geschäftsprozessen und den bekannten Verbrauchsdaten) werden die Bedarfsmuster identifiziert.
  Ein Beispiel eines Bedarfsmusters für die Geschäftsleitung ist, dass alle Führungs-Reports für eine GL-Sitzung vorliegen müssen, welche jeweils am 5. Arbeitstag im neuen Monat stattfindet.
- **Planen des zukünftigen Bedarfs**
  Basierend auf den zukünftigen Bedarfsinformationen aus den verschiedenen Quellen und aus der Bedarfsvergangenheit werden Prognosen für die Zukunft erstellt. Wird erkannt, dass sich eine Veränderung ergibt, welche nicht der Standardschwankung entspricht, so werden die betroffenen Business IT Services und IT Services ermittelt und die Prognosen mit dem Business IT Service Manager (bei Business IT Services) oder mit dem IT Service Provider (bei IT Services) abgestimmt.
- **Sicherstellen, dass der zukünftige Bedarf erfüllt wird**
  Mittels dem Aufsetzen von nötigen Maßnahmen wird sichergestellt, dass der Bedarf in Zukunft erfüllt werden kann. Dies kann z. B.: Eine Weiterleitung der Bedarfsanforderungen und -Muster an den Capacity Management-Prozess sein, so dass dieser die Sicherstellung oder die optimale Auslastung der Kapazität übernimmt. Es ist jedoch auch möglich, dass erkannt wird, dass die aktuellen Ressourcen den zukünftigen Bedarf nicht abdecken können, in diesem Fall ist das Aufsetzen eines Projekts nötig.
- **Überwachen und Rapportieren der Demand Management-Ergebnisse**
  Mit diesem Schritt wird sichergestellt, dass die Ergebnisse aus dem Demand Management-Prozess überwacht und rapportiert werden.

**Prinzipien**

Mögliche Prinzipien, welche wichtige Leitplanken für die Einführung und Nutzung des DM-Prozesses bilden:

- Für folgende Benutzerprofile muss zwingend eine Bedarfsanalyse gemacht werden:
  - Devisen- und Wertpapierhändler und
  - Geschäftskundenberater Privatkundenberater und
  - Geschäftsleitung
- Folgende Pläne sind zwingend für die Planung des Demand zu berücksichtigen: Business-Pläne, Marketing-Pläne, Verkaufsziele
- Die Bedarfsplanung muss zwingend alle 6 Monate wiederholt werden

## Mögliche Prozessrolle und ihre Zuteilung

- Demand Manger (ITIL® Prozessrolle)
  - Aufgabe
    - Identifikation der Quellen für die Bedarfsprognosen
    - Erkennen von Bedarfsmustern (Pattern of Business Activity)
    - Planen des zukünftigen Bedarfs in Zusammenarbeit mit weiteren Rollen
    - Sicherstellen, dass der zukünftige Bedarf erfüllt wird
    - Überwachen und Rapportieren der Demand Management-Ergebnisse
  - Besetzung
    - Diese Rolle wird vielfach von einer Person besetzt, welche gute Geschäftskenntnisse hat und die Zusammenhänge innerhalb der IT-Dienstleistungserbringung kennt.

## Messkennzahlen für die Überwachung des Prozesses

**Tab. 3.13** KPIs DM Prozess

| KPI | Beschreibung | Definition Grün | Definition Gelb | Definition Rot |
|---|---|---|---|---|
| Demand-Planung für zwingende Benutzerprofile durchgeführt | Es wurde eine Bedarfsplanung basierend auf den in den Prinzipien definierten zwingenden Benutzerprofilen durchgeführt | Ja | – | Nein |
| Alle zwingenden Quellen für die Bedarfsplanung berücksichtigt | Es wurde eine Bedarfsplanung basierend auf den in den Prinzipien definierten zwingenden Quellen durchgeführt | Ja | – | Nein |
| Aktualität der Bedarfsplanung | Alter der letzten Bedarfsplanung | ≤ 6 Monate | > 6–8 Monate | > 8 Monate |

**Tab. 3.13** (Fortsetzung)

| KPI | Beschreibung | Definition Grün | Definition Gelb | Definition Rot |
|---|---|---|---|---|
| **Weitere informative Kennzahlen für Vergleiche** | | | | |
| Anzahl analysierter Benutzerprofile oder Prozessrollen | Anzahl analysierter Benutzerprofile oder Prozessrollen | | nn | |
| Neu erstellte Bedarfsmuster (PBAs) | Anzahl neu erstellter Bedarfsmuster (PBAs) aus dem Demand Management-Prozess | | nn | |
| Totale Anzahl Bedarfsmuster (PBAs) | Totale Anzahl Bedarfsmuster (PBAs) aus dem Demand Management-Prozess | | nn | |
| Anzahl Maßnahmen aus dem DM-Prozess | Anzahl gestarteter Maßnahmen aus dem Demand Management-Prozess | | nn | |
| DM-Aufwand Manager-Rolle | Erheben des rapportierten Aufwands für den Demand Manager (Total aufgewendete Std.) | | nn Std. | |

Alle KPIs werden für die entsprechende Rapportierungsperiode ausgewiesen
Mit diesem QR-Code können Sie ein Feedback für Abschn. 3.4.2 abgeben.

### 3.4.3   Capacity Management (Service Design)

Der Capacity Management (CAM)-Prozess stellt sicher, dass sowohl eine optimierte Kapazität als auch die entsprechende Leistung (Performance) für die aktuellen und künftigen Anforderungen, zur Verfügung stehen.

**Prozessinhaltsbeschreibung mit den wichtigsten Schritten**

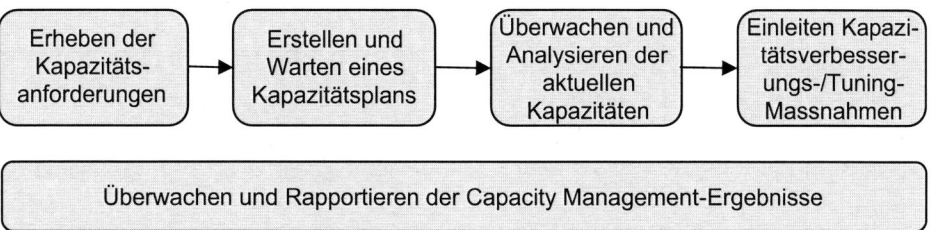

**Abb. 3.20** Capacity Management-Prozess

- **Erheben der Kapazitätsanforderungen**
  Dieser Prozessschritt nimmt alle Verfügbarkeits- und Kapazitätsanforderungen auf. Zum Beispiel aus:
  - den SLAs,
  - den Projekten, welche neue Business IT Services etablieren oder verändern,
  - kapazitätsrelevanten Demand-Anforderungen oder
  - zukünftigen Business-Kapazitätsanforderungen aus dem Business Relationship Management.
- **Erstellen und Warten des Kapazitätsplans (Capacity Plan)**
  Basierend auf den gesammelten Anforderungen und den aktuellen Auslastungen wird mittels Trendanalysen und analytischen Modellierungen in einem ersten Schritt eine Kapazitäts- und Leistungsprognose erstellt. In einem zweiten Schritt wird die Auswirkung auf die IT-Komponenten/CIs ermittelt. Alle diese Informationen fließen in den Kapazitätsplan ein. Zusätzlich werden im Plan auch Optimierungsansätze aufgeführt, um die Kapazität und Leistung zu dem bestmöglichen Kosten/Nutzenverhältnis auszulegen. In Zusammenarbeit mit dem Availability Management werden die kapazitätsrelevanten Schwellenwerte abgestimmt.
- **Überwachen und Analysieren der aktuellen Kapazitäten**
  In diesem Prozessschritt werden laufend die Kapazitäts- und Leistungsdaten der Komponenten/CIs gemessen und mit dem Kapazitätsplan verglichen. Falls nötig, werden Maßnahmen zur Optimierung eingeleitet oder es erfolgt eine Anpassung des Plans bei Überschreitungen einer vordefinierten Bandbreite. Zusätzlich wird in diesem Schritt auch überprüft, ob die Kapazitäts- sowie die Leistungskennzahlen richtig gemessen werden.
  In die Analyse können auch Incidents einbezogen werden, welche mit Kapazitäts- und/oder Leistungsengpässen in Verbindung stehen.
- **Einleiten von Kapazitätsverbesserungs- und Tuning-Maßnahmen**
  Bei Verletzungen oder möglichen Verletzungen von Leistungs- oder Kapazitäts-Service Levels der Business IT Services werden entsprechende Verbesserungsmaßnahmen aufgesetzt. Zusätzlich werden in diesem Prozessschritt auch Maßnahmen zur Optimierung (Tuning) oder zum Ausbau der Kapazität sowie Leistung eingeleitet oder beantragt.

Darunter fallen z. B. die regelmäßigen Reorganisationen von Datenbanken oder das Ausbalancieren der Netzwerkbelastung durch zeitgerechtes Einleiten von Software-Verteilungsaktivitäten.

- **Überwachen und Rapportieren der Capacity Management-Ergebnisse**
  Dieser Prozessschritt überwacht die geforderten Kapazitäten und vergleicht diese mit der effektiv erbrachten Kapazität. Alle benötigten Kapazitätskennzahlen, welche beim Service Report benötigt werden, werden durch diesen Prozessschritt zur Verfügung gestellt.

## Prinzipien

Mögliche Prinzipien, welche wichtige Leitplanken für die Einführung und Nutzung des CAM-Prozesses bilden:

- Die Kapazitätspläne werden auf Stufe der IT Service-Optionen für die entsprechenden Komponenten/CIs erstellt.
- Für jede IT Service-Option mit deren Komponenten/CIs, welche einen Business IT Service mit der Kritikalität „Business-vital" und „Business-kritisch" unterstützt, muss ein Kapazitätsplan erstellt werden.
- Alle erstellten Kapazitätspläne müssen mindestens einmal jährlich validiert werden.
- Bei großen Veränderungen bei den Business IT Services müssen die Kapazitätspläne auf ihre Aktualität überprüft werden.
- Der Capacity Manager nimmt jeweils die erstellten Pläne ab.

## Inhalt des Kapazitätsplans (Capacity Plans)

Grundsätzlich ist es sinnvoll, dass es für jedes SLA auf Stufe des Business IT Services eine Kapazitätsplanung erstellt wird. Wie wir im nächsten Kapitel sehen werden, ist dies für die Verfügbarkeitsplanung, sehr wichtig. Die Kapazitätsplanung erfolgt jedoch bei vielen Unternehmen oft nur auf Stufe der IT Service-Option oder den betroffenen Komponenten/CIs z. B. Netzwerk, Storage, Server.

Unabhängig von der gewählten Stufe, auf der die Planung erfolgt, ist es jedoch äußerst wichtig, dass alle darüber liegenden Anforderungen mit einbezogen werden.

Nachfolgend ein Beispiel, wie ein Kapazitätsplan strukturell aussehen kann:

- Abgrenzung des Planumfangs (Definition, für welche Komponenten/CIs die Planung erfolgt)
- Auflistung aller kapazitäts- oder leistungsspezifischen Anforderungen
  - Anforderungen der Leistungsbezieherseite z. B.:
  - Die im SLA des Business IT Services beschriebenen Anforderungen (z. B. Skalierbarkeit des Business IT Services).
  - Eine Information über eine Leistungsreduktion oder Leistungserhöhung (z. B. eine Reduktion um 20 % bei den Business IT Services A und X, weil ein Unternehmensbereich Mitte des Jahres verkauft wird)

- Eine Zunahme oder Abnahme beim Wachstum (z. B. wegen dem Projekt: „Neue Regularien"; basierend auf diesem Projekt wird durch die Sicherstellung eines Audit Trails auf Mutationen in der Datenbank xxx das Daten-Volumen um 15 % pro Jahr wachsen).
- Anforderungen der Leistungserbringerseite z. B.:
- Eine höhere oder niedrigere Leistungsbelastung (z. B. Neu werden auf der Windows Plattform IT Service und deren Optionenüberwachungs-Tools eingesetzt. Es muss mit einer zusätzlichen Leistungsbelastung von ca. 5 % gerechnet werden).
- Identifizierte Ressourcen, von welchen die Leistung der Business IT Services abhängt, z. B.:
- Die in der Dekomposition verwendeten IT Service-Optionen mit deren Komponenten/CIs mit einer Bestimmung, welche Auswirkungen diese auf die Leistung des Business IT Services haben.
- Auflistung der IT-Komponenten/CIs mit den Ist-/Planwerten, welche für diesen Plan kapazitäts- oder leistungsrelevant sind. Zum Beispiel:
- Aufzeigen der Leistungs- und Kapazitätskurven für die entsprechenden Komponenten (meistens sind es Vergangenheitswerte über die letzten 24 Monate).
- Mittels Trendanalysen und einer analytischen Modellierungen wird der zukünftige Bedarf ermittelt (Planwerte für die nächsten 12 Monate).
- Für die Sicherstellung des vollständigen Umfangs ist es sinnvoll, auch alle nicht überwachten Komponenten/CIs aufzuführen.
- Leistungsberechnungsmethode
- Welche Elemente des Business IT Services (Funktionen, Transaktionen, Anwendungen etc.) definieren die Leistung?
- Nach welcher Berechnungsformel wird die Leistung z. B. Antwortzeit gemessen?
- Mögliche Fragestellungen, welche zur Maßnahmendefinition zur Vermeidung und/oder Minimierung von Leistungs- und Kapazitätsengpässen oder einer Überkapazität beitragen:
- Welche Tuning-Maßnahmen sind nötig?
- Welche Überkapazitäten sollten als Puffer zur Verfügung stehen?
- Gibt es Kostenoptimierungsmaßnahmen, z. B. Nutzen eines kostengünstigeren Datenspeichermediums für Daten, welche sehr selten vom Leistungsbezieher genutzt werden?
- Was muss überwacht werden?
- Welche Parameter sind nötig?
- Welche Schwellenwerte werden eingesetzt?
- Welche Alarme werden wie ausgelöst? Und wohin werden diese weitergeleitet?
- Welche Maßnahmen müssen ergriffen werden, wenn die Schwellenwerte überschritten werden?
- Wo könnte falls vorhanden eine Überproduktion genutzt werden?
- Planung der benötigten Zusatzmittel, um die geplante Kapazität und Leistung zu gewährleisten

- Informationen zur Wartung des Plans
- Ablageort des Plans
- Auflistung der Rollen/Funktionen, welche den Plan abnehmen

## Mögliche Prozessrollen und ihre Zuteilung

In den ITIL® Handbüchern ist ausschließlich die Capacity Manager-Rolle definiert. Es ist jedoch von Vorteil, zwei unterschiedliche Rollen für diesen Prozess zu etablieren.

- Capacity Analyst (Diese Prozessrolle ist nicht Teil von ITIL®)
  - Aufgabe
    - Sammeln und Erheben der Kapazitätsanforderungen
    - Erstellen und Warten des Kapazitätsplans inkl. Identifikation der zu überwachenden Komponenten/CIs, Trendanalysen etc.
    - Überwachen und Analysieren der aktuellen Kapazität (dies ist jedoch nicht die Monitoring-Aufgabe, diese erfolgt im Event Management). Diese Aufgabe beinhaltet eher eine regelmäßige Kontrolle.
  - Besetzung
    - Vielfach wird diese Rolle von Spezialisten wahrgenommen, welche die einzelnen IT Services erbringen. Erfolgt die Erstellung des Kapazitätsplans auf der Stufe der Business IT Services, so wird diese Rolle oft von einem IT-Architekten oder von der Person, welche die Funktion des Business IT Service Managers inne hat, wahrgenommen. Beide Funktionen haben jedoch meist Schwierigkeiten, die entsprechende Planung bis ins letzte Detail vorzunehmen und brauchen somit Unterstützung von den entsprechenden Spezialisten. Die Verantwortung für die Erstellung des Kapazitätsplans bleibt jedoch bei der Person, welche die Capacity Analyst-Rolle übernimmt.
- Capacity Manager (ITIL® Prozessrolle)
  - Aufgabe
    - Legt den Inhalt des Kapazitätsplans fest
    - Stellt sicher, dass alle nötigen Kapazitätspläne zur Verfügung stehen
    - Überprüft die Kapazitätspläne auf ihre Vollständigkeit
    - Erstellt benötigte Kapazitäts-Reports und verteilt diese an die zuständigen Stellen
    - Übernimmt die Eignerrolle für die Capacity Management-Datenbank, wenn eine solche eingeführt ist
  - Besetzung
    - Diese Rolle wird meist durch eine Person mit einem sehr guten Gesamtverständnis über die IT-Zusammenhänge der IT-Abteilung besetzt.

## Messkennzahlen für die Überwachung des Prozesses

**Tab. 3.14**   KPIs CAM-Prozess

| KPI | Beschreibung | Definition Grün | Definition Gelb | Definition Rot |
|---|---|---|---|---|
| Anzahl Verletzungen von SLA-Leistungs-Service Levels in % | Verletzungen von Leistungs-Service Levels, welche im SLA der Business IT Services festgehalten sind, im prozentualen Verhältnis zur totalen Anzahl | < 5 % | 5–10 % | > 10 % |
| Erstellte Kapazitätspläne | Anzahl verfügbarer Kapazitätspläne im Verhältnis zum Sollbestand in % (basierend auf dem definierten Prinzip) | > 90 % | 75–90 % | < 75 % |
| Qualitative Beurteilung der Kapazitätspläne | Der Capacity Manager beurteilt die Qualität der Pläne und bewertet diese | Gut | Mittelmäßig | Schlecht |
| Aktualität der Kapazitätspläne | Falls das Revalidierungsprinzip definiert wurde, so kann die Aktualität mittels eines KPIs ausgewiesen werden, in % zur gesamten Anzahl Pläne | < 8 % sind älter als 1 Jahr | 8–15 % sind älter als 1 Jahr | > 15 % sind älter als 1 Jahr |
| **Weitere informative Kennzahlen für Vergleiche** | | | | |
| Anzahl Kapazitätspläne | Anzahl bestehender Kapazitätspläne | | nn | |
| Überkapazitäten je IT Service-Option und Komponente/CI[a] | Ausweisen der Überkapazitäten je IT Service-Option und Komponente/CI mit der Berücksichtigung der Pufferkapazitäten (als Grundlage dient der Höchstwert, welcher in der Rapportierungsperiode gemessen wird) | IT Service A Option A – Storage + 30 % (Überkapazität) IT Service B Option C – CPU + 80 % (Überkapazität) etc. | | |
| CAM-Aufwand Manager-Rolle | Erheben des rapportierten Aufwands für den Capacity Manager (Total aufgewendete Std.) | | nn Std. | |

Viele Unternehmen nutzen diesen KPI auch, um die Überkapazität mit dem Ampelsystem (Grün, Gelb und Rot) zu bewerten. Die Kriterien für Grün, Gelb und Rot sind jedoch sehr unterschiedlich.

Alle KPIs werden für die entsprechende Rapportierungsperiode ausgewiesen.

Mit diesem QR-Code können Sie ein Feedback für Abschn. 3.4.3 abgeben.

### 3.4.4   Availability Management (Service Design)

Der Availability Management (AVM)-Prozess stellt sicher, dass die aktuellen Verfügbarkeitsanforderungen gemäß den SLAs der jeweiligen Business IT Services sowie zukünftige Anforderungen eingehalten werden können. Viele Unternehmen haben nicht alle Prozessschritte etabliert, oft fehlen detaillierte Verfügbarkeitspläne und der Prozessumfang wird nur auf die Ermittlung der Verfügbarkeitskennzahlen reduziert.

**Prozessinhaltsbeschreibung mit den wichtigsten Schritten**

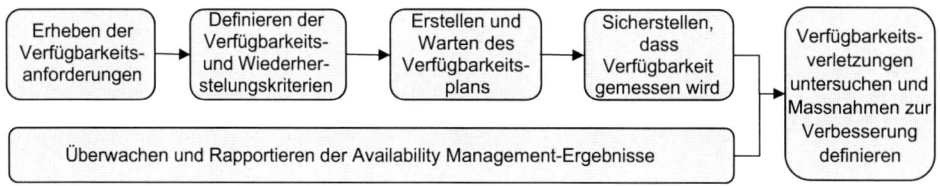

**Abb. 3.21**  Availability Management-Prozess

- **Erheben der Verfügbarkeitsanforderungen**
  Dieser Prozessschritt nimmt alle Verfügbarkeitsanforderungen auf, z. B.:
  - aus den SLAs,
  - Projekten, welche neue Business IT Services etablieren oder verändern,
  - Anforderungen aus dem Demand Management oder
  - zukünftige Business-Anforderungen aus dem Business Relationship Management.
- **Definieren der Verfügbarkeits- und Wiederherstellungskriterien**
  In diesem Prozessschritt wird die Störungsanfälligkeit der IT Service-Optionen und deren mögliche Auswirkung auf die Business IT Services analysiert. Es werden Lösungsmöglichkeiten erarbeitet, um die Verfügbarkeit und Recovery-Fähigkeit der IT Services zu gewährleisten und/oder zu optimieren.
- **Erstellen und Warten des Verfügbarkeitsplans (Availability Plan)**
  Basierend auf den einzelnen Verfügbarkeitsplänen wird ein konsolidierter Verfügbarkeitsplan, mit allen Verfügbarkeitszielsetzungen und technischen sowie personellen

Umsetzungsmaßnahmen, erstellt. Dadurch kann erreicht werden, dass die aktuelle und zukünftige Verfügbarkeit sichergestellt werden kann. Bei der Erstellung des Planes werden auch Kosten-/Nutzenaspekte berücksichtigt, welche als Input für das regelmäßige SLA-Vereinbarungsgespräch (SLM-Prozess) dienen können.

- **Sicherstellen, dass Verfügbarkeit gemessen wird**
  Dieser Prozessschritt stellt sicher, dass die Verfügbarkeit basierend auf den Zielsetzungen gemessen wird und dass Messverfahren und Berechnung der Verfügbarkeit korrekt erfolgen.
- **Verfügbarkeitsverletzungen untersuchen und Maßnahmen zur Verbesserung definieren**
  Basierend auf dem ersten Prinzip im Abschn. 3.4.4 erfolgt bei einer Verfügbarkeitsverletzung eine vertiefte Analyse, um die Ursache der entsprechenden Störung zu ermitteln. Falls erforderlich, werden Verbesserungsmaßnahmen definiert und die Anpassung des Verfügbarkeitsplans wird vorgenommen.
- **Überwachen und Rapportieren der Availability Management-Ergebnisse**
  Dieser Prozessschritt überwacht die geforderte Verfügbarkeit und vergleicht diese mit der effektiv erbrachten. Alle benötigten Verfügbarkeitskennzahlen, welche in den Service Reports benötigt werden, werden durch diesen Prozessschritt zur Verfügung gestellt.

## Prinzipien

Mögliche Prinzipien, welche wichtige Leitplanken für die Einführung und Nutzung des AVM-Prozesses bilden:

- Jede Verfügbarkeitsverletzung von „Business-vitalen" und „Business-kritischen" Business IT Services muss über das Availability Management analysiert werden
- Pro Business IT Service wird ein Verfügbarkeitsplan erstellt. Es gibt auch Kunden, welche pro IT Service-Option einen Verfügbarkeitsplan erstellen. Aus Sicht des Autors ist es jedoch sinnvoll, mit einem Top Down-Ansatz auf Stufe der Business IT Services zu beginnen.
- Alle erstellten Verfügbarkeitspläne müssen mindestens einmal jährlich validiert werden. Diese werden anschließend zu einem konsolidierten Plan, welcher alle Anforderungen aller Business IT Services enthält, zusammengefasst.
- Bei großen Veränderungen innerhalb der Business IT Services müssen die Verfügbarkeitspläne auf ihre Aktualität überprüft werden.

## Inhalt des Verfügbarkeitsplans (Availability Plans)

Es ist sinnvoll, pro Business IT Service einen Verfügbarkeitsplan zu erstellen, welcher danach zu einem konsolidierten Plan zusammengeführt wird.

Ein Verfügbarkeitsplan kann folgende Informationen beinhalten:

- Name des Plans, Version, Datum und Änderungshistorie
- Verantwortlicher für diesen Plan
- Beschreibung des Business IT Services
- Service Levels sowie vereinbarte Wartungsfenster
- Verfügbarkeitsberechnungsmethode:
  - Welche Elemente des Business IT Services (Funktionen, Transaktionen, Anwendungen etc.) definieren die Verfügbarkeit?
  - Nach welcher Berechnungsformel wird die Verfügbarkeit gemessen?
- Identifizierte Ressourcen, von welchen die Verfügbarkeit des Business IT Services abhängt, z. B.:
  - Die in der Dekomposition verwendeten IT Service-Optionen mit einer Bestimmung, welche eine Relevanz auf die Verfügbarkeit des Business IT Services haben
  - IT-Mitarbeiter, welche Changes/Releases einführen
- Definition von Maßnahmen zur Vermeidung und/oder Minimierung von Service-Unterbrechungen
  - Unterstützen die aktuellen IT Service-Optionen die Verfügbarkeitsziele oder muss eine andere Option oder ein anderer IT Service in der Dekomposition verwendet werden? Sind evtl. neue IT Service-Optionen erforderlich?
  - Was muss überwacht werden?
  - Welche Parameter sind nötig?
  - Welche Schwellenwerte werden eingesetzt?
  - Welche Alarme werden wie ausgelöst? Und wohin werden diese weitergeleitet?
  - Welche Maßnahmen müssen ergriffen werden, wenn die Schwellenwerte überschritten werden?
  - Müssen regelmäßige, kontrollierte Ausfalltests ausgeführt werden, um die Verfügbarkeit sicher zu stellen?
- Erstellen einer Recovery-Planung, z. B. welche Backup-Methode ist nötig, um die Service-Zeit- und Verfügbarkeitsanforderungen zu erfüllen
- Ermitteln, ob das Kosten/Nutzenverhältnis für den entsprechenden Business IT Service stimmig ist
- Informationen zur Wartung des Plans
- Ablageort des Plans
- Auflistung der Rollen/Funktionen, welche den Plan abnehmen

## Mögliche verfügbarkeitsrelevante Design-Kriterien für die Bildung von IT Services

In den ITIL® Handbüchern findet man vier abgestufte Design-Kriterien, welche für das Verfügbarkeits-Management der IT Services hilfreich sein können:

- High Availability
  - Durch gezielte Redundanz von Komponenten werden Störungen reduziert, welche eine Auswirkung auf die IT Service-Verfügbarkeit haben.
- Fault Tolerance
  - Die Komponente oder das CI arbeitet im Fehlerfall weiter oder hat die Fähigkeit, bei einer Störung die Verfügbarkeit der Komponente oder des CIs sicher zu stellen, ohne eine Nichtverfügbarkeit (Downtime) des IT Services auszulösen.
- Continuous Operation
  - Mittels Maßnahmen oder einer architektonischen Lösung wird versucht, eine Nichtverfügbarkeit von Komponenten oder CIs zu eliminieren, um die Verfügbarkeit des IT Services sicher zu stellen.
- Continuous Availability:
  - Mittels Maßnahmen oder einer architektonischen Lösung wird während der ganzen Service-Zeit eine 100 %-Verfügbarkeit angestrebt. Der IT Service hat grundsätzlich keine ungeplante oder geplante Nichtverfügbarkeit.

## Mögliche Prozessrollen und ihre Zuteilung

In den ITIL® Handbüchern ist ausschließlich die Availability Manager-Rolle definiert. Es ist jedoch von Vorteil, zwei unterschiedliche Rollen für diesen Prozess zu etablieren.

- Availability Analyst (Diese Prozessrolle ist nicht Teil von ITIL®)
  - Aufgabe (für seinen entsprechenden Bereich, z. B. Business IT Service)
    - Sammelt alle Verfügbarkeitsanforderungen
    - Definiert Verfügbarkeits- und Wiederherstellungskriterien
    - Erstellt den Verfügbarkeitsplan
    - Stellt sicher, dass die Verfügbarkeit richtig gemessen wird
    - Analysiert Verfügbarkeitsverletzungen und definiert Maßnahmen zur Verbesserung, wo nötig
  - Besetzung
    - Die Definition der Prinzipien (siehe Abschn. 3.4.4) hat einen großen Einfluss auf die Besetzung dieser Rolle. Wird pro Business IT Service ein Verfügbarkeitsplan erstellt, wird diese Rolle oft von einem Architekten oder der Person, welche die Funktion des Business IT Service Managers inne hat, übernommen. Beide Funktionen haben jedoch meist Schwierigkeiten, bis ins letzte Detail z. B. Schwellenwerte auf einer Netzwerkkomponente zu definieren und brauchen somit Unterstützung von den entsprechenden Spezialisten. Die Verantwortung für die Erstellung bleibt jedoch beim Analysten.
    - Es ist auch möglich, ein zweistufiges Analysten-Rollenkonzept im Unternehmen zu etablieren.
      Die erste Stufe liegt auf Stufe der Business IT Services. In der Dekomposition der IT Services gibt es dann die zweite Stufe von Availability-Analysten. Dies bedeutet, dass diese Personen dann die nötigen Verfügbarkeitspläne für die IT Service-

Optionen erarbeiten und der Analyst auf der ersten Stufe diese Pläne zu einem
Verfügbarkeitsplan für den Business IT Service konsolidiert.

- Availability Manager (ITIL® Prozessrolle)
  - Aufgabe
    - Legt den Inhalt des Verfügbarkeitsplans fest
    - Stellt sicher, dass alle nötigen Verfügbarkeitspläne zur Verfügung stehen
    - Überprüft die Verfügbarkeitspläne auf ihre Vollständigkeit
    - Konsolidiert die Pläne zu einem Gesamtverfügbarkeitsplan
    - Verifiziert die erstellten Analysen der Verfügbarkeitsverletzungen
    - Erstellt benötigte Availability Reports und verteilt diese an die zuständigen Stellen
    - Übernimmt die Eignerrolle für die Availability Management-Datenbank, wenn eine
      solche eingeführt ist
  - Besetzung
    - Diese Rolle wird mit Vorteil durch einen IT-Fachmann, mit einem guten Gesamt-
      verständnis der Zusammenhänge, besetzt.

## Messkennzahlen für die Überwachung des Prozesses

**Tab. 3.15**  KPIs AVM-Prozess

| KPI | Beschreibung | Definition Grün | Definition Gelb | Definition Rot |
|---|---|---|---|---|
| SLA-Verfügbarkeits-verletzungen | Anzahl SLA Verfügbarkeitsver-letzungen (Dieser KPI kann auch prozentual ausgewiesen werden) | SLA Ver-fügbarkeit erreicht | 1 SLA Ver-fügbarkeit verletzt | > 1 SLA Ver-fügbarkeit verletzt |
| Erstellte Verfügbar-keitspläne | Anzahl vorliegende Verfügbar-keitspläne im Verhältnis zum Sollbestand in % | > 90 % | 75–90 % | > 75 % |
| Qualitative Beurteilung der Verfügbar-keitspläne | Der Availability Manager beurteilt die Qualität der Pläne und bewertet diese | Gut | Mittelmäßig | Schlecht |
| Aktualität der Verfügbar-keitspläne | Falls das Revalidierungsprinzip definiert wurde, so kann die Aktua-lität mittels eines KPI ausgewiesen werden, in % zur gesamten Anzahl Pläne | < 2 % sind äl-ter als 1 Jahr | 2–8 % sind älter als 1 Jahr | > 8 % sind äl-ter als 1 Jahr |
| Erstellte Ana-lysen bei Verfügbar-keitsverletzun-gen | Falls ein Prinzip definiert wurde, welches besagt, dass bei Incidents mit der Verfügbarkeitsverletzung eine Analyse durchgeführt werden muss, so kann dies auch als KPI ausgewiesen werden. Anzahl er-stellte Analysen im Verhältnis zur Sollanzahl der Analysen in % | < 2 % wur-den nicht erstellt | > 2–6 % wur-den nicht erstellt | > 6 % wur-den nicht erstellt |

**Tab. 3.15**  (Fortsetzung)

| KPI | Beschreibung | Definition Grün | Definition Gelb | Definition Rot |
|---|---|---|---|---|
| **Weitere informative Kennzahlen für Vergleiche** | | | | |
| Verfügbarkei-ten Ist/Soll | Ausweisen der Verfügbarkeiten auf Stufe der Business IT Services und IT Service-Option mit Ist/Sollvergleich | Business IT Service A: 99,7 % / 99,5 %<br>Business IT Service A: 99,0 % / 98,9 %<br>IT Service A/Option A: 99,9 % / 99,9 %<br>IT Service A/Option B: 99,5 % / 99,2 %<br>IT Service B/Option X: 99,0 % / 98,9 % | | |
| Anzahl Verfügbar-keitspläne | Anzahl bestehende Verfügbar-keitspläne | nn | | |
| Anzahl Ver-besserungs-maßnahmen | Anzahl eingeleiteter Verbesse-rungsmaßnahmen | nn | | |
| Anzahl aus-geführter korrektiver Maßnahmen | Zählen der Aktionen im Aktions-Log | nn | | |
| AVM-Aufwand Manager-Rolle | Erheben des rapportierten Auf-wands für den Availability Manager (Total aufgewendete Std.) | nn Std. | | |

Alle KPIs werden für die entsprechende Rapportierungsperiode ausgewiesen. Mit diesem QR-Code können Sie ein Feedback für Abschn. 3.4.4 abgeben.

### 3.4.5   Service Continuity Management (Service Design)

Der Service Continuity Management (CM)-Prozess hat zum Ziel, die vereinbarten Business IT Services basierend auf den SLAs auch in einem Katastrophenfall zu gewährleisten.

Es ist sinnvoll, den CM-Prozess auf den übergeordneten Business Continuity Management-Prozess auszurichten, um den größtmöglichen Nutzeneffekt zu erreichen. Es ist z. B. nicht nutzbringend, wenn in einem Katastrophenfall die Business IT Services innerhalb von 4 Std. wieder zur Verfügung stehen, wenn die Leistungsbezieher keinen Ersatzarbeitsort haben, um ihre Arbeiten auszuführen und die Einrichtung dieses Arbeitsortes 5 Tage dauert.

## Prozessinhaltsbeschreibung mit den wichtigsten Schritten

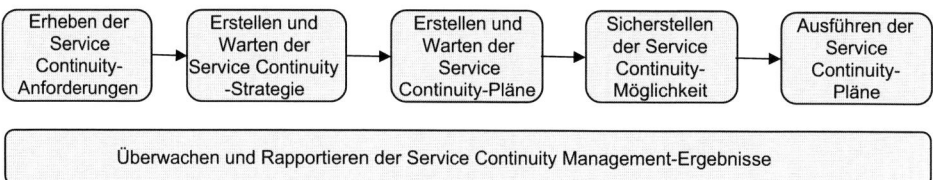

**Abb. 3.22**  Service Continuity Management-Prozess

- **Erheben der Service Continuity-Anforderungen**
  Dieser Prozessschritt stimmt alle Service Continuity-Anforderungen aus:
  – dem Business Continuity Management,
  – den SLAs,
  – Projekten, welche neue Business IT Services etablieren oder verändern und
  – dem Business Relationship Management ab.
- **Erstellen und Warten der Service Continuity-Strategie**
  Aus den verschiedenen Anforderungen wird die Service Continuity-Strategie entwickelt. Diese dient als Grundlage für die Ausarbeitung der verschiedenen Service Continuity-Plänen. In diesem Schritt wird eine Business Impact-Analyse (BIA) erstellt, welche die Abhängigkeiten der Business-Prozesse zu den einzelnen Business IT Services sowie die Auswirkung von Business IT Service-Ausfällen, aufzeigt. In einem zweiten Schritt erfolgt eine Bestimmung von verschiedenen Katastrophenszenarien mit den entsprechen Eintrittsrisiken sowie einer Definition von Maßnahmen, um diese Risiken so weit als möglich zu beherrschen.
- **Erstellen und Warten der Service Continuity-Pläne**
  Dieser Prozessschritt erstellt und wartet für alle Business IT Services die entsprechenden Service Continuity-Pläne, für welche eine Notfall/Katastrophenvorsorge vereinbart wurde. Diese Pläne werden in vielen Unternehmen auf Stufe der einzelnen Business IT Services erstellt. Zusätzlich wird auch überprüft, ob die Kritikalität des Business IT Services im SLA richtig abgebildet wurde.
- **Sicherstellen der Service Continuity-Möglichkeit**
  Hier wird sichergestellt, dass alle im Service Continuity-Plan beschriebenen Anforderungen und Maßnahmen (z. B. der Aufbau einer Vorsorgeumgebung, Schulungen, regelmäßige Tests) umgesetzt werden. Dieser Prozessschritt stellt auch sicher, dass die aus den Tests resultierenden Verbesserungsmaßnahmen umgesetzt werden. Zusätzlich wird überprüft, ob Changes/Releases eine Anpassung der Pläne oder der Vorsorgeumgebung nötig machen.

- **Ausführen der Service Continuity-Pläne**
  Im Katastrophenfall erfolgt die Ausführung/Abwicklung der in den Plänen beschriebenen Aktivitäten, um so schnell wie möglich die vitalen Business IT Services wieder zur Verfügung zu stellen. In weiteren Folgeschritten werden zusätzliche, erforderliche Business IT Services zur Verfügung gestellt.
- **Überwachen und Rapportieren der Service Continuity Management-Ergebnisse**
  In diesem Prozessschritt werden die Service Continuity-Arbeiten überwacht und alle benötigten Service Continuity-Kennzahlen, welche in den Service Reports und erweiterten Reports benötigt werden, erstellt.

## Prinzipien

Mögliche Prinzipien, welche wichtige Leitplanken für die Einführung und Nutzung des CM-Prozesses bilden:

- Alle Service Continuity-Pläne müssen auf die Business Continuity und Service Continuity-Strategie ausgelegt sein.
- Für jedes SLA auf der Stufe der Business IT Services, in welchen Service Continuity-Anforderungen definiert wurden, muss es einen Service Continuity-Plan geben.
- Die Service Continuity-Strategie und alle erstellten Service Continuity-Pläne müssen mindestens zweimal jährlich in einem Abstand von 6 Monaten validiert werden. (Einige Unternehmen haben auch einen jährlichen Revalidierungszyklus).
- Die Speicherung/Lagerung der aktuellen Strategie und Pläne erfolgt immer:
  - Im Katastrophen-Management Tool
  - Auf dem Notfallrechner im Notfallrechenzentrum, als PDF und im Word-Format
  - In der Notfallzentrale im Notfallordner als gedruckte Version
- Alle Testdokumente (Planung, Durchführung etc.) sind zentral in einer Datenbank oder im Katastrophen-Management Tool abzulegen, um einen Audit Trail zu gewährleisten
- Wo im SLA definiert, wird die Service Continuity-Fähigkeit der verschiedenen Business IT Services regelmäßig (mind. einmal pro Jahr) getestet
- Die zuständigen Business IT Service Owner und Business IT Service Manager müssen den entsprechenden Service Continuity-Plan genehmigen
- Bei Veränderungen von Business IT Services müssen die Service Continuity-Pläne auf ihre Aktualität überprüft werden

## Inhalt einer Service Continuity-Strategie

Die Service Continuity-Strategie definiert die wichtigen Rahmenbedingungen für das Service Continuity Management. Einige der nachfolgend aufgeführten Aspekte sind sehr konzeptionell und können somit in ein Service Continuity-Konzept integriert werden. Ein Teil dieser hier aufgeführten Informationen stammt aus dem Dokument „BSI Standard 100-4 Notfallmanagement" des Bundesamtes für Sicherheit in der Informatiktechnik und ist auf der Internetseite www.bsi.bund.de/gshb zu finden.

Die Strategie kann folgende Informationen beinhalten:

- Name des Dokuments, Version, Datum und Änderungshistorie
- Relevante Vorgaben aus dem Business Continuity Management
- Es ist sinnvoll, die aus dem Abschn. 3.4.5 aufgeführten Prinzipien in die Strategie zu übernehmen
- **Business Impact-Analyse** (nur nötig, falls diese nicht bereits im Business Continuity Management auf Basis der Business-Prozesse oder -Funktionen erstellt wurde. Sofern dies bereits erfolgte, müssen nur die Business IT Services mit diesen Analyse-Ergebnissen in Verbindung gebracht werden):
  - Auflistung aller Business IT Services
  - Definieren der Schadensszenarios und deren Gewichtung, welche in der späteren Analyse berücksichtigt werden. Zum Beispiel:
    - finanzieller Unternehmensschaden
    - Beeinträchtigung der Unternehmenserfüllung
    - Image-Schaden
    - möglicher Verstoß gegen Gesetze, Vorschriften, Verträge und Regularien bei einer Nichtverfügbarkeit des Services
  - Definieren Schadenskategorien (verbal und numerisch) (siehe Tab. 3.16)

**Tab. 3.16** Schadenskategorien

| Beschreibung der Auswirkung | Schadenskategorien | |
|---|---|---|
| | Verbal | Numerisch |
| Ausfall hat keine Auswirkung | Keine | 0 |
| Ausfall hat eine geringe, kaum spürbare Auswirkung | Tief | 1 |
| Ausfall hat eine spürbare Auswirkung | Mittel | 2 |
| Ausfall hat eine erhebliche Auswirkung | Hoch | 3 |
| Ausfall führt zu einer existentiell bedrohlichen Auswirkung | Sehr hoch | 4 |

- Durchführen der Schadensanalyse je Business IT Service.
  In dieser wird die Schadenskategorie (0–4) basierend auf dem Schadensszenario und der verschiedenen Ausfallzeiten ermittelt.
  Dazu kann Tab. 3.17 dienen.

**Tab. 3.17** Ausfallzeit/Schadensszenario

| Ausfallzeit / Schadensszenario | Gewichtung | 4 Std. | 8 Std. | 24 Std. | 48 Std. | 96 Std. | 168 Std. | 720 Std. | >720 |
|---|---|---|---|---|---|---|---|---|---|
| Finanzieller Schaden | 3 | 2 | 2 | 3 | 3 | 4 | 4 | 4 | 4 |
| Beeinträchtigung der Unternehmenserfüllung | 1 | 1 | 1 | 2 | 2 | 3 | 3 | 3 | 4 |
| Image-Schaden | 2 | 2 | 2 | 3 | 3 | 4 | 4 | 4 | 4 |
| Verstoß gegen Gesetze und Regularien | 1 | 0 | 0 | 0 | 0 | 0 | 0 | 1 | 2 |
| **Gewichtete Summe (Gesamtschaden)** | **11** | **11** | **17** | **17** | **23** | **23** | **24** | **26** | |

– Mit einer Bewertung aller Business IT Services kann definiert werden, welche maximalen Ausfallzeiten für das Unternehmen tragbar sind. Zum Beispiel 8 Std., 48 Std., 168 Std. und > 720 Std.

– Mittels dieser Informationen können nun die Business IT Service-Kritikalitäten und die standardisierten Wiederanlaufzeiten (Recovery Time Objective (RTO[4])) und möglicher Datenverlust (Recovery Point Objective (RPO[5])) für das Unternehmen festgelegt werden.

  – Business-vital→ RTO 8 Std., RPO gegen 0 Std.

  – Business-kritisch → RTO 48 Std., RPO < 8 Std.

  – Business-wichtig → RTO 96 Std., RPO < 24 Std.

  – Keinen unmittelbaren Einfluss aufs Business→ RTO > 720 Std., RPO < 24 Std.

  Die hier aufgeführten Zeiten sind aus einem Industriebetrieb. Im Bankenumfeld sind beispielsweise 8 Std. für Business-vitale Business IT Services nicht tragbar.

  Es ist noch zu prüfen, ob es Abhängigkeiten zwischen einzelnen Business IT Services gibt[6]. Zum Beispiel läuft der Business IT Service A (eingestuft als „Business-vital") nicht ohne Business IT Service X (eingestuft als „Business-kritisch"). Es muss sichergestellt werden, dass die höchste Kritikalitätsstufe in einer hierarchischen Business IT Service-Struktur auf alle Vorgänger-Business IT Services übernommen wird.

• In der **Risikoanalyse** werden die Gefährdungen identifiziert und bewertet.

  – Es werden alle mögliche Risiken (Ereignis mit der Möglichkeit von negativen Auswirkungen), welche den Betrieb der Informatik beeinträchtigen können, aufgeführt:

---

[4] Bei Recovery Time Objective (RTO) handelt es sich um die Zeit, die vom Zeitpunkt des Ausfalls bis zur vollständigen Wiederherstellung des Business IT Services vergehen darf.

[5] Bei Recovery Point Objective (RPO) handelt es sich um die Zeitdauer zwischen zwei Sicherungen. Dieser Zeitraum definiert somit den maximal hinnehmbaren Datenverlust. Ist kein Datenverlust erwünscht, so beträgt der RPO 0 Std.

[6] Beim richtigen Aufsetzen von Business IT Services sollte es keine direkten Abhängigkeiten geben, da jeder Business IT Service als eigene Entität laufen sollte. Es ist jedoch möglich, dass eventuell einzelne Batch-Schnittstellen nicht aktuell sind, dies sollte jedoch keinen großen Einfluss auf die Verfügbarkeit und Nutzung des Business IT Services haben.

- Feuer,
- Wasser,
- Ausfall oder Störungen der Stromversorgung,
- Ausfall oder Störungen von Kommunikationsnetzen,
- Ausfall oder Störungen von Drittanbietern,
- ungünstige klimatische Bedingungen,
- Verschmutzung/Staub/Korrosion,
- Naturkatastrophen,
- Katastrophen im Umfeld,
- Großereignis im Umfeld,
- elektromagnetische Störungen
- Es erfolgt nun eine Prüfung, ob von den entsprechenden Risiken alle Business IT Services betroffen sind oder nur einzelne. Zum Beispiel können durch die Nutzung von unterschiedlichen Rechenzentren unterschiedliche Risiken entstehen.
- In der Risikobewertung erfolgt die Definition der Eintrittswahrscheinlichkeitsstufen und die Bestimmung der Risikoklassifikation basierend auf der Wahrscheinlichkeit und der Schadensauswirkung (Schadenskategorien)
  Mögliche Eintrittswahrscheinlichkeitsstufen siehe Tab. 3.18.

**Tab. 3.18** Wahrscheinlichkeitsstufen

| Sehr wahrscheinlich | Wahrscheinlich | Möglich | Unwahrscheinlich |
|---|---|---|---|
| Einmal pro Woche oder öfters | Etwa einmal pro Monat | Etwa einmal pro Jahr | Alle 10 Jahre oder seltener |

In Tab. 3.19 wird für jedes Risiko die Wahrscheinlichkeit des Eintretens in Relation zu einer möglichen Schadenskategorie für die Unternehmung gebracht und daraus die Risikoklassifikation: „niedrig", „mittel", „hoch" bis „sehr hoch", je Business IT Service festgelegt.

**Tab. 3.19** Risikoklassifikation

| Schadensauswirkung<br>Wahrscheinlichkeit | Keinen(0) | Tief(1) | Mittel(2) | Hoch(3) | Sehr hoch(4) |
|---|---|---|---|---|---|
| Sehr wahrscheinlich | Niedrig | Niedrig | Mittel | Hoch | Sehr hoch |
| Wahrscheinlich | Niedrig | Niedrig | Mittel | Hoch | Hoch |
| Möglich | Niedrig | Niedrig | Niedrig | Mittel | Mittel |
| Unwahrscheinlich | Niedrig | Niedrig | Niedrig | Niedrig | Niedrig |

Viele Unternehmen definieren, dass ein „niedrig"-klassifiziertes Risiko tragbar ist und keine speziellen Maßnahmen getroffen werden müssen. Für Risiken mit der Klassifikation „mittel" ist zu erwägen, ob spezielle Notfallmaßnahmen erforderlich sind. Bei „hoch" und „sehr hoch"-klassifizierten Risiken müssen zwingend Maßnahmen erarbeitet werden.

- Basierend auf dem Risiko und der Klassifikation wird eine **Risikostrategie,** welche den Umgang mit dem Risiko beschreibt, ermittelt.
  - Beispielhaft sind vier Risikostrategien aufgelistet:
    - Risikoübernahme
    - Risikotransfer, z. B. Absicherung durch eine Versicherung
    - Risikovermeidung, z. B. durch eine optimale Standortwahl des Rechenzentrums
    - Risikoreduktion, z. B. Notfallvorsorgemaßnahmen
  - Je Risiko und Szenario wird geprüft und festgehalten, welche Risikostrategie und Maßnahmen getroffen werden (siehe Tab. 3.20).

**Tab. 3.20**  Risikoszenario mit Maßnahmen

| Risiko | Szenario | Risikostrategie | Maßnahmen | Verantwortung |
|---|---|---|---|---|
| Brand | Server brennt, ganzes RZ könnte betroffen sein | Risikovermeidung | Brandabschnitte bilden Brandfrüherkennung Löschanlage etc. | … |
| | Ausfall RZ | Risikoreduktion | Notfall-RZ für „Business-vitale" Business IT Services | … |
| Ausfall Stromversorgung | … | … | … | … |

- Es empfiehlt sich, für die Risikoreduktion standardisierte und auf die definierten RTO/RPO-Zeiten abgestimmte Strategieoptionen festzulegen. In Tab. 3.21 ist ein mögliches Beispiel aufgeführt.

**Tab. 3.21**  RTO/RPO-Zeiten mit Strategieoptionen

| RTO | RPO | Strategieoptionen | Beschreibung | Kosten |
|---|---|---|---|---|
| Sofort | 0 | Hot Standby Ausweich-RZ | Hot Standby: Ist eine fehlertolerante, sekundäre Lösung, welche sich in einer Wartefunktion befindet. Beim Ausfall der primären Lösung übernimmt die sekundäre Lösung ohne eine Verzögerung und ohne Datenverlust. | Ca. 6 Mio. pro Jahr |
| 8 Std. | Gegen 0 Std. oder max. 2 Std. | Warm Standby Ausweich-RZ | Warm Standby: Ist eine sekundäre Lösung, welche läuft, jedoch nicht den aktuellen Stand der Daten hat und/oder manuelle Tätigkeiten nötig sind, um die Lösung verfügbar zu machen. | Ca. 4 Mio. pro Jahr |
| 48 Std. | < 8 Std. | Cold Standby Ausweich-RZ | Cold Standby: Redundante Komponenten (Ersatz-Server) im RZ , welche basierend auf den Backups wiederhergestellt werden. | Ca. 1,5 Mio. pro Jahr |
| 96 Std. | < 24 Std. | | | |
| > 720 Std. | > 24 Std. | Ersetzen der defekten Komponenten | Die defekten Komponenten werden in einem Not-RZ nach der Lieferung neu aufgesetzt, die Anwendungen und Daten werden aufgrund der Backups wieder hergestellt. | Beschaffungskosten |

Neben der Sicherstellung der Business IT Services ist es auch wichtig, die Arbeitsplätze für die Leistungsbezieher bei einem Notfall zu gewährleisten.

- In einem nächsten Schritt ist es ferner sinnvoll, den möglichen finanziellen Schaden mit den Strategieoptionen und den daraus resultierenden Kosten abzugleichen und nötigenfalls Korrekturen vorzunehmen.
- Definition und Kriterien festlegen, wann eine Katastrophe auszurufen ist und somit der Service Continuity-Prozessschritt „Ausführen der Service Continuity-Pläne" zum Einsatz kommt. Diese Definition wird im Incident Management-Prozess genutzt, um eine Katastrophe zu erkennen. In vielen Unternehmen analysiert der Katastrophenstab die Situation und das Katastrophen-Management entscheidet, ob es sich definitiv um eine Katastrophe handelt und löst den Katastrophenablauf aus.
- Es ist sinnvoll, auch die **Katastrophenaufbau- und -ablauforganisation** in der Strategie festzulegen, da diese übergeordnet für alle Beteiligten zum Tragen kommt. Die jeweiligen Spezialisten-Teams sind jedoch in den einzelnen Plänen aufgeführt:
  - Katastrophenstab (Es sind alle Teilnehmer aufzuführen).
    Im Katastrophenstab sind jeweils Vertreter der Leistungserbringer und der Leistungsbezieher mit entsprechendem Fachwissen repräsentiert.
    - Vorname, Name, Funktion, mobile Telefonnummer oder Pager-Nummer für den sofortigen Einsatz, Privatadresse etc.
  - Katastrophen-Management (es sind alle Teilnehmer aufzuführen).
    Im Katastrophen-Management sind jeweils Management-Vertreter der Leistungserbringer und der Leistungsbezieher repräsentiert.
    - Vorname, Name, Funktion, mobile Telefonnummer oder Pager-Nummer für den sofortigen Einsatz, Privatadresse etc.
  - Interner Informationsfluss im Katastrophenfall
    - Wird eine mögliche Katastrophe gemeldet, so bietet der Katastrophenleiter den Katastrophenstab auf und es wird über den Telefon-Service eine Telefonkonferenz abgehalten, um die Situation zu beurteilen. Ist die Konferenz nicht möglich, so treffen sich alle Stabsmitglieder im Katastrophenraum (Ort/Adresse).
    - Das Katastrophen-Management kommt bei einem Einsatz immer in den Katastrophenraum (Ort/Adresse).
    - Die benötigten Spezialisten werden anhand der einzelnen Service Continuity-Pläne einberufen. Sie arbeiten in drei Schichten an der Wiederherstellung.
  - Externer Informationsfluss im Katastrophenfall (Es empfiehlt sich, in der Strategie auch die Kommunikation nach außen zu regeln)
    - Die Kommunikation über den Katastrophenfall nach außen erfolgt ausschließlich über einen Kommunikationsbeauftragten. Falls diese Rolle nicht etabliert wurde, übernimmt vielfach ein Teilnehmer des Katastrophen-Managements diese Aufgabe.
    - Die Kommunikation erfolgt immer in Abstimmung mit dem Leistungsbezieher.

- Wiederanlauf (Verfügbarkeit der Business IT Services im Notfallbetrieb)
  - Der Leistungsbezieher, welcher im Katastrophen-Management vertreten ist, bestätigt die Richtigkeit des Notfallbetriebs (können auch verschiedene Verfügbarkeitsphasen sein), danach wird dieser den Nutzern zur Verfügung gestellt.
  - In der Regel werden während des Notfallbetriebes die SLAs „bestmöglich" eingehalten.
- Rückführung zum Normalbetrieb
  - Die Rückführung zum Normalbetrieb ist abhängig von der Art und dem Umfang der Katastrophe. Abgesehen von einem Hot Standby ist die Rückführung sehr komplex und muss wie ein Projekt abgewickelt werden. Aus diesem Grund läuft die Planung situativ über die Katastrophenorganisation ab und ist immer mit dem Leistungsbezieher abzustimmen.
- Beschreibung, welche **Tests und Übungen** in welcher Regelmäßigkeit ausgeführt werden müssen.

Nur mittels Tests und Übungen kann sichergestellt werden, dass bei Bedarf der Notfallbetrieb möglich ist. Was genau getestet wird, ist jeweils in den Service Continuity-Plänen festgehalten. In diesem Bereich können auch die Testprinzipien, welche definiert wurden, eingefügt werden.

Ferner kann es sinnvoll sein, im Strategiedokument verschiedene Vorlagen, welche für die Tests genutzt werden müssen, vorzugeben. In Tab. 3.22 sind einige Testvorbereitungsaufgaben mit Beispielinhalten aufgeführt. In der Tab. 3.23 wird eine mögliche Darstellung aufgezeigt, um die Testdurchführung zu dokumentieren.

**Tab. 3.22** Testvorbereitungsaufgaben

| Lauf Nr. | Aktivitäten | Verantwortlicher | Termin | Statusbemerkung |
|---|---|---|---|---|
| 1 | Testbereich, -Ziele, -Erfüllungskriterien und Termin festlegen | | | |
| 2 | Testbereich, -Ziele, -Erfüllungskriterien und Termin mit Leistungsbezieher abstimmen und Genehmigung einholen | | | |
| 3 | Test via Change Management bewilligen lassen | | | |
| 4 | Informationen über den geplanten Test versenden | | | |
| 5 | Personelle Ressourcen planen und mobilisieren (Leistungserbringer und Leistungsbezieher) | | | |
| n | etc. | | | |

**Tab. 3.23** Testdurchführung

| Lauf Nr. | Aktivitäten | Abhängigkeit | Plan | | Ist | | Resultate | | Status o.k./ not o.k. | Verantwortlicher | Bemerkung |
|---|---|---|---|---|---|---|---|---|---|---|---|
| | | | Start | Ende | Start | Ende | Erwartet | Effektiv | | | |
| 1 | Beschreibung der Aktivität 1 | Test ist bewilligt | 20:00 | 21:00 | 20:00 | 22:00 | Restore Ready | Restore Ready | Not o.k. | E. Meier | Planzeit zu kurz |
| 2 | Beschreibung der Aktivität 2 | A1 | 21:00 | 23:00 | 22:00 | 24:00 | Server x Online | Server x Online | O.k. | E. Meier | |
| 3 | etc. | A2 | ... | ... | ... | ... | ... | ... | ... | ... | ... |

Abschlussarbeiten

Falls spezielle Abschlussarbeiten gemacht werden müssen, so kann eine analoge Tabelle, wie für die Testvorbereitung, verwendet werden (siehe Tab. 3.24).

**Tab. 3.24**  Testabschlussprotokoll inkl. Pendenzenliste

| Lauf Nr. | Test- ziele | Erfüllungs- kriterium | Sta- tus o.k./ not o.k. | Falls nicht o.k. | | |
|---|---|---|---|---|---|---|
| | | | | Beschrei- bung des Problems | Lösungsansatz | Pen- denz Nr. |
| 1 | Be- schrei- ubung des Ziels 1 | Kriterium 1 z. B. RPO 4 Std Kriterium 2 etc. | Not o.k. | Planzeit von Aktivität 1 um 1 Std. zu kurz | Planzeit von Aktivität 1 auf 2 Std. setzen und Aktivität 10 + 11 paral- lelisieren, so kann RTO eingehalten werden | 1 |
| 2 | Be- schrei- bung des Ziels 2 | Kriterium 1 Kriterium 2 etc. | … | … | … | … |
| 3 | etc. | | | | | |

| Pendenzenliste | | | | |
|---|---|---|---|---|
| P-Nr. | Pendenz (Verbesserungs- maßnahmen) | Verant- wortlicher | Termin | Status |
| 1 | Anpassung inkl. Ab- nahme von Service Continuity-Plan x (Plan- zeit von Aktivität 1 auf 2 Std. setzen und Aktivität 10 + 11 parallelisieren, so kann RPO eingehalten werden) | P. Muster | TT.MM.JJ | Erledigt |
| 2 | etc. | | | |

- Ausbildung
  Es ist sinnvoll, in der Strategie Aussagen betreffend der Service Continuity-Ausbildung festzuhalten, um das Bewusstsein der Belegschaft für die Notfallvorsorge zu schaffen und den Ablauf im Katastrophenfall auszubilden. Dies ist jedoch nur möglich, wenn das Unternehmen in diesem Bereich entsprechende Investitionen vorgesehen hat.
  Das kann zum Beispiel sein:
  - Neben den Continuity-Tests erfolgt einmal jährlich eine Ausbildung betreffend der Katastrophenvorsorge. Diese ist zwingend für alle Mitarbeiter, welche in den Service Continuity-Plänen aufgeführt sind, sowie für den K-Stab und das K-Management.
- Information zur Wartung der Strategie

- Ablageort der Strategie
- Auflistung der Rollen/Funktionen, welche die Strategie genehmigen

**Inhalt eines Service Continuity-Plans**

Nach einer sehr ausführlichen Betrachtung der Service Continuity-Strategie, möchte der Autor die Ausführung des Plans so schlank wie möglich halten. Nachfolgend ist der Inhalt eines Plans definiert:

- Name des Plans, Version, Datum und Änderungshistorie
- Verantwortlicher für diesen Plan
- Beschreibung, wann dieser Plan zur Anwendung kommt
- Beschreibung des Umfangs des Service Continuity-Plans (Was steht nach dem Abarbeiten des Plans im Notfallbetrieb zur Verfügung?)
- Voraussetzungen, welche erfüllt sein müssen, um den Plan abzuarbeiten, z. B. alle „Business-vitalen" Business IT Services müssen zur Verfügung stehen
- Nachfolge Aktionen, z. B. weitere Pläne, welche ausgeführt werden müssen
- Verantwortung des Leistungsbeziehers
- Verantwortung des Leistungserbringers
- Beschreibung, für welche Lokation (Rechenzentrum) der Plan gilt
- Benötigte Konfigurationen (Hardware und Software, z. B. Version, Patch Level, SW-Schlüssel)
- Benötigte Grundlagen für die Wiederherstellung, z. B. letzter Backup max. 24 Std. zurück
- Definition des Wiederaufsetzpunktes
- Alarmierung der Spezialisten-Teams
- Benötigtes Spezialisten-Team für die Wiederherstellung in einem Katastrophenfall (mit allen nötigen Kontaktinformationen)
- Notfallbetriebsanweisungen
    - Beschreibung der vereinbarten Wiederherstellungszeit
    - Ablaufschritte für die Herstellung des Notfallbetriebs
    - Abnahmekriterien für die Aufnahme des Notfallbetriebs
    - Aufgaben während des Notfallbetriebs, z. B. wie die Datensicherung während des Notfallbetriebs erfolgt oder spezielle Arbeiten für den Leistungserbringer während des Notfallbetriebs
- Rückführung zum Normalbetrieb
    - Ablaufschritte für die Wiederherstellung des Normalbetriebs
    - Abnahmekriterien für die Wiederaufnahme des Normalbetriebs
- Regelmäßige Tests
    - In diesem Kapitel werden der Inhalt/das Ziel und die Frequenz der Tests beschrieben
    - Zusätzlich wird auf die zu verwendenden Templates verwiesen
- Informationen zur Wartung des Plans
- Ablageort des Plans
- Auflistung der Rollen/Funktionen, welche den Plan abnehmen

**Mögliche Prozessrollen und ihre Zuteilung**

In den ITIL® Handbüchern findet man nur die Service Continuity Manager-Rolle. Es ist jedoch von Vorteil, zwei unterschiedliche Rollen für diesen Prozess zu etablieren.

- Service Continuity Analyst (Diese Prozessrolle ist nicht Teil von ITIL®)
  - Aufgabe
    - Sammeln und Erheben der Continuity-Anforderungen für seinen Bereich
    - Erstellen und Warten des Service Continuity-Plans für seinen Bereich
    - Sicherstellen der Service Continuity-Möglichkeiten in Zusammenarbeit mit dem IT Service Provider
    - Planung und Überwachung der Tests für seinen Continuity-Plan
    - Leiten der aus den Tests definierten Verbesserungsmaßnahmen
  - Besetzung
    - In der Regel wird diese Rolle von Spezialisten wahrgenommen, welche die einzelnen IT Services erbringen. Erfolgt die Erstellung des Service Continuity-Plans auf der Stufe der Business IT Services oder von Business IT Service-Gruppen, so wird diese Rolle vielfach von einem IT-Architekten oder von Business IT Service Managern wahrgenommen. Beide Funktionen haben jedoch meist Schwierigkeiten, die entsprechende Planung bis ins letzte Detail vorzunehmen und brauchen somit Unterstützung von den entsprechenden Spezialisten. Die Verantwortung für die Erstellung bleibt jedoch bei der Person, welche die Service Continuity Analyst-Rolle übernimmt.
- Service Continuity Manager (ITIL® Prozessrolle)
  - Aufgabe
    - Sammeln der Anforderungen für die Service Continuity-Strategie und Weiterleitung zusätzlicher Anforderungen an die zuständigen Service Continuity-Analysten
    - Erstellen und Pflegen der Service Continuity-Strategie
    - Überprüfen der Service Continuity-Pläne auf ihre Vollständigkeit
    - Überwachen der Tests und Sicherstellung, dass alle Testerkenntnisse (Verbesserungsmaßnahmen) umgesetzt werden
    - Sicherstellung, dass die Service Continuity-Ausbildungen durchgeführt werden
    - Erstellen benötigter Service Continuity Reports und Verteilen dieser an die zuständigen Stellen
    - Übernimmt die Eignerrolle für die Service Continuity Management-Datenbank, wenn eine solche eingeführt ist
  - Besetzung
    - Die Besetzung dieser Rolle ist sehr unterschiedlich. Sie kann durch eine Person in der Service Management-Organisation oder im IT Risk Management wahrgenommen werden. Wichtig ist, dass die Person ein gutes Gesamtverständnis über die Zusammenhänge der IT-Architektur besitzt.
    Oft übernimmt diese Person auch die Leitung des Katastrophenstabs.

Zusätzliche Rollen für den Katastrophenfall:

– Katastrophenstab „K-Stab" (Diese Prozessrolle ist nicht Teil von ITIL®)
  – Aufgabe
    – Analysiert den Major Incident mit Katastrophenpotential und prüft in wie weit dieser einer definierten Katastrophe entspricht
    – Macht eine Empfehlung, dass ein Katastrophenfall eingetreten ist z. Hd. des Katastrophen-Managements
    – Mobilisiert im Katstrophenfall die einzelnen Spezialisten und koordiniert deren Einsatz
    – Führt und überwacht die eingeleiteten Katastrophenmaßnahmen
    – Koordiniert den personellen Ressourceneinsatz
    – Bereitet Kommunikationsinformationen z. Hd. des Katastrophen-Managements auf
  – Besetzung
    – Der K-Stab umfasst Vertreter mit Fachwissen des Leistungserbringers und des Leistungsbeziehers. Eine optimale Anzahl Teilnehmer liegt bei 6–8 Personen. Meist leitet der Service Continuity Manager den K-Stab.
– Katastrophen-Management „K-Management" (Diese Prozessrolle ist nicht Teil von ITIL®)
  – Aufgabe
    – Ausrufen eines Katastrophenfalls
    – Interne und externe Kommunikation betreffend des Katastrophenfalls (kann auch vom Kommunikationsbeauftragen wahrgenommen werden)
    – Bereitstellen der benötigten Ressourcen
    – Führen und Überwachen der eingeleiteten Katastrophenmaßnahmen
  – Besetzung
    – Das K-Management umfasst Management-Vertreter des Leistungserbringers und des Leistungsbeziehers. Eine optimale Anzahl Teilnehmer liegt bei 6–8 Personen.

## Messkennzahlen für die Überwachung des Prozesses

**Tab. 3.25**  KPIs SC-Prozess

| KPI | Beschreibung | Definition Grün | Definition Gelb | Definition Rot |
|---|---|---|---|---|
| Service Continuity-Testresultate | Anzahl erfolgreich durchgeführter Service Continuity-Tests im Verhältnis zur totalen Anzahl durchgeführter SC-Tests in % | 100 % | 95–99,9 % | < 95 % |
| | | Mit Hinweis, wie viele Tests in der Rapportierungsperiode durchgeführt wurden | | |
| Erstellte Service Continuity-Pläne | Anzahl vorliegender Service Continuity-Pläne im Verhältnis zum Sollbestand in % | 100 % | 95–99,9 % | < 96 % |
| Qualitative Beurteilung der Service Continuity-Pläne | Der Service Continuity Manager beurteilt die Qualität der Pläne und bewertet diese | Gut | Mittelmäßig | Schlecht |
| Aktualität der Service Continuity-Pläne | Falls das Revalidierungsprinzip definiert wurde, so kann die Aktualität mittels eines KPIs ausgewiesen werden, in % zur gesamten Anzahl Pläne | < 2 % sind älter als 1 Jahr | 2–6 % sind älter als 1 Jahr | > 6 % sind älter als 1 Jahr |
| **Weitere informative Kennzahlen für Vergleiche** | | | | |
| Anzahl Service Continuity-Pläne | Anzahl bestehender Service Continuity-Pläne | | nn | |
| Anzahl Verbesserungsmaßnahmen aus SC-Tests | Anzahl Verbesserungsmaßnahmen aus den Service Continuity-Tests (aus den Pendenzenlisten) | | nn | |
| Anzahl eingeleiteter Verbesserungsmaßnahmen aus SC-Tests | Anzahl eingeleiteter (work in progress) Verbesserungsmaßnahmen aus den Service Continuity-Tests (aus den Pendenzenlisten) | | nn | |
| Anzahl offener Verbesserungsmaßnahmen aus SC-Tests | Anzahl offener Verbesserungsmaßnahmen aus den Service Continuity-Tests (aus den Pendenzenlisten) | | nn | |
| SC-Aufwand Manager-Rolle | Erheben des rapportierten Aufwands für den Service Continuity Manger (Total aufgewendete Std.) | | nn Std. | |

Alle KPIs werden für die entsprechende Rapportierungsperiode ausgewiesen.

Mit diesem QR-Code können Sie ein Feedback für Abschn. 3.4.5 abgeben.

### 3.4.6   Information Security Management (Service Design)

Der Information Security Management (ISM)-Prozess hat zum Ziel, die Informationssicherheit[7] sowie die darin enthaltene IT-Sicherheit auf die Unternehmensbedürfnisse auszurichten und diese entsprechend zu überwachen.

ITIL® unterscheidet fünf Hauptaktivitäten im ISM-Prozess:

- Planen (Plan)
- Implementieren (Implement)
- Evaluieren (Evaluate)
- Pflegen (Maintain)
- Steuern (Control)

Bei einer prozessualen Darstellung ergeben sich die Prozessschritte wie in Abb. 3.23 dargestellt.

---

[7] Informationssicherheit hat den Schutz von Informationen als Ziel. Dabei können Informationen sowohl auf Papier, in Rechnern oder auch in Köpfen gespeichert sein. IT-Sicherheit beschäftigt sich an erster Stelle mit dem Schutz elektronisch gespeicherter Informationen und deren Verarbeitung. Der Begriff „Informationssicherheit" statt IT-Sicherheit ist daher umfassender und wird zunehmend verwendet. Quelle: https://www.bsi.bund.de/DE/Themen/weitereThemen/ITGrundschutzKataloge/Inhalt/Glossar/glossar_node.html.

## Prozessinhaltsbeschreibung mit den wichtigsten Schritten

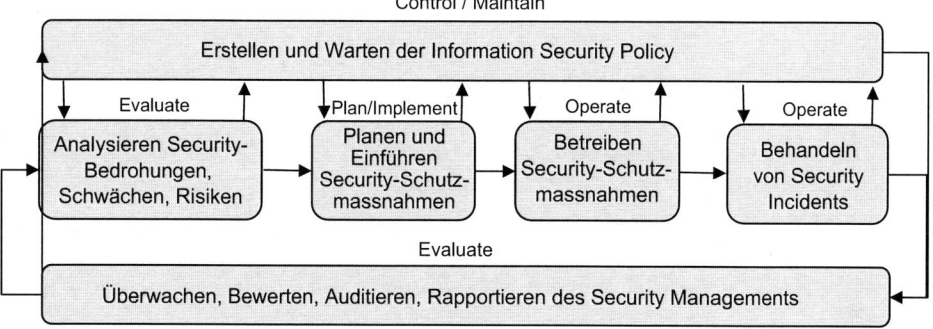

**Abb. 3.23** Information Security Management-Prozess

- **Erstellen und Warten der Information Security Policy**
  In diesem Prozessschritt werden die Rahmenbedingungen wie: Strategie, Ziele, Richtlinien und Umsetzungsaspekte im Bereich der Sicherheit für die Informatik definiert. Eine Information Security Policy kann folgende drei Elemente beinhalten: Sicherheits-Statements, Standards und Procedures (Im Abschn. 3.4.6 wird vertieft auf diesen Inhalt der Policy eingegangen).

- **Analysieren von Security-Bedrohungen, Schwächen und Risiken**
  Hier steht das Erkennen von Sicherheitsbedrohungen, Schwachstellen sowie Risiken in der IT-Sicherheit im Fokus.

- **Planen und Einführen von Security-Schutzmaßnahmen**
  Basierend auf den Policy-Vorgaben und den Analyseergebnissen werden entsprechende Maßnahmen definiert und eingeführt, um die Informatiksicherheit im Unternehmen zu gewährleisten (z. B. Einführen von Antiviren-Tools auf PC-Arbeitsstationen und Servern).

- **Betreiben von Security-Schutzmaßnahmen**
  In diesem Prozessschritt wird sichergestellt, dass alle Schutzmaßnahmen auch eingeführt sind. Bestandteil dieses Schrittes sind auch die nötigen, sicherheitsrelevanten Ausbildungen für den Leistungserbringer sowie den Leistungsbezieher.

- **Behandeln von Security Incidents**
  Werden im Incident Management Security Incidents erkannt, so werden diese in diesem Prozessschritt bearbeitet. Falls basierend auf einem Security Incident ein Ausfall entstanden ist, so erfolgt die Wiederherstellung via Incident Management-Prozess. Der Security Incident wird dennoch von den Sicherheitsspezialisten vertieft analysiert. Nötigenfalls werden die Policy oder die Schutzmechanismen angepasst.

- **Überwachen, Bewerten, Auditieren, Rapportieren des Security Managements**
  In diesem Prozessschritt erfolgt die Überwachung und Rapportierung des Security Managements. Zusätzlich werden auch regelmäßig Audits durchgeführt, um die Einhaltung aller Sicherheitsaspekte zu prüfen.

**Prinzipien**

Mögliche Prinzipien, welche wichtige Leitplanken für die Einführung und Nutzung des ISM-Prozesses bilden:

- Bei der Erkennung von groben Verletzungen der Information Security Policy (z. B. bei gehackten Webseiten, anormalen Mustern auf Servern, Trojanern auf dem PC oder einem gestohlenen Laptop) muss jeweils ein Security Incident-Ticket eröffnet werden.
- Die erstellten Security Policy-Dokumente müssen periodisch, typischerweise einmal jährlich revalidiert werden.
- Viele sicherheitsrelevante Aspekte (Statements, Standards und Procedures) sind in der Security Policy festgehalten und werden hier aus Gründen der umfangreichen Anzahl nicht einzeln aufgeführt.

**Inhalt der Information Security Policy (ISP)**

Nachfolgend ein Beispiel einer ISP, welche die Informationssicherheit und die IT-Sicherheit umfasst. Der aufgezeigte Umfang ist nicht abschließend und muss immer auf die Unternehmensbedürfnisse und die genutzte Informatiklösung abgestimmt sein.

Die hier aufgeführte ISP-Struktur besteht im Wesentlichen aus drei Bereichen

- **Security Statement**, entspricht z. B. hierarchisch der Bundesverfassung
- **Security Standards**, entspricht z. B. hierarchisch den Gesetzen
- **Security Procedures**, entspricht z. B. hierarchisch den Verordnungen,

wobei jeder Bereich aus einem oder mehreren Dokumenten bestehen kann.

**Security Statement**  Dieser Bereich beschreibt die wichtigen Aspekte wie, den Zweck, die Motivation und den Umfang der Informationssicherheit für das Unternehmen.

Er umfasst in der Regel folgende Punkte:

- Management Statement betreffend der Wichtigkeit der Informationssicherheit
- Beschreibung des Zwecks der ISP
- Definition, Wirkungsbereich und Ziele der Information Security
- Definition, was geschützt werden soll
- Beschreibung von rechtlichen Vorgaben, welche eingehalten werden müssen
- Die Gültigkeit und Pflege der ISP (hier kann das Revalidierungsprinzip aus dem Abschn. 3.4.6 eingefügt werden)
- Eine Beschreibung der Konsequenzen bei einem Verstoß gegen die ISP (z. B. Aufforderungen, den Umstand zu korrigieren, Ermahnung bis hin zu einer fristlosen Kündigung)
- Wichtige Information Security-Prinzipien
- Hinweis auf die Vertraulichkeit des ISP-Inhalts
- Den Eigner der ISP-Dokumente (basierend auf der Rollendefinition ist für die Bereiche Statement und Standards vielfach der Security Manager zuständig. Für die Procedures ist es in der Regel der zuständige Spezialist in der Rolle des Security Analysts)

**Security-Standards** Dieser Bereich beinhaltet verschiedene Richtlinien, Anforderungen und Vorschriften, die eingehalten werden müssen, wie z. B.:

- Verwendung von Geschäftsinformationen und -Equipment z. B.:
  - Informationen, dass alle Geschäftsdaten und -Information nur für den entsprechenden Geschäftsbereich zu nutzen sind.
  - Hinweis, ob das Geschäfts-Equipment auch privat genutzt werden darf. In vielen Unternehmen ist beispielsweise eine private Nutzung von Geschäfts-Laptops untersagt.
- Klassifizierung von Dokumenten und Datenobjekten
  - Definiert, wie Dokumente, Präsentationen etc. zu klassifizieren sind, z. B. streng geheim, geheim, vertraulich, interner Gebrauch. Falls keine dieser Bezeichnungen angefügt werden, so sind solche Dokumente öffentlich verwendbar.
  - Analog zu den Dokumenten müssen Datenobjekte auch klassifiziert werden. Falls die Klassifizierung von Dokumenten und Datenobjekten gleich ist, so können diese beiden Kapitel zusammengelegt werden.
- Schutz von vertraulichen Informationen (Datenschutz)
  - Der Datenschutz basierend auf den Anforderungen betreffend der Vertraulichkeit, so dass keine Person oder kein Unternehmen durch den Missbrauch von personen- oder unternehmensbezogenen Daten/Informationen durch Dritte zu Schaden kommt.
    - Definiert, wie die Informationen geschützt werden (z. B. bei Dokumenten mit der Bezeichnung „vertraulich" muss beispielsweise die Ablage jeweils so organisiert sein, dass nur mit einer Benutzer-ID und einem Passwort auf diese Dokumente zugegriffen werden kann. Die Entsorgung von diesen Dokumenten erfolgt über die zur Verfügung gestellten Entsorgungs-Container mit der Bezeichnung „Vernichtung vertraulicher Dokumente").
    - Verschlüsselung: Auflistung des verwendeten Verschlüsselungsverfahrens, wo diese anzuwenden sind und der Definition der Schlüssellänge und alle anderen notwendigen Parameter.
- Sicherheit von Informationen (Datensicherheit)
  - Unter Datensicherheit versteht man die Maßnahmen, welche die Daten/Informationen vor Verlust, Manipulation und Zerstörung schützen. In diesem Abschnitt werden die allgemeinen Maßnahmen festgehalten.
- Identifizieren und Authentifizieren von Leistungsbeziehern und Leistungserbringern
  - Aufbau der Benutzer-ID, Namenskonvention, Mindestgröße etc.
  - Akzeptierbare Authentifizierungs- und Autorisierungsverfahren, wie z. B. Kennwörter (Länge, zu verwendende Zeichen, Änderungsintervall, welche Kennwörter sind nicht erlaubt, wo dürfen Kennwörter nicht gespeichert werden, max. Anzahl Zugriffsversuche etc.).
  - Festhalten von Zugriffsversuchen
    In diesem Abschnitt wird definiert, welche Zugriffsversuche protokolliert werden müssen und wie lange diese Informationen zur Verfügung stehen (z. B. Es müssen

alle Zugriffsversuche für die Nutzung der Business IT Services mit einer Aufbewahrungszeit von 120 Tagen festgehalten werden).

- Prüfung der Information Security Policy-Einhaltung (Compliance)
  - Hier wird definiert, wie die Prüfung der Policy-Einhaltung erfolgt. Dies kann je IT Service oder Komponentengruppe definiert werden. Zusätzlich wird auch das Prüfungsintervall festgelegt.
  - Definition, welche Arten von Security Audits in welchen Abständen durchgeführt werden.
- Security Incidents
  - Definition, welche Ereignisse als ein Security Incident qualifiziert werden.
  - Beschreibung des Ablaufs, wie bei einem Security Incident vorzugehen ist (z. B. bei einem festgestellten Missbrauch von Berechtigungen werden der Security Manager und das IT Management ohne Verzögerung informiert und alle Berechtigungen des Verursachers umgehend gesperrt)
- Security Awareness und Ausbildung
  - Richtlinien zum Bereich der Schulungen im Sicherheitsumfeld für die Leistungserbringer und die Leistungsbezieher.
- Sicherheitsvorkehrungen im Bereich der Business IT Services
  - Zum Beispiel für Business IT Services im Bereich „Managed-Arbeitsplatz“:
    - Das Einloggen an einem Arbeitsplatz ist nur mit einer Benutzer-ID und einem Passwort möglich
    - Print Jobs: das Drucken von Dokumenten mit der Klassifizierung „vertraulich“ oder höher ist nur mittels einer Identifikationskarte möglich
    - Nutzung von portablen Medien (Wechselmedien) für Business-Daten/Informationen, welche oft über „Managed-Arbeitsplatz“ IT Services ausgetauscht werden (z. B. Definition, welche portablen Medien im End User-Bereich erlaubt sind und wie der Umgang mit diesen ist (Passwortschutz, Verschlüsselung, welche Informationen dürfen gesichert werden und welche nicht, wie erfolgt die Entsorgung von defekten oder veralteten portablen Medien z. B. Memory Stick)).
  - z. B. für Business IT Services im Bereich „Managed-Anwendungen“:
    - Die Nutzung der Business IT Services ist nur mittels einer Benutzer-ID und einem Passwort möglich. Gemeinsam benutzte persönliche Benutzer-IDs sind nicht erlaubt.
      - Die Rechtevergabe auf die Business IT Services ist jährlich einmal durch den zuständigen Manager zu validieren.
    - Katastrophen und Notfallaspekte
    - Archivierung von Informationen
- Sicherheitsvorkehrungen im Bereich der IT Services
  In diesem Abschnitt werden spezifische, sicherheitsrelevante Aspekte aufgelistet, welche für die IT Services nötig sind:
  - IT Service-übergeordnete Aspekte:
    - Technische Zugriffskontrollen z. B.

- Hinweis, dass jedes IT-System mittels einer Benutzer-ID und einem Passwort geschützt werden muss. Standardbenutzer-ID und -Passwörter sind nicht erlaubt. Definition, wo und wie unpersönliche Benutzer-IDs (z. B. Admin ID) verwendet werden dürfen und wo diese mit dem Passwort abzulegen sind.
- Backup und Recovery-Aspekte, z. B.
  - Information zu Backup-Anforderungen, welche aus Sicht der Security erfüllt sein müssen
  - Umgang mit Sicherungsbändern (Portable Medien/Wechselmedien), z. B. ist zu beschreiben, wie diese physisch geschützt werden müssen, wie lange die maximale Nutzungszeit ist, wie diese Sicherungsbänder zu kennzeichnen sind, falls sie das Unternehmen verlassen, wie die Informationen zu schützen sind oder wie der Transport erfolgt.
- Anforderungen im Bereich von Patches und Fix Levels aus Security-Sicht (z. B. Kritische Sicherheitsrelevante Patches sind immer innerhalb von 3 Wochen nach Publizierung einzuspielen)
- Information zur Entsorgung von IT-Komponenten
Pro IT Service-Gruppe werden die sicherheitsrelevanten Aspekte beschrieben:
- Data Center Services
  Physische Sicherheit und Zutritt zum Rechenzentrum (RZ) oder zu den Server-Räumen
  - Aufteilung der verschiedenen Sicherheitszonen in der Informatik
  - Regelung des Zugangs/Zutritts
  - Überwachte Bereiche
- Network Services
- Storage Services
- Platform Services
- Mail Services
- Firewall Services
- File Services
- etc.
• Abweichungen von den Security Standards
  - In diesem Kapitel ist beschrieben, wann Abweichungen von den Security Standards erlaubt sind und über welchen Genehmigungsprozess diese abgewickelt werden müssen.

**Security Procedures**  In diesem Bereich sind die genauen Vorgehensweisen, wie IT-Elemente aufgesetzt werden müssen, beschrieben.

• Diese Anweisungen können auf Stufe der IT Service-Optionen oder je IT-Komponente definiert werden. Vielfach sind dies eigenständige Dokumente, da es immer wieder zu Änderungen von sicherheitsrelevanten Parametern kommen kann, welche in den Dokumenten nachzuführen sind. Es macht keinen Sinn, dass mit jeder Änderung innerhalb der Security Procedures immer die ganze ISP neu genehmigt werden muss. Aus diesem Grund werden die einzelnen Dokumente der Security Procedures separat genehmigt.

- Anbei ein kurzes Beispiel für den IT Service „Windows Standalone Server High Availa-ble/High Performance"
  - Folgende Windows Services dürfen aktiviert sein: xxx, yyy
  - AntiVirus Tool X mit den Parametern yyy, zzz muss installiert sein
  - Security Tool V muss aktiviert sein
  - Folgende System-Logs müssen …
  - Backup Tool Z mit Parameter …
  - etc.

Falls zusätzliche Dokumente für den Bereich „Security Procedures" genutzt werden (wie im oberen Abschnitt beschrieben), so erfolgt im ISP-Hauptdokument nur ein Verweis auf die zusätzlichen „Security Procedures"-Dokumente.

Siehe dazu Abb. 3.24.

**Abb. 3.24**  Beispiel 1 einer ISP-Dokumentation

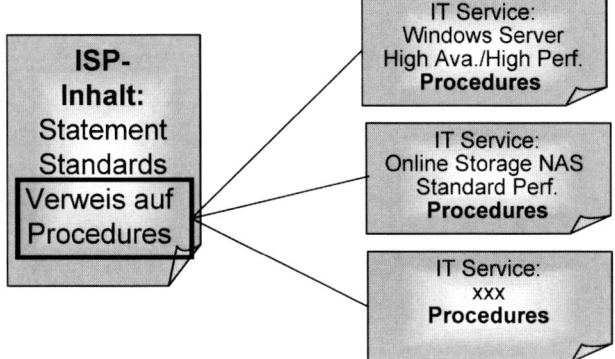

In jedem Security-Dokument müssen zusätzlich folgende Punkte dokumentiert sein:

- Name des Dokuments, Version, Datum und Änderungshistorie
- Verantwortlicher für das Dokument
- Information zur Wartung des Dokuments und der Zusatzdokumente
- Ablageort des Dokuments und der Zusatzdokumente
- Auflistung der Rollen/Funktionen, welche das Dokument abnehmen

Dem Autor ist bewusst, dass die hier aufgezeigte Struktur nur eine Variante angelehnt an den SANS-Standard (http://www.sans.org) darstellt. Eine andere Möglichkeit, die Security Policy aufzubauen, besteht darin, verschiedene einzelne Dokumente zu etablieren.

Grafisch dargestellt sieht dies wie in Abb. 3.25 aus.

**Abb. 3.25**   Beispiel 2 einer
ISP-Dokumentation

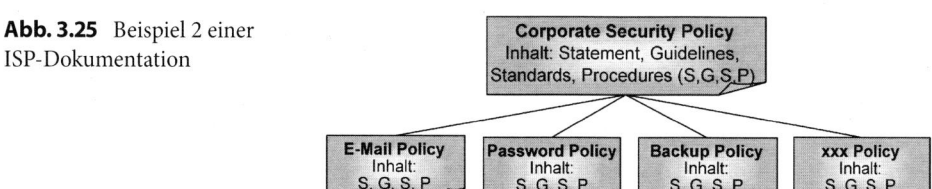

Wichtig ist nicht die Darstellungsart, welche Sie für die Umsetzung wählen. Wichtig ist die Tatsache, dass alle Security-relevanten Aspekte festgehalten werden und die Beschreibung so erfolgt, dass die Personen, welche die Policy umsetzen, verbindlich wissen wie dies zu erfolgen hat.

### Mögliche Prozessrollen und ihre Zuteilung

In den ITIL® Handbüchern ist ausschließlich die Security Manager-Rolle definiert. Es ist jedoch von Vorteil, drei unterschiedliche Rollen für diesen Prozess zu etablieren.

- Security Analyst (Diese Prozessrolle ist nicht Teil von ITIL®)
    - Aufgabe
        - Erstellen und warten des Procedure-Teils der Information Security Policy für seinen Verantwortungsbereich basierend auf den Anforderungen.
        - Analysiert Security-Bedrohungen, Schwächen und Risiken.
        - Erstellt Handlungsempfehlungen, um Schwächen zu beseitigen und/oder Risiken zu minimieren.
        - Plant Security-Maßnahmen und ist für deren Einführung verantwortlich.
        - Unterstützt den Security Manager bei der Bearbeitung von Security Incidents.
    - Besetzung
        - Meistens wird diese Rolle durch einen erfahrenen Mitarbeiter aus der IT-Abteilung, welche die entsprechenden IT Services erbringt, besetzt.
- Security-Spezialist (Diese Prozessrolle ist nicht Teil von ITIL®)
    - Aufgabe
        - Betreibt die Security-Schutzmaßnahmen.
    - Besetzung
        - Dies kann jeder Mitarbeiter in der Informatik sein, welcher bei der täglichen Arbeit Security-Schutzmaßnahmen umsetzt.
- Security Manager (ITIL® Prozessrolle)
    - Aufgabe
        - Sammelt alle sicherheitsrelevanten Anforderungen und leitet diese den entsprechenden Security-Analysten weiter.
        - Erstellen und warten des Statement- und Standard-Teils der Information Security Policy.
        - Prüft die Qualität und genehmigt aus Security-Sicht den jeweiligen Procedures-Teil.
        - Plant und unterstützt Security Audits.

- Plant und unterstützt Security-Ausbildungen.
- Erstellt benötigte Security Reports und verteilt diese an die zuständigen Stellen.
- Besetzung
  - Oft wird diese Rolle durch eine Person aus dem Security Management besetzt.

## Messkennzahlen für die Überwachung des Prozesses

**Tab. 3.26**   KPIs ISM-Prozess

| KPI | Beschreibung | Definition Grün | Definition Gelb | Definition Rot |
|---|---|---|---|---|
| Anzahl Security Incidents im Verhältnis zu allen Incidents | Anzahl der Security Incidents im Verhältnis zur gesamten Anzahl Incidents in % | < 0,5 % | 0,5–3 % | > 3 % |
| Erstellte ISP-Dokumente | Anzahl vorliegenden ISP Dokumente im Verhältnis zum Soll-Bestand in % | 100 % | 97–99,9 % | < 97 % |
| Qualitative Beurteilung der Security Policy Procedures | Der Security Manager beurteilt die Qualität der Security Policy Procedures-Dokumente und bewertet diese | Gut | Mittelmäßig | Schlecht |
| Aktualität der ISP-Dokumente | Falls das Revalidierungsprinzip definiert wurde, so kann die Aktualität mittels eines KPI ausgewiesen werden, in % zur gesamten Anzahl ISP-Dokumente | < 2 % sind älter als 1 Jahr | 2–6 % sind älter als 1 Jahr | > 6 % sind älter als 1 Jahr |
| **Weitere informative Kennzahlen für Vergleiche** | | | | |
| Anzahl ISP-Dokumente | Anzahl bestehender ISP-Dokumente | | nn | |
| Anzahl Security-Verletzungen (Violations) | Anzahl erkannter Security-Verletzungen (Violations) | | nn | |
| ISM-Aufwand Manager-Rolle | Erheben des rapportierten Aufwands für den Security Manger (Total aufgewendete Std.) | | nn Std. | |

Alle KPIs werden für die entsprechende Rapportierungsperiode ausgewiesen.

Mit diesem QR-Code können Sie ein Feedback für Abschn. 3.4.6 abgeben.

### 3.4.7 Supplier Management (Service Design)

Ziel des Supplier Management (SUM)-Prozesses ist es, die IT-Lieferanten entsprechend zu überwachen und zu steuern.

In der Regel hat jedoch das Unternehmen einen eigenen Einkaufs- und Lieferantengeschäftsprozess etabliert. Falls dem so ist, ist es hilfreich, den SUM-Prozess mit dem Geschäftsprozess abzustimmen, um nur die Aktivitäten im SUM-Prozess zu etablieren, welche nicht bereits durch den entsprechenden Geschäftsprozess abgedeckt werden.

**Prozessinhaltsbeschreibung mit den wichtigsten Schritten**

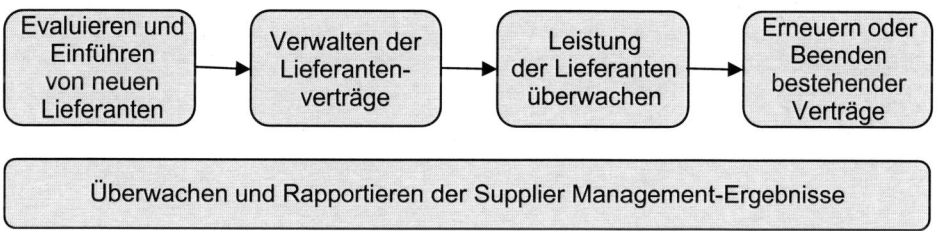

**Abb. 3.26** Supplier Management-Prozess

- **Evaluieren und Einführen von neuen Lieferanten**
  Grundlage für die Evaluation von neuen Lieferanten ist eine Definition der zu erbringenden Dienstleistung oder, bei reinen Hardware- und Software-Lieferungen, eine Spezifikation der Ware. Bei Dienstleistungen besteht oft bereits ein Underpinning Contract (UC) oder eine Leistungsbeschreibung des erbrachten IT Services. Entspricht das Angebot des Lieferanten den Erwartungen des Unternehmens, dann erfolgt grundsätzlich ein Abschluss über den firmeninternen Einkauf. Damit der Lieferant seine Arbeit bestmöglich beginnen kann, ist in diesem Prozessschritt auch die entsprechende Einführung des Lieferanten enthalten.

- **Verwalten der Lieferantenverträge**
  In diesem Prozessschritt wird eine Übersicht aller IT-Lieferanten inkl. deren Leistungen erstellt, wobei diese Information anderen Prozessen zur Verfügung gestellt wird, damit jederzeit klar definiert ist, wo welche Leistung und wie lange (Laufzeit des Vertrages) diese bezogen werden kann. Oder welcher Lieferant z. B. bei fehlerhaften Produkten kontaktiert werden muss. Diese Übersicht kann in einer Lieferanten- und Vertragsdatenbank (Supplier and Contract Database SCDB) oder, bei kleinen und mittleren Unternehmen, mittels einer Tabellendarstellung erfolgen.
- **Leistung der Lieferanten überwachen**
  In diesem Prozessschritt wird die Dienstleistung des Lieferanten oder die Leistung seiner gelieferten Objekte überwacht. Nötigenfalls wird sichergestellt, dass Verbesserungsmaßnahmen definiert werden.
- **Erneuern oder Beenden bestehender Verträge**
  Einzelne Verträge haben eine begrenzte Laufzeit und müssen regelmäßig, falls die Leistung des Lieferanten weiterhin den Anforderungen entspricht, erneuert werden. Falls die Leistung des Lieferanten nicht der Vereinbarung entspricht, die Leistung nicht mehr benötigt wird oder die Leistung aus strategischen Überlegungen bei einem anderen Lieferanten eingekauft wird, so wird in diesem Prozessschritt die Beendigung des Lieferantenverhältnisses eingeleitet.
- **Überwachen und Rapportieren der Supplier Management-Ergebnisse**
  In diesem Prozessschritt werden die Supplier Management-Arbeiten überwacht und alle benötigten Lieferantenkennzahlen anderen Prozessen zur Verfügung gestellt.

**Prinzipien**

Mögliche Prinzipien, welche wichtige Leitplanken für die Einführung und Nutzung des SUM-Prozesses bilden:

- Es ist sinnvoll, ein Prinzip zu definieren, welches die Abgrenzung des Geschäftseinkaufsprozesses und dem-SUM Prozess aufzeigt, z. B.:
  - Die Evaluation, das Verwalten der Lieferantenverträge und das Erneuern oder Beenden der bestehenden Verträge übernimmt der Geschäftseinkaufsprozess. Somit verbleibt im SUM-Prozess die Einführung des Lieferanten und die Überwachung der Leistung sowie das Rapportieren der SUM-Ergebnisse.
- Die Unternehmung nimmt nur Beziehungen mit Lieferanten auf, welche ein ethisches und sozialverträgliches Waren- und Dienstleistungsangebot sicherstellen.
- Wo immer möglich, sollten die Standardlieferanten, welche durch das zentrale Einkaufswesen definiert wurden, bei der Selektion berücksichtigt werden. Bei einer Nutzung von Nichtstandardlieferanten muss eine Genehmigung vom zentralen Einkaufswesen eingeholt werden.
- Dienstleistungslieferanten müssen regelmäßig ihre erbrachte Dienstleistung rapportieren. (Der genaue Inhalt und die Kadenz der Rapportierung ist im entsprechenden UC zu dokumentieren).

**Lieferantenevaluations-Checkliste**

Grundsätzlich ist die Evaluation des Lieferanten von seinem Angebot abhängig. Wird zum Beispiel ein Dienstleister gesucht, welcher arbeitsplatzorientierte IT Services als Sourcing-Dienstleistung weltweit anbietet, so wird die Anzahl möglicher Lieferanten/Anbieter sehr stark eingeschränkt. Das bedeutet, dass die Auswahl des Lieferanten oft auf zwei Anforderungsbereichen beruht.

**Bereich 1**  Definition der Evaluationskriterien für die gesuchte Leistung und/oder das Produkt. Mittels diesen Kriterien wird nach Anbietern für die Dienstleistung oder das Produkt gesucht und diese entsprechend bewertet. Bei sehr komplexen Anforderungen empfiehlt sich die Erstellung eines Pflichtenhefts und entsprechender Bewertungsunterlagen.

Bei einfachen Ausschreibungen kann die Bewertung des Angebots nach der Evaluations-Checkliste in Tab. 3.27 hilfreich sein.

Anmerkung zur Gewichtung und dem Erfüllungsgrad:

Bei der Anwendung dieser Tabelle kann es hilfreich sein, in einem ersten Schritt verbale Gewichtungen vorzunehmen. Bei der verbalen Gewichtung sind die möglichen Werte, „Muss", „Soll", „Vorteilhaft" und „Wunsch". In einem zweiten Schritt wird die zu vergebende numerische Gewichtung ermittelt. Bei „Wunsch" kann dies der Wert von 1 bis 3 sein. Bei „Vorteilhaft" 4 bis 6 und bei „Soll" 7 bis 9. Die Mussanforderungen sind KO-Kriterien und müssen nicht gewichtet werden, da der Anbieter nicht berücksichtigt wird, falls diese nicht erfüllt sind. Es empfiehlt sich, diese Werte sehr sorgfältig auszuwählen und auf einer Skala von 1–3 oder 1–9 (in diesem Beispiel verwendet) zu begrenzen. Der gleiche Mechanismus wird für den Erfüllungsgrad angewendet. „Nicht erfüllt" ergibt einen Wert von 0, „teilweise erfüllt" einen Wert von 1 und „erfüllt" ergibt einen Wert von 2. In der Spalte „Bewertung" werden nun die Gewichtungspunktzahl mit der Punktzahl des Erfüllungsgrades multipliziert z. B. 8 (Gewichtung) · 2 (Erfüllungsgrad) ergibt 16 Bewertungspunkte.

Bereitet die Gewichtung der einzelnen Anforderungen Mühe, so kann für die Bestimmung der Gewichtung auch die Paarvergleichsmethode (Siehe dazu Wikipedia) angewendet werden.

**Bereich 2**  Falls es mehrere Angebote mit dem gleichen oder sehr ähnlichen Punktetotal (alle Musskriterien sind auch erfüllt) gibt, so empfiehlt es sich, eine detaillierte Lieferantenbewertung vorzunehmen. Dies ist meist bei Lieferanten, welche nur Standardkomponenten, z. B. Standard PC-Software, liefern, der Fall. Nachfolgend sind einige Kriterien für eine mögliche Lieferantenbewertung aufgeführt:

- Zeit- und Termintreue
  - Offert-Anfragen
  - Objektlieferung
- Lieferqualität
- QMS oder ISO-Zertifizierung des Lieferanten z. B. ISO/TS 16949, ISO 9001
- Weitere Qualifikationen von Systemhäusern z. B. IBM, Microsoft, Cisco

**Tab. 3.27** Evaluations-Checkliste für Angebotsbewertung

| Lauf Nr. | Bereich | Evaluationskriterien (Anforderung) | Gewichtung Verbal | Gewichtung Numerisch | Erfüllungsgrad Verbal | Erfüllungsgrad Numerisch | Information zur Erfüllungsart | Bewertung | Bemerkungen/Erklärungen |
|---|---|---|---|---|---|---|---|---|---|
| z.B. | z.B. | Beschreibt die Anforderungen, welche erfolgt sein müssen | z.B. | z.B. | z.B. | z.B. | Standardprodukt, Zusatzentwicklung, Zusatzprodukt | z.B. Werte von 0 bis 18 | Hier können Bemerkungen und Erklärungen je Anforderung festgehalten werden |
| 001 | Hardware | | Muss | – | erfüllt | 2 | | | |
| 002 | Software-Funktion | | Soll | 7–9 | teilw. erfüllt | 1 | | | |
| 003 | Service Levels | | Vorteilhaft | 4–6 | nicht erfüllt | 0 | | | |
| | Installationsleistung | | Wunsch | 1–3 | | | | | |
| | Support | | | | | | | | |
| | Sicherheit | | | | | | | | |
| | Dokumentation | | | | | | | | |
| | Einmalige Kosten | | | | | | | | |
| | Laufende Kosten | | | | | | | | |
| **Total Anzahl Punkte und einer Musskriterienerfüllung** | | | | | | | | nnn | |

- Internes Know-how betreffend der angebotenen Objekte, z. B. ist der Lieferant nur ein Reseller, welcher kein umfangreiches Know-how über seine Produkte hat oder haben die Mitarbeiter gute Kenntnisse der Produkte und können auch entsprechend beraten
- Referenzen im gesuchten Bereich (z. B. in der gleichen Branche, gleiche Implementationsgröße)
- Umgang bei Problemen
- Verlässlichkeit
- Finanzielle Stabilität/Lage
- Unternehmensgrösse
- Niederlassungen z. B. in den EU-Staaten oder weltweit
- Unterstützte Sprachen
- Nachhaltigkeit in den Bereichen Sozialverträglichkeit und Umweltschutz
- Ethisches und sozialverträgliches Waren- und Dienstleistungsangebot
- Kundenbetreuung z. B. persönlicher Betreuer vorhanden, konstante Ansprechpartner/Betreuer, Mitarbeiterfluktuation, Beherrschung der Landessprache
- Elektronische Schnittstellen z. B. unterstützt eine elektronische Schnittstelle für Bestellungen und Rechnungsstellung

Für die Bewertung der aufgeführten Kriterien kann auch die im Bereich 1 aufgeführte Checkliste verwendet werden.

## Mögliche Prozessrolle und ihre Zuteilung

- Supplier Manager (ITIL® Prozessrolle)
  - Aufgabe (ist abhängig von den effektiv nötigen SUM-Prozessschritten)
    - Evaluieren und Einführen von neuen Lieferanten
    - Verwalten der Lieferantenverträge
    - Leistung der Lieferanten überwachen
    - Erneuern oder Beenden bestehender Verträge
    - Überwachen und Rapportieren der Supplier Management-Ergebnisse
  - Besetzung
    - Diese Rolle wird meistens durch eine zentrale Funktion innerhalb der Informatik besetzt. Einkaufserfahrung ist bei dieser Rolle sehr empfehlenswert.

## Messkennzahlen für die Überwachung des Prozesses

**Tab. 3.28**  KPIs SUM-Prozess

| KPI | Beschreibung | Definition Grün | Definition Gelb | Definition Rot |
|---|---|---|---|---|
| SLA-Verletzungen basierend auf nicht eingehaltene UCs | Anzahl SLA-Verletzungen, welche sich durch die Nichteinhaltung von UCs ergeben haben | Keine SLA-Verletzung durch nicht eingehaltene UCs | Eine SLA-Verletzung durch nicht eingehaltene UCs | > 1 SLA-Verletzung durch nicht eingehaltene UCs |
| Vollständigkeit der SCDB/Lieferanten-tabelle | Anzahl Lieferanten Einträge in der SCDB/Lieferantentabelle im Verhältnis zum Sollbestand in % | > 95 % | 85–95 % | < 85 % |
| Termintreue der Lieferanten (Produktbestellungen) | Einhaltung der Liefertermine basierend auf den Auftragsbestätigungen in % | > 90 % | 80–90 % | < 80 % |
| **Weitere informative Kennzahlen für Vergleiche** | | | | |
| Anzahl bestehende Lieferantenverträge | Anzahl bestehende Lieferantenverträge | | nn | |
| Anzahl Lieferantenverträge mit UCs | Anzahl bestehende Lieferantenverträge mit einem UC (dies bedeutet, dass die Lieferanten IT Services betreiben, d. h. die Dienstleistung wurde z. B. outgesourced) | | nn | |
| Anzahl aufgelöster Lieferantenverträge | Anzahl aufgelöster Lieferantenverträge | | nn | |
| SUM-Aufwand Manager-Rolle | Erheben des rapportierten Aufwands für den Supplier Manager (Total aufgewendete Std.) | | nn Std. | |

Alle KPIs werden für die entsprechende Rapportierungsperiode ausgewiesen.
Mit diesem QR-Code können Sie ein Feedback für Abschn. 3.4.7 abgeben.

### 3.4.8   Transition Planning and Support (Service Transition)

Der Transition Planning and Support (TPS)-Prozess umfasst die Planung und Koordination von Projekten mit dem Ziel, die beteiligten Personen und Teams in den Projektphasen sowie bei der Überführung von Projekten in den Betrieb zu begleiten, so dass die vereinbarten Service Levels der Business IT Services nach der Überführung erfüllt werden können.

Der Prozess regelt im Grunde genommen die minimalsten Aspekte eines Projekt-Managements. Hat das Unternehmen bereits eine Projekt-Management-Methode oder einen -Standard, z. B. Prince2, Hermes, PMBOK, mit den im Abschn. 3.4.8 aufgeführten Inhalten etabliert, so ist der ITIL® Transition Planning and Support-Prozess aus Sicht des Autors nicht nötig.

**Prozessinhaltsbeschreibung mit den wichtigsten Schritten**

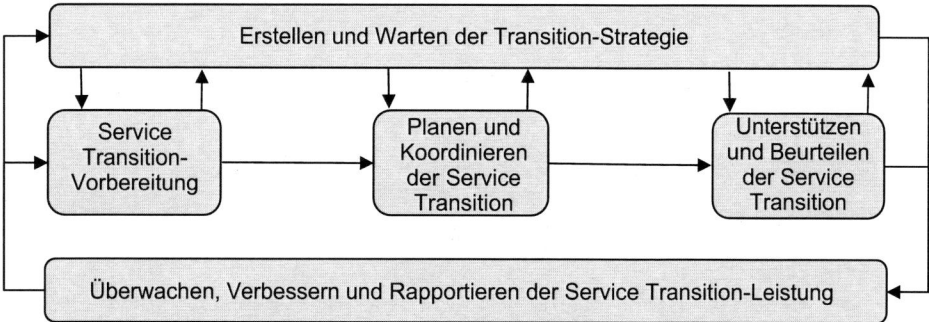

**Abb. 3.27**   Transition Planning and Support-Prozess

- **Erstellen und Warten der Transition-Strategie**
  In diesem Prozessschritt wird die Transition-Strategie erstellt und gewartet, welche die wichtigen Richtlinien und Leitplanken im Bereich der Transition (Abwicklung von Projekten) definiert. In den ITIL® Handbüchern ist diese so zu verstehen, dass je Transition (Projekt) eine Strategie erstellt wird. Aus Sicht des Autors ist es viel wichtiger, dass eine übergeordnete Strategie definiert ist, welche die wichtigen Informationen regelt, wie Transitionen (Projekte) in der Unternehmung umgesetzt werden müssen und welche Resultate aus den verschiedenen Phasen zu erreichen sind. Aus diesem Grund basiert der Strategieinhalt, welcher im Abschn. 3.4.8 aufgeführt ist, nur bedingt auf der in den ITIL® Handbüchern definierten Transition-Strategie.
- **Service Transition-Vorbereitung**
  Es erfolgt eine Analyse der verschiedenen Input-Informationen, wie Projektantrag/
  -auftrag, RFC, Service Design Package (SDP), falls dieses SDP bereits besteht, Service Acceptance Criteria (SAC). In der Vorbereitung erfolgt auch eine erste Abstimmung der Service Transition mit den verschiedenen Stakeholdern. Die Leistung aus diesem Prozessschritt ist die Bereitschaft des Unternehmens, die Service Transition (Projekt) starten

zu können. Dies bedeutet, dass alle nötigen Informationen, wie das Projekthandbuch oder auch das SDP etc., verifiziert zur Verfügung stehen.

- **Planen und Koordinieren der Service Transition**
  In diesem Prozessschritt werden alle für die Transition (Projekt) nötigen Aktivitäten geplant und es wird sichergestellt, dass diese auch eingehalten werden. Bei großen und komplexen Vorhaben empfiehlt sich die Begleitung mittels des Veränderungsmanagements siehe dazu Abschn. 2.7.
- **Unterstützen und Beurteilen der Service Transition**
  Es werden den Projektleitern und den Projekt-Teams Hilfsmittel und Ausbildungen zur Verfügung gestellt, damit diese das nötige Know-how haben, um die Transition erfolgreich durchzuführen. Basierend auf der Größe und Komplexität der Transition erfolgen regelmäßig Reviews und Audits, um den Erfolg der Transition sicherzustellen.
- **Überwachen, Verbessern und Rapportieren der Service Transition-Leistung**
  In diesem Prozessschritt wird die Leistung des Service Transition-Prozesses ausgewiesen und nötigenfalls werden Verbesserungsmaßnahmen erarbeitet.

## Prinzipien

Mögliche Prinzipien, welche wichtige Leitplanken für die Einführung und Nutzung des TPS-Prozesses bilden:

- Die Service Transition-Strategie muss mindestens einmal jährlich validiert werden
- Jede Transition (Projekt) muss eine Projektkategorisierung haben (A, B oder C)
- Für jede Transition (Projekt) mit der Kategorie A müssen regelmäßig Audits durchgeführt werden
- Jede Projektbeschreibung oder das SDP muss Abnahmekriterien beinhalten
- Basierend auf der Kategorisierung für jede Transition (Projekt), muss eine Projektorganisation etabliert werden und die darin vorgegebenen Lieferobjekte müssen zur Verfügung stehen
- In der Informatik werden drei Arten von Releases unterschieden:
  - **Major Release:** Dieser beinhaltet grundsätzlich größere Veränderungen, wie z. B. SW-Anpassungen, Datenstrukturänderungen, Anpassungen an Schnittstellen, große Infrastrukturveränderungen
  - **Minor Release:** Dieser beinhaltet kleine bis mittlere Anpassungen oder auch die Einspielung von Anwendungs-Patches oder –Fixes
  - **Emergency Release:** Dieser ist ein nicht geplanter Release, welcher Störungen beseitigt. Durch die Störung wird die Nutzung eines oder mehrerer Business IT Services eingeschränkt. Ein solcher Release kann aber auch durch Anforderungen mit einer sehr hohen Geschäftspriorität ausgelöst werden.

**Inhalt einer Transition-Strategie**

- Name der Transition-Strategie, Version, Datum und Änderungshistorie
- Verantwortlicher für diese Strategie
- Definition, was als Transition (Projekt) gilt und was nicht, z. B. die Abhandlung eines einzelnen Changes, welcher benötigt wird, um eine Störung (Incident) zu beheben.
- Definition der Projektkategorie, z. B. A, B, C. Diese Kategorie dient zur Sicherstellung, dass der Aufwand für ein Projekt im Verhältnis zur Wichtigkeit, Größe und Risiko der Transition steht. Aus diesem Grund ist es sinnvoll, in der Strategie verschiedene Projektkategorien zu definieren.
  Dies kann mit Tab. 3.29 erfolgen.

**Tab. 3.29**   Projektkategorien

| Kategorie | Wichtigkeit der Transition für das Unternehmen | Größe der Transition | Risiko |
|---|---|---|---|
| A | Hoch | Groß | Hoch |
| A | Hoch | Groß | Mittel |
| A | Hoch | Groß | Tief |
| A | Hoch | Mittel | Hoch |
| B | Mittel | Mittel | Mittel |
| B | … | … | … |
| C | Tief | Klein | Tief |
| C | … | … | … |

Basierend auf allen möglichen Kombinationen wird eine Projektkategorie definiert. Die Größe kann mittels Aufwand (Personentagen), Projektgröße (Anzahl im Projekt involvierter Personen) und des Investitionsbudgets ermittelt werden. Das Risiko kann die Gefahr einer Nichterreichung der Projektziele oder die Wahrscheinlichkeit zu scheitern reflektieren.

Als ein weiteres Kriterium für die Bestimmung der Kategorie gilt die Kritikalität der betroffenen Business IT Services z. B. „Business-vital", „Business-kritisch". Muss die Kritikalität auch berücksichtigt werden, kann die Tabelle mit einer entsprechenden Spalte ergänzt werden.

- Es empfiehlt sich nun, in der Strategie je Projektkategorie folgende Punkte zu definieren:
  - Welche Projektphasen soll es bei einem A-Projekt geben? (Initialisierung, Voranalyse, Konzept, Realisierung, Einführung, Abschluss)

– Welche Ergebnisse je Phase sollen bei einem A-Projekt vorliegen?

Phase: Initialisierung

  – Projekthandbuch mit folgendem Inhalt:
    – Projektbeschreibung inkl. Projektkategorie
    – Beschreibung des Lieferobjekts
      Falls ein neuer oder bestehender Business IT Service oder IT Service erstellt oder
      verändert wird, so erfolgt hier die Beschreibung des Services und der Service
      Levels
    – Projektabnahmekriterien
    – Verwendetes Vorgehensmodell
    – Einzuhaltende Standards
    – Projektorganisation mit Besetzung
    – Projektplan inkl. Meilensteine
    – Qualitätssicherung
    – Risikomanagement
  – Bedarfsanforderung
  – etc.

Phase: Voranalyse

  – Grobdesign
  – Verfeinerter Projektplan
  – Ressourcenbedarfsverifizierung
  – etc.

Phase: xxxx

  – xxx

– Definition des Ablageortes der verschiedenen Ergebnisse (Dokumente)
– Welche Projektorganisation ist zwingend nötig (z. B. mit Steering Board/Projektaus-
  schuss)? Welche Rollen müssen wo vertreten sein?
  – Beschreibung der einzelnen Rollen und Gremien mit Aufgaben, Verantwortung
    und Kompetenzen
– Welche Qualitätssicherungsmassnahmen werden benötigt? Zum Beispiel
  – Projekt-Reporting
  – Projekt-Audits
  – Welche Art von Tests und welche Testdokumente gelten als zwingend erforderlich
  – etc.
– Wie muss das Risikomanagement des Projekts erfolgen?
  – Risk Management-Plan
  – Risk Management Report
  – Wer nimmt diesen ab
  – Eskalationspunkte und -pfade
– Wie erfolgt das Projektänderungs-Management?
  – Änderungsantrag
  – Genehmigung

- Integration der Änderung
- Information zu den verschiedenen Release-Typen
- Informationen zur Wartung der Strategie
- Ablageort der Strategie
- Auflistung der Rollen/Funktionen, welche die Strategie abnehmen

**Inhalt eines Service Design Package (SDP)**

In den ITIL® Handbüchern ist das SDP beschrieben. Das SDP beinhaltet Informationen, welche für die Realisierung und Umsetzung nötig sind. Basierend auf dem hier vorgestellten Prozessumfang sind diese Informationen den folgenden Dokumentationen zu entnehmen:

- Projekthandbuch
- Lösungsarchitektur und -design
- Service-Modellbeschreibung (Dies kann eine End to End-Darstellung eines Business IT Services sein, die aufzeigt, welche IT Services oder welche IT-Komponenten für die Erbringung nötig sind).
- Release-Plan und Release-Inhalt
- etc.

**Mögliche Prozessrollen und ihre Zuteilung**

In den ITIL® Handbüchern ist ausschließlich die Service Transition Manager-Rolle definiert. Es ist jedoch von Vorteil, zwei unterschiedliche Rollen für diesen Prozess zu etablieren.

- Service Transition Leader „Alias-Projektleiter" (Diese Prozessrolle ist nicht Teil von ITIL®)
  - Aufgabe
    - Diese Person leitet und führt die Service Transition oder das Projekt von der Vorbereitung, über die Planung bis zum Abschluss.
    - Erstellt oder stellt sicher, dass alle benötigten Ergebnisse aus dem Projekt zur Verfügung stehen.
  - Besetzung
    - Personen aus dem Projektleiter-Team oder Personen mit Projektleitungserfahrung.
- Service Transition Manager (ITIL® Prozessrolle)
  - Aufgabe
    - Definieren der Transition-Strategie.
    - Unterstützen der Service Transition Leaders bei Fragen.
    - Ausbilden der Transition Leaders betreffend Strategievorgaben.
    - Beurteilen/Auditieren der einzelnen Transitionen (Projekte) basierend auf der Projektkategorie.
    - Überwachen der Service Transition-Leistung.

– Erstellen von Overall Transition/Projektübersichten z. B. für das Management.
– Aufsetzen von Verbesserungsmaßnahmen bei der Abwicklung von Transitionen/Projekten.
- Besetzung
  – Oft wird diese Rolle durch eine erfahrene Person aus dem Projektleiter-Team besetzt.

## Messkennzahlen für die Überwachung des Prozesses

**Tab. 3.30** KPIs TPS-Prozess

| KPI | Beschreibung | Definition Grün | Definition Gelb | Definition Rot |
|---|---|---|---|---|
| Overall Service Transition (Projekt)-Status | Bewertung aller Service Transitions (Projekte) betreffend Scope, Kosten- und Zeitrahmeneinhaltung. | > 95 % der Projekte sind im Scope, Kosten und Zeitrahmen | 85–95 % Projekte sind im Scope, Kosten und Zeitrahmen | < 85 % Projekte sind im Scope, Kosten und Zeitahmen |
| | | Dies kann auch je Projektkategorie ausgewiesen werden | | |
| Projektkosteneinhaltung | Kostenüberschreitung alle Projektkosten im Verhältnis zu den geplanten Kosten in % | < 10 % | 10–20 % | > 20 % |
| Einhaltung der Standards | Beurteilung des Service Transition Managers betreffend der Einhaltung der Standards und Projektergebnisse | Gut | Mittel | Schlecht |
| Status je Service Transition (Projekte) | Auflistung aller Service Transitions (Projekte) basierend auf Scope, Kosten und Zeitrahmen | Jedes Projekt wird aufgeführt mittels dem Ampelsystem für die Bereiche Scope, Kosten und Zeitrahmen | | |
| **Weitere informative Kennzahlen für Vergleiche** | | | | |
| Anzahl offener Service Transitions (Projekte) | Anzahl offener Service Transitions (Projekte) aufgeführt nach Kategorie | Projekte Kat. A nn Projekte Kat. B nn etc. | | |
| Anzahl erfolgreich abgeschlossener Service Transitions (Projekte) | Anzahl erfolgreicher Service Transitions (Projekte) nach Kategorie | Projekte Kat. A nn Projekte Kat. B nn etc. | | |
| Anzahl durchgeführter Audits | Anzahl durchgeführter Service Transition (Projekt) Audits | | nn | |
| TPS-Aufwand Manager-Rolle | Erheben des rapportierten Aufwands für den Service Transition Manager (Total aufgewendete Std.) | | nn Std. | |

Alle KPIs werden für die entsprechende Rapportierungsperiode ausgewiesen.
Mit diesem QR-Code können Sie ein Feedback für Abschn. 3.4.8 abgeben.

### 3.4.9 Change Management (Service Transition)

Der Change Management (CHM)-Prozess hat zum Ziel, Veränderungen im Informatikumfeld kontrolliert in den Betrieb zu überführen, ohne dass dabei Störungen oder nicht erwartete Reaktionen auftreten.

**Prozessinhaltsbeschreibung mit den wichtigsten Schritten**

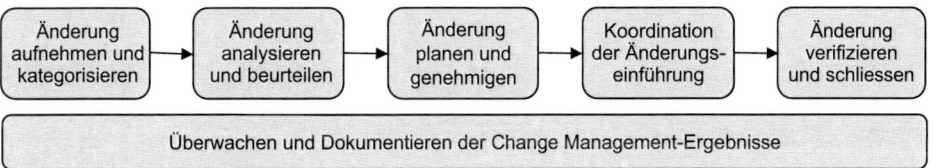

**Abb. 3.28** Change Management-Prozess

- **Änderung aufnehmen und kategorisieren**
  Basierend auf den eingereichten Änderungsanfragen, welche über verschiedene Prozesse (z. B. den Request Fulfillment-Prozess[8]) eingehen, werden Change-Tickets eröffnet und dem RFC (RFC = Request for Change) entsprechend eine erste Kategorisierung vorgenommen. Falls die Informationen unzureichend sind oder die RFCs nicht den Anforderungen entsprechen, so werden diese zurückgewiesen.
- **Änderung analysieren und beurteilen**
  In diesem Prozessschritt wird die Änderungsanforderung analysiert, um ihre Auswirkung auf das bestehende und zukünftige Informatikumfeld (Konfigurationselemente „CIs" z. B. Business IT Services, Netzwerk) sowie die Ressourcen für die Umsetzung der Änderung zu ermitteln. Es werden auch der definitive Change-Typ, die Change-Kategorie, die Dringlichkeitsstufe etc. festgelegt.

---

[8] Der Autor empfiehlt alle RFC, welche durch die Leistungsbezieher eingereicht werden, als Eingangskanal über den Request Fulfillment-Prozess abzuwickeln, da so der Antragsteller jeweils über den Status des RFCs informiert wird.

- **Änderung planen und genehmigen**

  Basierend auf den erfassten Change-Informationen erfolgt eine erste Einplanung des Changes. Diese dient dem Change Review Board als Anhaltspunkt für die Genehmigung des Changes. Bei der Genehmigung werden folgende Punkte geprüft:
  - Ist der Change richtig eingestuft?
  - Wurde das identifizierte Risiko für den Change richtig bewertet?
  - Wurde die Auswirkung des Changes richtig beurteilt?
  - Sind die Fallback-/Rollback-Aktivitäten ausreichend definiert? (Diese sind nötig, falls der Change nicht erfolgreich eingeführt werden konnte)

  Nach der Freigabe erfolgt die finale Planung des entsprechenden Changes.
- **Koordination der Änderungseinführung**

  Als Anstoß für diesen Prozessschritt dient der genehmigte Change, welcher implementiert werden muss. In manchen Fällen wird der freigegebene Change über das Release Management eingeführt. Die Verbindung vom Change Management und dem Release Management-Prozess ist im Abschn. 3.4.11 beschrieben. Das Change Management überwacht die Implementierung der entsprechenden Veränderung. Dabei spielt es keine Rolle, wer die Einführung der Veränderung vornimmt.
- **Änderung verifizieren und schließen**

  In diesem Prozessschritt wird überprüft und sichergestellt, dass der Change die gewünschte Wirkung hat, die Zielsetzung erreicht wurde und die Leistungsbezieher mit den Ergebnissen zufrieden sind. Falls nötig werden Korrekturmaßnahmen eingeleitet, nötigenfalls sogar ein Rollback des Changes vorgenommen. Bei Bedarf kann auch eine Beurteilung des eingeführten Changes mittels eines Post Implementation Reviews (PIR) erfolgen, welcher zur qualitativen Prüfung des Change Management-Prozesses dienen kann.

  Beim Schließen eines Changes werden alle beteiligten Prozesse, Stakeholder und Leistungsbezieher davon in Kenntnis gesetzt.
- **Überwachen und Dokumentieren der Change Management-Ergebnisse**

  Es werden alle aktiven oder geschlossenen Changes kontrolliert, nötigenfalls werden entsprechende Verbesserungsaktivitäten aufgesetzt. Zusätzlich werden in diesem Prozessschritt auch die benötigten Change Reports erstellt.

## Prinzipien

Mögliche Prinzipien, welche wichtige Leitplanken für die Einführung und Nutzung des CHM-Prozesses bilden:

- Der definierte CHM-Prozess wird in der ganzen Informatik eingesetzt und ist für Service-, Anwendungs- und Infrastruktur-Changes gleich.
- Alle Veränderungen im Umfeld der Informatik, welche den Betrieb tangieren, werden über den definierten CHM-Prozess abgewickelt.
- Jeder Change mit einer hohen Kategorie (z. B. Kat. 1 und 2) muss zwingend über den Abnahmetest laufen, bevor dieser auf dem Produktionssystem installiert wird. Ausnahmen

gelten jedoch für Emergency Changes; diese müssen über das IT Management genehmigt werden.

- Jeder Change muss genehmigt werden. Bei einem „Standard" Change erfolgt die Genehmigung nur das erste Mal. Danach gelten diese Changes als im Voraus genehmigt.
- Veränderungen im Bereich der Managed-Arbeitsplatz-Services, welche über den Request Fulfillment-Prozess abgewickelt werden, können als „Standard" Changes abgewickelt werden. Diese Changes werden entsprechend kategorisiert. Eine einmalige Bewilligung je Auftragsart des Changes ist immer nötig.
- Bei der Abwicklung eines Changes muss immer die Auswirkung auf die betroffenen Verfügbarkeits-, Kapazitäts-, IT Continuity-Pläne, so wie auf sie SLAs und OLAs geklärt werden. Falls nötig muss eine Abstimmung dieser Dokumente erfolgen.
- In Unternehmen mit einer sehr strengen Change Policy kann auch ein Prinzip definiert werden, welches besagt, dass Veränderungen von Parametern innerhalb einer Geschäftsanwendung, die Auswirkungen auf die Verfügbarkeit, Leistung, Schnittstellen oder Funktionalität haben, über das Change Management abgewickelt werden müssen.

## Inhalt eines Request for Change (RFC)

Ein RFC ist ein Antrag für die Ausführung eines Changes. Es empfiehlt sich den Inhalt dieses Antrages zu standardisieren, um in jedem Fall eine bestmögliche Durchführung zu gewährleisten. In vielen Unternehmen werden diese Informationen mittels eines elektronischen Formulars zur Verfügung gestellt.

Nachfolgend ist ein größtmöglicher Inhalt aufgeführt; dieser kann je nach Unternehmensgröße angepasst werden:

- RFC-Nummer (bei Bedarf inklusive Querverweis auf Incident-Ticket)
- Datum des RFCs
- Name, Standort und Telefonnummer der Person, welche den Change beantragt
- Begründung für den Change
- Beschreibung des Changes
- Beschreibung und Identifizierung der zu ändernden Elemente (einschließlich der CI-Identifizierungen, falls ein Konfigurations-Management System verwendet wird)
  - Welche Business IT Services sind betroffen?
  - Welche IT Services sind betroffen?
  - Welche IT-Komponenten sind betroffen?
- Folgen einer Nichtimplementierung des Changes
- Version des zu ändernden Elements (falls bekannt)
- Gewünschter Zieltermin
- Priorität des Changes
- Mögliche Auswirkung (Impact) und Ressourcenbedarf bei einer Entwicklung und Implementierung des Changes
- Mögliche Risiken bei einer Durchführung
- Möglicher Zurücksetzungsplan (Rollback-/Backout-Plan)

- Auswirkung auf Business Continuity und Notfallpläne
- Status des RFCs: protokolliert, bewertet, abgelehnt, akzeptiert oder im Ruhemodus (falls das RFC-Formular als Laufzettel verwendet wird)

## Change-Typen

Es empfiehlt sich, die Changes in verschiedene Typen aufzuteilen. In vielen Unternehmen finden die drei Change-Typen in Tab. 3.31 Anwendung.

**Tab. 3.31** Change-Typen

| Change-Typ | Beschreibung |
|---|---|
| Normal | Jeder Change mit der Kategorie 1–4 mit einer Abwicklung innerhalb der verein-barten Durchführungszeiten (Lead Times) |
| Emergency | Eine notfallmäßige Änderung (Emergency Change) bezieht sich immer auf eine sofortige Behebung eines Incidents mit einer großen Auswirkung auf die Verfügbarkeit der Business IT Services. Dies kann ein folgenschwerer Ausfall eines Systems, einer Anwendung, eines Netzwerks oder einer anderen Service-Komponente sein. |
| Standard (im Voraus genehmigt) | Im Voraus genehmigte Veränderungen sind sich wiederholende Veränderungen mit keinem oder einem sehr kleinen Risiko. Diese werden nur einmalig über den CHM-Prozess abgewickelt und gelten danach als vorgenehmigte Changes. Changes mit dieser Kennzeichnung müssen nicht mehr das Genehmigungspro-zedere durchlaufen. Diese Changes werden somit als Kategorie 5 geführt und werden nach der erstmaligen Genehmigung in anderen Tools (z. B. über das Request Fulfillment Tool) abgewickelt. |

Einzelne Kunden definieren einen weiteren Change-Typ. Dieser wird als „Exception" oder „Expedited" bezeichnet und bedeutet, dass die vorgegebenen Change-Durchführungszeiten (Lead Times) aus prioritären Gründen nicht eingehalten werden können. Es handelt sich jedoch nicht um einen Emergency Change.

## Change-Kategorisierung

Es ist auch sinnvoll, eine Kategorisierung der Changes z. B. 1–5 (significant bis low) vorzunehmen. Basierend auf der Einstufung des Changes erhalten die Planungsaktivitäten, wie z. B. Rollback-Lösungen (Backout-Plan) eine entsprechende Wichtigkeit. Zusätzlich ist bei einem Kat. 1 Change eine entsprechend tiefe Analyse und ein vorgängiger Test des Changes unumgänglich.

In vielen Unternehmen werden dazu zwei unterschiedliche Varianten für die Bestimmung der Kategorisierung verwendet.

**Variante 1: Mittels einer Tabelle mit den Achsen „Negative Auswirkung"
und „Eintrittswahrscheinlichkeit" (siehe Tab. 3.32)**

**Tab. 3.32** Change-Kategorisierung (Variante 1)

| Eintrittswahrscheinlichkeit<br>Negative Auswirkung | Tief | Mittel | Hoch |
|---|---|---|---|
| Klein | Kategorie 5<br>(low) | Kategorie 4<br>(minor) | Kategorie 3<br>(medium) |
| Mittel | Kategorie 4<br>(minor) | Kategorie 3<br>(medium) | Kategorie 2<br>(major) |
| Groß | Kategorie 3<br>(medium) | Kategorie 2<br>(major) | Kategorie 1<br>(significant) |

Negative Auswirkung (Impact)
Die Auswirkung beschreibt den potentiellen negativen Einfluss des Changes auf die betroffenen Business IT Services und deren Leistungsbezieher, falls der Change nicht erfolgreich eingeführt werden kann. Meist wird dies basierend auf einem eingetroffenen Ausfall, an der Anzahl möglicher betroffener Leistungsbezieher, der Umsatzverluste und dem potentiellen Image-Verlust beurteilt.

Eintrittswahrscheinlichkeit (Probability)
Die Eintrittswahrscheinlichkeit (Schadenswahrscheinlichkeit) definiert den Erwartungswert, in wie weit es bei und nach der Einführung des Changes zu einer Störung oder Beeinträchtigung kommen kann.

**Variante 2: Mittels verschiedenen, vordefinierten Kriterien
und eines daraus resultierenden Punktesystems**
Alle hier aufgezeigten Werte sind jeweils am entsprechenden Unternehmen und der Informatikkomplexität anzupassen und gelten somit als Richtwerte (siehe Tab. 3.33).

**Tab. 3.33** Change-Kategorisierung (Variante 2)

| 1. Anzahl potentiell betroffener Leistungsbezieher, falls der Change nicht erfolgreich eingeführt werden kann: | Punkte |
|---|---|
| > 500[a] Leistungsbezieher (Benutzer) | 5 |
| 300–500 Leistungsbezieher (Benutzer) | 4 |
| 150–300 Leistungsbezieher (Benutzer) | 3 |
| 1–150 Leistungsbezieher (Benutzer) | 2 |
| 0 Leistungsbezieher (Benutzer) | 1 |
| 2. Involvierte/Betroffene IT Services für die Vorbereitung/Einführung des Changes: | |
| > 5 IT Services involviert/betroffen | 5 |
| 4 IT Services involviert/betroffen | 4 |
| 3 IT Services involviert/betroffen | 3 |
| 2 IT Services involviert/betroffen | 2 |
| 1 IT Service involviert/betroffen | 1 |

**Tab. 3.33** (Fortsetzung)

| 1. Anzahl potentiell betroffener Leistungsbezieher, falls der Change nicht erfolgreich eingeführt werden kann: | Punkte |
|---|---|
| 3. Vorbereitungsaufwand für den Change: | |
|     6 Tage oder mehr | 5 |
|     2 bis 5 Tage | 4 |
|     1 Tag | 3 |
|     < als einen Tag | 2 |
|     1 Stunde oder weniger | 1 |
| 4. Durchführungs-/Implementationsdauer für den Change: | |
|     > 4 Stunden oder ein nicht vereinbartes Wartungsfenster ist nötig | 5 |
|     2–4 Stunden in einem vereinbarten Wartungsfenster | 4 |
|     1–1:59 Stunden in einem vereinbarten Wartungsfenster | 3 |
|     < 1 Stunde in einem vereinbarten Wartungsfenster | 2 |
|     Der Change kann ohne einen Unterbruch durchgeführt werden | 1 |
| 5. Rollback-Aufwand (Wiederherstellungsaufwand): | |
|     Rollback ist sehr schwierig und aufwendig (> 3 Stunden) | 5 |
|     Schwieriger Rollback (2–3 Stunden) | 4 |
|     Moderater Rollback (1–1:59 Stunden oder weniger) | 3 |
|     Einfacher Rollback (unter 1 Stunde) | 2 |
|     Rollback kann sofort gemacht werden (kein Unterbruch) | 1 |
| 6. Auswirkung auf das Geschäft bei einem möglichen, fehlerhaften Change | |
|     Imageverlust und/oder sehr hohe Wiederherstellungskosten | 5 |
|     Hohe Wiederherstellungskosten möglich | 4 |
|     Mittlere Wiederherstellungskosten möglich | 3 |
|     Tiefe Wiederherstellungskosten möglich | 2 |
|     Es ist mit keinen Wiederherstellungskosten zu rechnen | 1 |

[a] Die Anzahl Benutzer richten sich nach der Größe des jeweiligen Unternehmens.

Die Summe der Punktzahl bestimmt die Change-Kategorisierung:

| ≤ 22 | significant | → Kategorie 1 |
|---|---|---|
| 19–21 | major | → Kategorie 2 |
| 15–18 | medium | → Kategorie 3 |
| 11–14 | minor | → Kategorie 4 |
| 6–10 | low | → Kategorie 5 |

## Change-Durchführungszeit (Lead Times)

Basierend auf den verschiedenen Change-Kategorien empfiehlt es sich, vordefinierte Lead Times zu etablieren. Mit diesen vorgegebenen Zeiten wird sichergestellt, dass der Informatik genügend Zeit bleibt, um alle notwendigen Aktivitäten, wie z. B. Analysen, Genehmigungen, Tests oder die Vorbereitung eines Backout-Planes auszuführen.

Die untenstehende Darstellung zeigt die verschiedenen Zeiten in der Change-Abwicklung in einer grafischen Form, um alle wichtigen Elemente darstellen zu können (siehe Abb. 3.29).

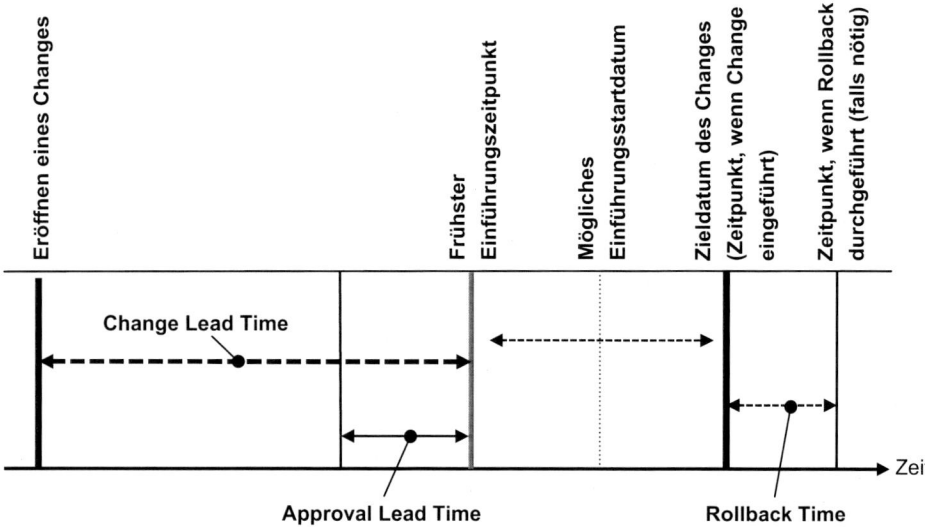

**Abb. 3.29**  Zeitenverlauf eines Changes

Diese kann im Rahmen einer Prozessschulung für die einzelnen Rollenträger sehr nützlich sein, um ein besseres Verständnis betreffend den verschiedenen Zeiten zu bekommen.

Je Kategorie sind die „Change Lead Time" und die „Approval Lead Time" für das entsprechende Unternehmen zu definieren. Die in Tab. 3.34 gezeigten Werte sind als Richtwerte in Arbeitstagen (AT) zu verstehen.

**Tab. 3.34**  Change Lead Time und Approval Lead Time

| Change-Kategorie | Kat. 1 Significant | Kat. 2 Major | Kat. 3 Medium | Kat.4 Minor | Kat. 5 Low |
|---|---|---|---|---|---|
| **Lead Times** | | | | | |
| Change Lead Time | 16 AT | 10 AT | 3 AT | 2 AT | – (*) |
| Approval Lead Time | 4 AT | 2 AT | 1 AT | Gleicher Tag | – (*) |

(*) Standard-Changes werden als Kategorie 5 Changes abgehandelt. Eine Lead Time und Approval Lead Time sind nicht fix definiert. In den meisten Fällen sind es Aufträge, welche über den Service Request Fulfillment-Prozess abgewickelt werden. Es empfiehlt sich, dort die entsprechenden Erbringungszeiten festzulegen.

## Vorgegebene Tests im Bereich des Change Managements

Stehen verschiedene Testumgebungen zur Verfügung, werden die zu durchlaufenden Tests je Change-Kategorie und Change-Typ definiert.

Wird der Change über das Release Management abgewickelt, so werden die entsprechend benötigten Tests im Release Management respektive im Service Validation und -Testing festgelegt.

### Change Advisory Board (CAB)

Das Change Advisory Board ist ein sehr wichtiges Gremium, welches sich regelmäßig (z. B. wöchentlich) trifft, um den Change Manager bei der Bewertung, Planung und Freigabe der Changes zu unterstützen.

Ziele des CAB sind:

- Überprüfung der laufenden/geplanten Changes (z. B. Wurden die Change-Kategorien richtig gesetzt? Stimmt die Planung?)
- Genehmigen oder Zurückweisen von geplanten Changes
- Review von nicht erfolgreichen und verspäteten Changes, Lessons Learned und falls nötig Einleiten von korrektiven Aktionen

Das CAB wird durch den Change Manager geführt. Mitglieder können betroffene Business IT Service Owner (Leistungsbezieher Vertreter), Business IT Service Manager, IT Service Provider, IT-Architekten, Spezialisten, Entwickler und Drittanbieter sein. Falls die definierten Personen nicht teilnehmen können, so sind entsprechende Stellvertretungen zu nominieren.

Für Emergency Changes kann es sinnvoll sein, ein Emergency CAB (ECAB) zu etablieren, welches aus einem Change Manager-, Business IT Service Manager-, IT Service Provider- und einem IT Manager On Duty besteht, um die zeitkritischen Changes so schnell als möglich freizugeben.

### Post Implementation Review (PIR)

Um die Qualität des Change Management-Prozesses zu überwachen, empfiehlt es sich, Post Change Ratings für die wichtigsten Change-Kategorien z. B. 1 und 2 durchzuführen.

Das hier vorgestellte Punkte-Rating basiert auf verschiedenen Bewertungskriterien. Wenn das Kriterium zutrifft, dann werden die aufgeführten Punktewerte von einem Startwert (100) abgezogen. Die in Tab. 3.35 aufgeführten Subtraktionswerte sind von Unternehmung zu Unternehmung unterschiedlich.

**Tab. 3.35**  Punkte-Rating für Change Post Implementation Review (PIR)

| Change-Kategorie | Kat. 1 | Kat. 2 | Kat. 3 | Kat. 4 |
|---|---|---|---|---|
| **Bewertungskriterium** | | | | |
| Es wurde kein Backout-Plan vor der Change-Ausführung erstellt | −10 Punkte | −7 Punkte | −4 Punkte | −1 Punkte |
| Ein Rollback (Wiederherstellung) war nach der Change-Einführung nötig | −8 Punkte | −6 Punkte | −4 Punkte | −2 Punkte |
| Die Change-Kategorie wurde nicht richtig ermittelt, sie wurde zu tief eingestuft | −9 Punkte | −9 Punkte | −9 Punkte | −9 Punkte |
| Die Change-Kategorie wurde nicht richtig ermittelt, sie wurde zu hoch eingestuft | −2 Punkte | −2 Punkte | −2 Punkte | −2 Punkte |
| Die Dokumentation des Changes war ungenügend | −2 Punkte | −2 Punkte | −1 Punkt | −1 Punkt |
| Das Ziel des Changes wurde nicht erfüllt | −5 Punkte | −4 Punkte | −3 Punkte | −2 Punkte |
| Der Change war nicht genehmigt | −8 Punkte | −6 Punkte | −4 Punkte | −2 Punkte |
| Der Change wurde nicht zum vereinbarten Zeitpunkt ausgeführt | −5 Punkte | −4 Punkte | −3 Punkte | −2 Punkte |
| Die Change-Ausführung endete in einem Incident | −8 Punkte | −6 Punkte | −4 Punkte | −2 Punkte |
| Der eingeführte Change verursachte eine SLA-Verletzung | −15 Punkte | −15 Punkte | −15 Punkte | −15 Punkte |
| Der Change wurde als eine „Exception" oder „Expedited" Change ausgeführt[a] | −5 Punkte | −4 Punkte | −3 Punkte | −2 Punkte |

[a] nur nötig, falls dieser Change-Typ eingesetzt wird

**Ein Beispiel**  Bei einem durchgeführten Kategorie 1 Change wurde festgestellt, dass kein Backout-Plan erstellt wurde (minus 10 Punkte), die Change Dokumentation ungenügend war (minus 2 Punkte) und der Change zu hoch eingestuft wurde (minus 2 Punkte). Somit ist das erzielte Resultat 86 von 100 Punkten. Diese Bewertung kann als KPI verwendet werden und zeigt die qualitative Einhaltung des CHM-Prozesses.

## Mögliche Prozessrollen und ihre Zuteilung

In ITIL® sind für den Change Management-Prozess nur zwei Rollen (Change Manager und das CAB) vorgesehen. In Beratungsmandaten hat sich gezeigt, dass diese beiden Rollen bei mittleren und größeren Unternehmen nicht ausreichen. Aus diesem Grund werden hier weitere mögliche Rollen im CHM aufgeführt. Falls sinnvoll, können diese auch zusammengelegt werden.

Die hier aufgeführte Rollenbesetzung basiert auf der Abwicklung eines „Normal"-Changes. Bei einem Emergency Change werden oft verschiedene Rollen aufgrund des

Zeitdrucks oder aufgrund von Abwesenheiten der Rollenträger von der gleichen Person wahrgenommen.

- Change Requestor (Diese Prozessrolle ist nicht Teil von ITIL®)
  - Aufgabe
    - Erstellen eines vollständigen RFCs.
  - Besetzung
    - Kann jede Person innerhalb und außerhalb der IT sein.
- Change Analyst (Diese Prozessrolle ist nicht Teil von ITIL®)
  - Aufgabe
    - Hat inhaltliche Fachkenntnisse (technisch oder geschäftsorientiert), um die Auswirkungen der vorgeschlagenen Änderungen zu verstehen.
    - Unterstützt den Change Owner bei der Einstufung der Change-Kategorisierung und der Terminierung des Changes.
  - Besetzung
    - Spezialisten aus den verschiedenen IT Service Provider-Organisationen. In einigen Unternehmen ist es auch das Management, welches die Verantwortung für die betroffenen IT Services hat.
- Change Owner (Diese Prozessrolle ist nicht Teil von ITIL®)
  - Aufgabe
    - Verifiziert/Analysiert den RFC und das bereits erstellte Change-Ticket.
    - Legt den Change-Typ und die Kategorisierung fest.
    - Erstellt einen Plan für die Einführung des Changes.
    - Definiert, wer die Implementation des Changes ausführt.
    - Bereitet alle Informationen für die Genehmigung des Changes vor und erstellt eine Genehmigungsempfehlung.
    - Koordiniert und verifiziert die Änderungseinführung.
    - Stellt sicher, dass das Change-Ziel erreicht wird.
    - Markiert den Change als ausgeführt oder geschlossen.
  - Besetzung
    - Diese Rolle kann von jeder Person innerhalb der Betriebs- oder der Entwicklungsorganisation wahrgenommen werden.
- Change Assessor (Diese Prozessrolle ist nicht Teil von ITIL®)
  - Aufgabe
    - Überprüft die Richtigkeit der Change-Informationen
    - Genehmigt oder weist den Change zurück
  - Besetzung
    - In den meisten Unternehmen ist dies das CAB (siehe Abschn. 3.4.9). In weltweit tätigen Unternehmen kann auch ein elektronischer Workflow des Change Management Tools genutzt werden, um alle nötigen Genehmigungen einzuholen, da bei einer Zeitverschiebung nicht immer alle nötigen CAB-Mitglieder anwesend sein

können. Das CAB als letzte und höchste Genehmigungsstelle entscheidet basierend auf den zuvor eingeholten Approvals, die Freigabe des Changes.

- Change Manager (ITIL® Prozessrolle)
  - Aufgabe
    - Validiert, akzeptiert oder weist den RFC zurück
    - Falls nicht automatisch erfolgt, so kann er das Change-Ticket mit der Typisierung und Kategorisierung des Changes eröffnen oder er delegiert dies an den Owner
    - Weist das Change-Ticket einem Owner zu
    - Leitet das CAB/ECAB
    - Erstellt den Vorschlag zur Genehmigung des Changes
    - Führt vielfach den Post Implementation Review durch und schließt das Change-Ticket final (falls erwünscht)
    - Überwacht alle offenen Changes und leitet nötigenfalls Sicherstellungsmassnahmen ein
  - Besetzung
    - Diese Rolle wird oft von einer zentralen Stelle in der Informatik wahrgenommen. Bei größeren Unternehmen wird die Rolle basierend auf verschiedenen, getrennten IT-Bereichen auf mehrere Personen verteilt.

## Messkennzahlen für die Überwachung des Prozesses

**Tab. 3.36** KPIs CHM-Prozess

| KPI | Beschreibung | Definition Grün | Definition Gelb | Definition Rot |
|---|---|---|---|---|
| Nicht autorisierte Changes | Prozentuale Anzahl von ausgeführten Changes, welche nicht genehmigt wurden oder nicht über den Change Management-Prozess abgewickelt wurden, im Verhältnis zu den durchgeführten Changes | < 1 % | 1 %–5 % | > 5 % |
| Emergency Change | Prozentuale Anzahl Emergency Changes im Verhältnis zu den durchgeführten Changes | < 7 % | 7 %–15 % | > 15 % |
| „Exception" oder „Expedited" Changes | Prozentuale Anzahl „Exception" oder „Expedited"Changes im Verhältnis zu den durchgeführten Changes | < 10 % | 10 %–20 % | > 20 % |
| Nicht erfolgreiche Changes | Prozentuale Anzahl nicht erfolgreicher Changes im Verhältnis zu den durchgeführten Changes | < 3 % | 3 %–8 % | > 8 % |
| Change-Qualität-Rating | Ermitteln des durchschnittlichen Ratings über alle eingeführten Changes in einer Periode basierend auf dem Post Implementation Review | 91–100 | 80–90 | < 80 |

**Tab. 3.36** (Fortsetzung)

| KPI | Beschreibung | Definition Grün | Definition Gelb | Definition Rot |
|---|---|---|---|---|
| **Weitere informative Kennzahlen für Vergleiche** | | | | |
| Anzahl der einge-gangenen RCFs | Total Anzahl der eingegangenen RCFs | | nn | |
| Anzahl durchgeführter Changes | Total Anzahl der durchgeführten Changes. Nach Change-Typ und Kategorie geordnet | Normal: Kat. 1 nn, Kat. 2 nn … | | |
| | | Emergency: Kat. 1 nn, Kat. 2 nn … | | |
| | | Standard: Kat. 5 nn | | |
| CHM-Aufwand Manager-Rolle | Erheben des rapportierten Aufwands für den Change Manager (Total aufge-wendete Std.) | | nn Std. | |

Alle KPIs werden für die entsprechende Rapportierungsperiode ausgewiesen. Mit diesem QR-Code können Sie ein Feedback für Abschn. 3.4.9 abgeben.

### 3.4.10  Service Asset and Configuration Management (Service Transition)

Aus einer Daten und Informationsperspektive, ist der „Service Asset and Configuration Management" (SACM)-Prozess das Herz der ganzen Informatik. Er stellt sicher, dass alle Konfigurationsinformationen aller Elemente der IT-Infrastruktur auf dem aktuellen Stand sind. Mittels einer Configuration Management-Datenbank (CMDB) oder verschiedenen verteilten CMDBs wird allen Prozessen eine End to End-Sicht auf Stufe der Business IT Services zur Verfügung gestellt.

Fehlt diese Information, so hat das eine Auswirkung auf alle anderen Prozesse, welche diese Information nutzen, wie z. B.

- Event Management: Beurteilung des Events ist nur bedingt möglich
- Incident Management: Priorisierung des Incidents wird schwierig, Lösungsfindung wird erschwert, da Zusammenhänge von Komponenten oder IT Services nicht verfügbar sind.

- Change Management: Eine Bestimmung der Change Kategorie, respektive die Risikoeinstufung sowie die Auswirkung ist ohne eine End to End-Sicht bis zur Stufe der Business IT Services sehr schwierig, wenn nicht unmöglich.
- Availability Management: Verfügbarkeit kann nicht richtig geplant werden oder End to End-Verfügbarkeit kann nicht ausgewiesen werden, da nicht bekannt ist, wie einzelne IT-Komponenten miteinander verknüpft sind.
- Capacity Management: Die Kapazitätsplanung kann nur rudimentär erfolgen, da wichtige Zusammenhänge nicht ersichtlich sind.
- SLA Reporting und/oder OLA Reporting kann nicht oder nur rudimentär erfolgen, da eine End to End-Sicht bis zu Business IT Services fehlt oder die verschiedenen IT-Komponenten nicht mit dem entsprechenden IT Service verknüpft sind.
- Financial Management: Was effektiv ein Business IT Service kostet, ist schwer ermittelbar. Die entsprechende Verrechnung wird dafür meist basierend auf den Richtgrößen vollzogen.

Obschon all diese Probleme und Schwierigkeiten bekannt sind, haben leider nur sehr wenige Unternehmen eine serviceorientierte CMDB etabliert.

**Prozessinhaltsbeschreibung mit den wichtigsten Schritten**
Die aufgeführten Prozessschritte orientieren sich grundsätzlich am Konfigurationsbereich des Prozesses. Auf den Asset-Bereich wird in diesem Buch nicht vertieft eingegangen, da ein Asset eine Untergruppe der Configuration Items darstellt und die Prozessschritte die gleichen sind. Assets bilden das Anlagevermögen der Unternehmung, haben einen Anschaffungswert und werden basierend auf den Finanzregeln des Unternehmens abgeschrieben. Vielfach wird das Asset Management vom entsprechenden Finanzgeschäftsprozess übernommen, da neben dem IT Asset auch weitere Anschaffungen (z. B. eine Produktionsmaschine) abgeschrieben werden müssen.

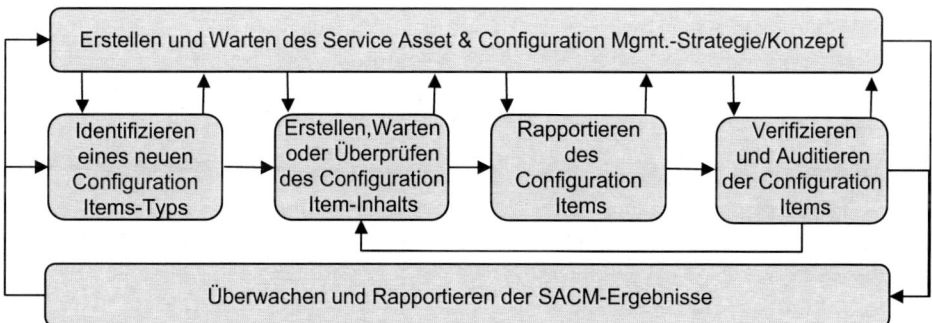

**Abb. 3.30** Service Asset and Configuration Management-Prozess

- **Erstellen und Warten der/des Service Assets and Configuration Management-Strategie/Konzepts**

  In diesem Prozessschritt wird die SACM-Strategie, respektive das Konzept erstellt. Dieses Dokument definiert, auf welcher Stufe das Configuration Management erfolgen soll und wie das CMDB Design aussieht. Zusätzlich wird auch definiert, wer für welche Configurations-Informationen verantwortlich ist.

- **Identifizieren eines neuen Configuration Item (CI)-Typs**

  Hier erfolgt die Identifikation, Definition und Integration von neuen CI-Typen. Es wird die Beziehung und die Position des entsprechenden CI-Typs sowie alle entsprechenden Attribute und deren Zuständigkeiten definiert.

- **Erstellen, Warten oder Überprüfen des Configuration Item-Inhalts**

  Dieser Prozessschritt heißt in den ITIL® Handbüchern „Configuration Control", da ITIL® davon ausgeht, dass das Aufdatieren der Configuration-Informationen in anderen Prozessen, wie z. B. im Change Management, erfolgen sollte. Aus Sicht des Autors ist es jedoch sinnvoll, die Aktivität des Erstellens und Wartens der CIs in einer „Configuration-Datenbank (Bewegungsdaten)"[9] als zentralen Prozessschritt im SACM aufzuführen. Aus diesem Grund wird dieser Prozessschritt hier zutreffender mit dem Titel „Erstellen, Warten oder Überprüfen des Configuration Item-Inhalts" bezeichnet. Dies insbesondere auch deshalb, weil in diesem Schritt die Ersterfassung oder Nachführung des CIs inkl. des Inhalts erfolgt. Das heißt, dass hier die IT-Mitarbeiter bei der Ausführung eines Changes, der z. B. eine defekte Netzwerkbox ersetzt, alle CI-Informationen, welche sich durch den Ersatz verändert haben, entsprechend anpassen. Falls die Anpassung durch Tools automatisiert erfolgt, so wird die Information durch den zuständigen Rollenträger entsprechend überprüft.

  Da oft für die verschiedenen CI-Attribute unterschiedliche Informatikgruppen verantwortlich sind, z. B. Betrieb, Security/Compliance, Business IT Service Manager, empfiehlt es sich, einen Workflow für die Erfassung von neuen CIs und deren Inhalte zu etablieren.

  Eine Anpassung des CI-Inhalts darf jedoch nicht ohne das Durchlaufen einer der folgenden Prozesse:
  - Change Management oder
  - Release Management oder
  - Access Management oder
  - Software License Management erfolgen.

  Zu Recht werden nun einige Leser hier Einspruch erheben, da z. B. auch ein Service-Katalogeintrag ein CI sein kann, der Update des Service-Katalogs jedoch nicht über den SACM-Prozess erfolgt.

---

[9] Wie der Begriff „Configuration-Datenbank (Bewegungsdaten)" zu verstehen ist, ist im Abschn. 3.4.10 beschrieben.

- **Rapportieren des Configuration Items**
  In diesem Prozessschritt wird der Lebenszyklus eines CIs überwacht. Es werden verschiedene Reports oder auch Ansichten (z. B. eine End To End Business IT Service zu IT-Komponentenansicht) über einzelne CIs und bei Bedarf, über ganze CI-Hierarchien erstellt. Diese werden anderen Prozessen zur Verfügung gestellt.
- **Verifizieren und Auditieren der Configuration Items**
  Mittels Verifikationen und Audits wird sichergestellt, dass die aktuelle Konfiguration in der Datenbank der effektiven Realität entspricht. Bei vielen Unternehmen verläuft die Erkennung von Unterschieden automatisiert durch verschiedene Tools (z. B. IBM Tivoli Application Dependency Discovery Manager). Basierend auf den erkannten Unterschieden werden entsprechende Korrekturmaßnahmen eingeleitet.
- **Überwachen und Rapportieren der SACM-Ergebnisse**
  In diesem Prozessschritt werden die SACM-Arbeiten überwacht und benötigte Reports erstellt.

### Prinzipien

Mögliche Prinzipien, welche wichtige Leitplanken für die Einführung und Nutzung des SACM-Prozesses bilden:

- Die Configuration Management Database (CMDB)-Lösung muss eine Service-Dekomposition von Business IT Services über IT Services bis zu den CIs unterstützen
- Jede Veränderung der Informatikumgebung ist, falls es ein CI mit den entsprechenden Attributen gibt, in einer CMDB nachzuführen
- Mittels periodischen Audits ist die Qualität der CMDB-Daten sicherzustellen
- Für jedes CI und CI-Attribut ist ein Verantwortlicher definiert, welcher die Datenkonsistenz sicherstellt. Wo möglich, ist das Sammeln und Verwalten von Konfigurationsinformationen zu automatisieren
- Die Pflichtattribute eines CIs müssen jährlich durch den CI-Attributsverantwortlichen (dies wird durch die Prozessrolle „Configuration Librarian" wahrgenommen) validiert werden

### Problematik des SACM-Prozesses und der CMDB Implementation

Wie bereits in der Prozesseinleitung beschrieben, haben viele Unternehmen bisher keine serviceorientierte CMDB eingeführt. Aus Sicht des Autors gibt es dazu verschiedene Gründe. Auf der einen Seite ist dieses Thema sehr komplex, auf der anderen Seite scheuen sich viele Unternehmen, den damit verbundenen Aufwand einer möglichen Datenkorrektur in Angriff zu nehmen. Doch wenn Unternehmen sich entschieden haben, den SACM-Prozess mit einer serviceorientierten CMDB (dies können natürlich auch verschiedene CMDBs sein, welche mittels Schlüsseln verbunden sind) aufzubauen, so zeigt sich nach der Etablierung und Richtigstellung der Daten schnell eine Reduktion von Arbeitsaufwand mit entsprechender Einsparungen. Dies ist jedoch nur möglich, wenn die Anzahl der definierten CI-Typen und ihre Attribute auf einen verwaltbaren Bereich gehalten werden und der Kosten/Nutzenaspekt beim Aufsetzen einer CMDB berücksichtigt wird.

Zwei wichtige Punkte sind zu definieren:

1. Welche Informationen sind wo abgelegt?
2. Welcher Prozess oder welche Prozesse pflegen welche Daten?

**Welche Informationen sind wo abgelegt?** Nach ITIL® sind alle Daten und Informationen im Configuration Management-System abgelegt. Dabei werden verschiedene Layer unterschieden:

* Presentation Layer
* Knowledge Processing Layer
* Information Integration Layer (dieser Layer beinhaltet z. B. den Service-Katalog)
* Data und Information Sources/Tool Layer (dieser Layer beinhaltet z. B. die physischen CMDBs)

Folgende Unterteilung von zwei Datengruppen erscheint dem Autor wesentlich einfacher und damit verständlicher:

* Stammdaten/Referenzdaten (Master Data/Core Data)
* Bewegungsdaten (Update Data oder Transaction Data)

Unter den Stammdaten können der Service-Katalog, Mitarbeiterstamm, Leistungsbezieherorganisations-DB, Finanzkostenart/-kostentypen-DB etc. zusammengefasst werden. Sie bilden die Grundlage für die Bewegungsdaten. Diese Daten werden angelegt und haben einen längeren Änderungszyklus.

Die Bewegungsdaten sind dagegen dynamisch und haben gegenüber den Stammdaten eine zeitlich begrenztere Lebensdauer oder einen kürzeren Änderungszyklus. Typischerweise ist dies die Datenbank, welche die Configurations-Information der aktuellen IT-Umgebung reflektiert. Es kann auch eine Projekt-DB oder eine Media Library sein.

**Stammdaten vs. Bewegungsdaten**

* Ein Beispiel aus dem Handelsbereich:

Ein Unternehmen verschickt regelmäßig einen Produktkatalog (dieser basiert auf den Produktstammdaten). Der Kunde (da dieser schon mehrfach bestellt hat, ist er als Kunde im Kundenstamm (Stammdaten) aufgenommen) bestellt ein Produkt. Basierend auf der Bestellung (Bewegungsdaten) wird eine Rechnung ausgelöst (Bewegungsdaten) und mit dem Produkt versandt. Als letzter Schritt wird die Bestellhistorie (Bewegungsdaten) des Kunden nachgeführt.

- Ein Beispiel aus der Informatik (Outsourcing):

Ein Outsourcer bieten seinen Kunden verschiedene Business IT Services basierend auf dem Service-Katalog (Stammdaten) an. Ein Kunde (da dieser bereits schon einen Outsourcing Service vom Outsourcer nutzt, ist als Kunde im Kundenstamm (Stammdaten) aufgenommen) entscheidet sich nun für einen weiteren Business IT Service, nämlich den „FI/CO Service". Basierend auf dem Vertrag (dieser kann im Sourcing-Umfeld durch die längere Laufzeit schon als Stammdaten betrachtet werden) wird die monatliche Rechnung ausgelöst (Bewegungsdaten), der Business IT Service wird aufgebaut und betrieben. Welche IT-Komponenten (inkl. deren Konfiguration) nötig sind, um den Business IT Service zu betreiben, ist in der Configuration-Datenbank (Bewegungsdaten) abgelegt.

Die zuletzt aufgeführte Datenbank „Configuration-Datenbank (Bewegungsdaten)" ist aus Sicht des Autors die **Configuration-Datenbank**, da diese die Konfiguration der für den Kunden eingesetzten Informatikumgebung aufzeigt. Und nun stehen wir vor einem Problem-basierend auf ITIL® sind die meisten Daten in einer oder mehreren Configuration Management DBs abgelegt oder werden auf dem Information Layer zur Integrated Configuration Management DB konsolidiert.

Erfahrungsgemäß ist das Verständnis für das ganze Konstrukt nicht sehr verbreitet und die Umsetzung deshalb quasi inexistent.

**Welcher Prozess oder welche Prozesse pflegen welche Daten?**  Dass es Stammdaten und Bewegungsdaten gibt, ist für alle Beteiligten rasch und einfach nachvollziehbar. In der Informatik kann die Aussage getroffen werden, dass Stammdaten immer vom zuständigen Prozess gepflegt werden, z. B.:

- werden Business IT Service-Einträge vom Service Catalog Management-Prozess gepflegt,
- SLAs werden vom Service Level Management-Prozess gepflegt oder
- IT-Kostenarten vom Financial Management-Prozess.

Und die Configuration-Datenbankinformationen (Bewegungsdaten) werden durch den SACM-Prozess gepflegt.

Im nächsten Kapitel wird anhand zweier Datenbankmodelle aufgezeigt, wie eine solche Configuration-Datenbank (Bewegungsdaten) aufgebaut werden kann und wie diese DB mit den Stammdaten in Verbindung steht.

### Zwei Datenbank Modelle für den Aufbau einer serviceorientierten Configuration-Datenbank (Bewegungsdaten)

Beide Modelle basieren auf dem Bestreben, eine End to End-Sicht ausgehend von der Stufe der Business IT Services bis zu den einzelnen IT-Komponenten oder dem Rechenzentrum zu ermöglichen. Bei beiden Modellen ist das hierarchisch höchste CI immer der entsprechende Business IT Service.

Beide unten aufgeführte Modelle basieren auf der Annahme, dass es ein 1 : 1 Verhältnis von Business IT Services zu SLAs gibt, um die Darstellung etwas zu vereinfachen.

**Modell 1: Mit einer Service-Struktur und nachfolgenden CIs**  Beispiel einer Configuration-Datenbank (Bewegungsdaten) eines Versicherungsunternehmens (siehe Abb. 3.31).

In diesem Modell erfolgt in einem ersten Schritt die Service-Dekomposition, das heißt nach dem Business IT Service werden in der Dekomposition alle benötigten IT Services in der Hierarchie verbunden. Als Informationslieferant zum Serviceangebot dient der Service-Katalog. Wurde ein IT Service im Service-Katalog als „Retired" markiert, so steht dieser nicht mehr in der Configuration-Datenbank (Bewegungsdaten) für eine Dekompositionsverknüpfung zur Auswahl. Aus dem Service-Katalog kann kein Service gelöscht werden, solange dieser noch in einer Dekomposition in der Configuration-Datenbank (Bewegungsdaten) verwendet wird.

Hinter jeder IT Service-Option werden die verschiedenen CIs mit ihren Attributen aufgenommen. In unserem Beispiel werden hinter der IT Service-Option „Windows Standalone Option: High Ava./High Perf." alle Windows Standalone Server mit ihren Attributen erfasst, welche für den Business IT Service „Schadensabwicklung" benötigt werden. Unter dem Server CI können weitere Cis, wie das Betriebssystem oder Software-Produkte mit ihren jeweiligen Attributen aufgeführt werden.

Aus Sicht des Autors ist dies das optimale Modell, wenn eine serviceorientierte Configuration-Datenbank (Bewegungsdaten) neu in der Informatik etabliert wird.

▸   **Hinweis** Auch Business IT Services und IT Service-Optionen werden als CI-Typen in der CMDB geführt. Die Wartung der Inhalte dieser Typen erfolgt jedoch im Service-Katalog.

**Modell 2: Das ranghöchste CI ist der Business IT Service, alle darunter liegenden CIs sind IT-Komponenten/-Elemente**  Dieses Modell wird bei Kunden angewendet, welche bereits eine CMDB ohne eine Service-Orientierung etabliert haben und nachträglich eine Service-Orientierung ohne ein totales Neu-Design der CMDB einbauen möchten (siehe Abb. 3.32).

In diesem Modell werden die bestehenden CIs in der CMDB genutzt. In der Regel bestehen bereits hierarchische Verknüpfungen der CIs bis auf die Stufe der Geschäftsanwendungen.

In einem ersten Schritt wird ein neuer CI-Typ „Business IT Service" etabliert und mit den entsprechenden Business IT Services aus dem Service-Katalog verbunden z. B. Schadensabwicklung. Danach werden die dazugehörigen Geschäftsanwendungen mit dem Business IT Service „Schadensabwicklung" verbunden. Ab diesem Zeitpunkt besteht in der „Configuration-Datenbank (Bewegungsdaten)" eine erste Dekomposition eines Business IT Services zu den entsprechenden CIs. Gleichzeitig profitieren ab diesem Zeitpunkt verschiedene Prozesse, wie das Change Management, Incident Management, Event Management oder auch das SLA Reporting, von dieser Business IT Service End to End-Darstellung.

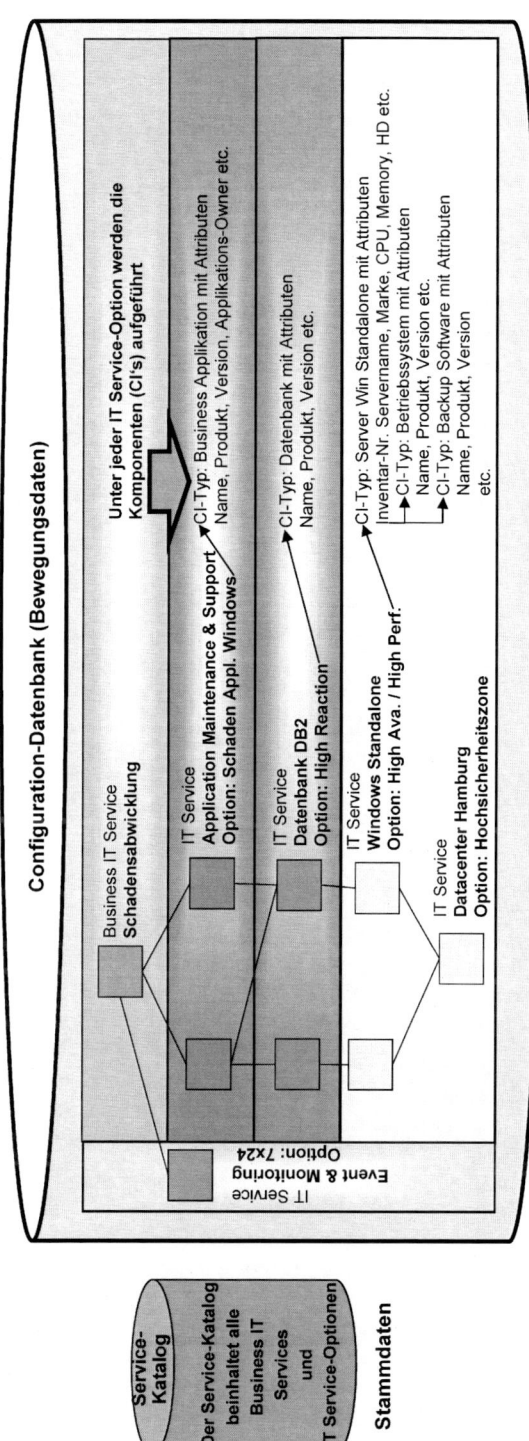

**Abb. 3.31**  Configuration-Datenbank (Bewegungsdaten) Modell 1

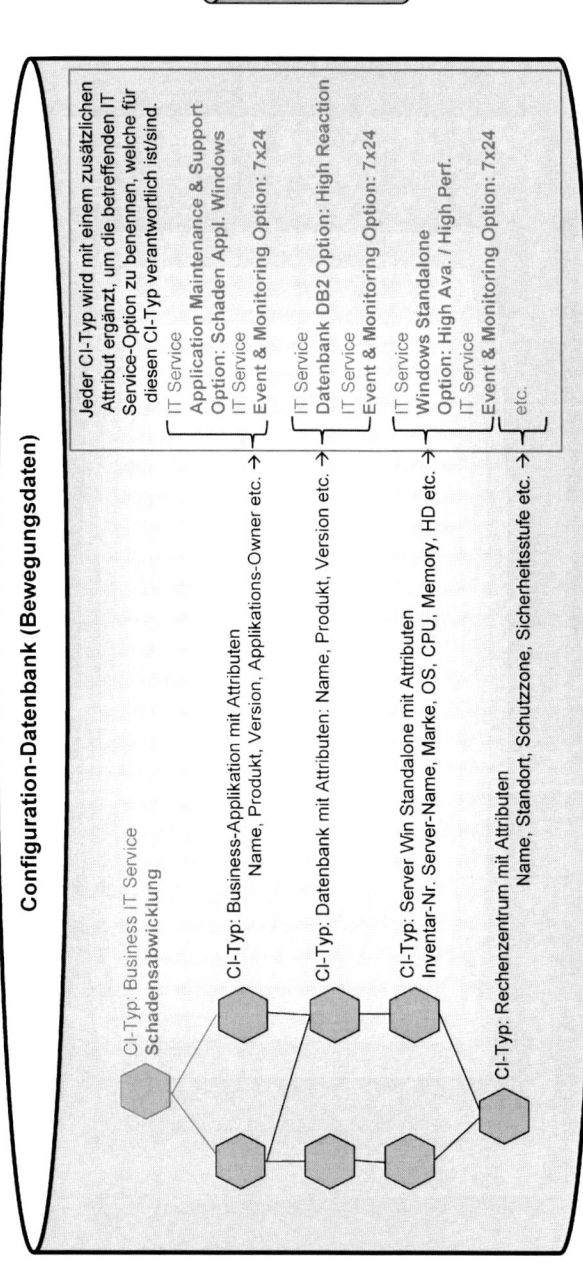

**Abb. 3.32** Configuration-Datenbank (Bewegungsdaten) Modell 2

Im zweiten Schritt werden die IT-Komponenten oder IT-Elemente (CIs) mit zusätzlichen Attributen versehen. Dies erlaubt die entsprechenden zuständigen IT Service-Optionen, welche im Service-Katalog als Stammdaten abgelegt sind mit diesen CIs zu verbinden. In der oben aufgeführten Abbildung ist das CI der Business-Applikation mit zwei IT Service-Optionen verbunden, nämlich mit „Application Maintenance and Support Option: Schaden Appl. Windows" und der IT Service-Option „Event and Monitoring Option: $7 \times 24$".

Möglicherweise entstehen für den Leser nun zwei Fragen:

1. Wieso wird das CI mit einer IT Service-Option verbunden und nicht nur mit dem IT Service?

Der Grund dafür liegt an der Stelle, an der die Service Levels definiert sind. Das hier im Buch vorgestellte Konzept geht davon aus, dass die Service Levels wie Verfügbarkeit, Service-Zeit etc. auf der Option definiert werden. Ohne diese Option wäre nicht bekannt, welche Service Levels für das entsprechende CI Gültigkeit haben.

2. Wieso wird das CI mit mehreren IT Service-Optionen verbunden?

Da dieses Modell die CIs in der Dekomposition nutzt und für diese CIs vielfach von verschiedenen IT Service-Optionen Dienstleistungen erbracht werden, ist es zwingend notwendig, eine Verbindung zu mehreren IT Services und deren Optionen vorzunehmen. Nehmen wir als Beispiel das CI „Business-Applikation". Die Schadensanwendung, welche unter diesem CI aufgeführt wird, wird von einem zentralen Team überwacht. Dies bedeutet, dass dieses Team die IT Service-Option „Event and Monitoring Option: $7 \times 24$" ausführt, um einen Event in der Anwendung zu erkennen und erste Aktivitäten zu unternehmen. Kann das Event and Monitoring Team den Event und den daraus resultierenden Incident nicht lösen, da es sich beispielsweise um einen Programmfehler handelt, so kommt das zweite Team, welches die Verantwortung für die zweite IT Service-Option „Application Maintenance and Support Option: Schaden Appl. Windows" inne hat, zum Zug. Da auch diese IT Service-Option Service Levels hat, ist die Service-Zeit, wie auch die Reaktionszeit etc. für ihre Leistung genau beschrieben.

Mittels dieser Zuteilung der IT-Service-Optionen ist sichergestellt, dass die Grundlage der Leistungsmessung für alle IT Services und deren Optionen gegeben ist. Ohne diesen zweiten Schritt ist die Messung der OLA-Erreichung fast unmöglich.

Dies sind zwei Grundmodelle, um eine Service-Orientierung in der CMDB zu etablieren. Es gibt auch andere Möglichkeiten, um dies zu erreichen, aber im Grunde genommen handelt es sich meist um eines dieser beiden Modelle.

▸    **Hinweis**  Ohne eine Service-Orientierung der Configuration-Datenbank (Bewegungsdaten) kann das IT Service Management nicht optimal gelebt werden und es werden immer wieder Schwierigkeiten auftreten, welche am Anfang dieses Kapitels beschrieben wurden.

**Inhalt SACM-Strategie/Konzept**

Das SACM-Strategie-/Konzeptdokument beinhaltet verschiedene Arten von Informationen. Auf der einen Seite haben diese eine strategische Ausrichtung und auf der anderen Seite enthalten sie konzeptionelle Aspekte, um die SACM -Lösung umzusetzen. Daraus resultiert der entsprechende Name. Es ist aber jederzeit möglich, aus diesem Dokument zwei unterschiedliche Dokumente zu erstellen.

- Name der SACM-Strategie/Konzept, Version, Datum und Änderungshistorie
- Verantwortlicher für diese Strategie/Konzept
- SACM-Prinzipien
- Definition, welche Daten/Informationen als Stammdaten und welche als Bewegungsdaten klassifiziert werden
- Definition, welche Prozesse welche Daten/Informationen verwalten, Name der Datenbank, Kategorisierung und Verifikationszyklus (siehe Tab. 3.37)

**Tab. 3.37**   Definition, welche Prozesse welche Daten/Informationen verwalten

| Prozess der die Daten verwaltet | Verwaltete Daten | Datenbank oder Dateiname | Klassifikation der Daten[a] | Verifikations-zyklus |
|---|---|---|---|---|
| Service Catalog Management | Business IT Services und IT Service-Optionen | Service-Katalog | Intern | Mittel |
| Service Level Management | SLAs | SLA-DB | Intern | Mittel |
| Operational Level Management | OLAs | OLA-DB | Intern | Mittel |
| Service Asset and Configuration Management | Configuration-Datenbank (Bewegungs-daten) | CMDB (Bewegungs-daten) | Intern | Hoch |
| Service Asset and Configuration Management | Asset-Datenbank (Bewegungsdaten) | Asset-DB | Vertraulich | Mittel |
| etc. | … | … | … | … |

[a] Die Klassifizierung basiert auf den Vorgaben aus der Security Policy, Sektion: Security Standards.

- Beschreibung der Kriterien für die Bildung von neuen CIs
  - Was ist ein CI und was ist keines (z. B. keine CIs sind: Incident-Ticket, SLA, Vertrag)
- Beschreibung der CIs und ihrer Hierarchie
  - Werden Haupttypen verwendet? (Service, Hardware, Software, Gebäude etc.)
  - Gibt es Untertypen? (Server, Drucker, Scanner etc.)
    (vielfach eine grafische Darstellung wie die CIs in Verbindung zueinander stehen)
- Definition, welche IT-Komponenten als Asset geführt werden

- Labeling-Vorschriften für Assets
  - Welche Assets müssen mit einem Label versehen werden?
  - Wo wird das Label angebracht?
  - Was ist der Label-Inhalt? (z. B. Inventarnummer und Systemname)
- Informationen zur Wartung der/des SACM-Strategie/Konzepts
- Ablageort der SACM-Strategiekonzept
- Auflistung der Rollen/Funktionen, welche das SACM-Strategiekonzept abnehmen

## Wie kann ein Datenfriedhof vermieden werden

In vielen Unternehmen ist die CMDB ein Datenfriedhof mit teils aktuellen Attributen, jedoch auch mit zahlreichen veralteten Informationen, von denen in vielen Fällen nicht mehr bekannt ist, mit welchen Inhalten diese abzufüllen sind. Ein Grund dafür kann sein, dass der Mitarbeiter, welcher den Change durchführt, die Information für das Abfüllen der Attribut-Inhalte selber nicht hat.

Im Outsourcing-Umfeld hat der Autor mit drei Maßnahmen im Bereich des Configuration Managements sehr gute Erfahrungen gemacht:

1. Definition, welche Attribute zwingend aufgenommen werden müssen
2. Definition, wer für welchen Attributsinhalt verantwortlich ist. Im Outsourcing-Umfeld ist es keine Seltenheit, dass es für Server CIs ca. 24 Attribute gibt, welche zwingend abgefüllt werden müssen und nochmals weitere ca. 50 Attribute, welche als Zusatzinformation eingegeben werden. Dass all diese Informationen nicht von einem Mitarbeiter bereitgestellt werden können, liegt auf der Hand. Beispielsweise wird die Vergabe von Attributen, welche die Sicherheit betreffen, im Outsourcing-Umfeld von einem Security-Verantwortlichen vorgenommen, welcher die entsprechende Fachkenntnis für diese Attribute hat.
3. Etablierung eines Workflows, welcher sicherstellt, dass alle involvierten Gruppen ihre Attribute basierend auf deren Wichtigkeit abfüllen.
   Wird ein neuer Server in Betrieb genommen, so erhalten die entsprechenden Gruppen in einer sequenziellen oder auch parallelen Abfolge eine Meldung aus dem Workflow Tool mit der Aufforderung, ihre Daten entsprechend einzupflegen. Werden Pflichtfelder in der Zuständigkeit der Gruppe nicht abgefüllt, so kann die Anpassung nicht gespeichert werden.

Mit diesen drei Maßnahmen und einer regelmäßigen Validierung der Attribute konnte die Datenqualität zahlreicher Unternehmen im Outsourcing-Umfeld massiv verbessert werden.

## CMDB-Schwierigkeiten in einem Multisourcing-Umfeld

Stellen Sie sich vor, eine Unternehmung hat basierend auf diesem Buch eine serviceorientierte „Configuration-Datenbank (Bewegungsdaten)" aufgebaut, die im vorgängigen Kapitel vorgegebenen Maßnahmen umgesetzt und entsprechend die Datenqualität gesteigert.

Ein Jahr später entscheidet das Management, die Netzwerk-IT Services und die Plattform-IT Services outzusourcen.

Wie steht es nun mit der Datenqualität und einer End to End-Sicht z. B. bei der Verfügbarkeit?

Die Antwort des Autors: „Es ist nicht ganz einfach, sofern die Sourcer nicht verpflichtet und auch dafür bezahlt werden, die Configuration-Datenbank (Bewegungsdaten) des Kunden zu pflegen und alle Störungen in ihrem Umfeld einem zentralen Service Desk zu melden."

Wurde basierend auf dem Abschn. 3.4.10 das Modell 1 „Mit einer Service-Struktur und nachfolgend CIs" gewählt, so bleibt eine End to End Service-Sicht bestehen, auch wenn CI-Attributinformationen von den outgesourcten IT Services fehlen. Bei der Nutzung des Modells 2 müssen individuelle Lösungsansätze gefunden werden, um auf der einen Seite den Nutzen einer End to End Business IT Service-orientierten Datenbank zu haben und auf der anderen Seite die Kosten, welche für die Pflege aufgewendet werden müssen, zu berücksichtigen. Lösungsansätze hierzu gibt es, diese würden jedoch den Rahmen dieses Buches sprengen und sie sind oft sehr individuell.

## Mögliche Prozessrollen und ihre Zuteilung

Im „Organization Modells to Support Service Transition" sind im ITIL® Handbuch folgende SACM-Rollen erwähnt: Configuration Manager, Configuration Analyst, Configuration Administrator/Librarian und CMS/Tools

Der Autor empfiehlt die unten aufgeführten SACM-Rollen in der Informatik zu etablieren:

- Configuration Librarian (Prozessrolle)
  - Aufgabe
    - Erstellen, Warten oder Überprüfen des CI-Inhalts (Attribute) der „Configuration-Datenbank (Bewegungsdaten)", für welche er verantwortlich ist.
    - Korrigiert nach einer Verifikation die Inhalte, falls er vom Auditor dazu aufgefordert wird.
  - Besetzung
    - Diese Rolle kann von jedem IT-Mitarbeiter, welcher CI-Inhalte erstellt und verändert, übernommen werden.
- Configuration Analyst (Prozessrolle)
  - Aufgabe
    - Identifizieren von neuen, möglichen CI-Typen.
    - Rapportieren des CIs.
  - Besetzung
    - Diese Rolle wird meist durch je einen Mitarbeiter, welcher im Verantwortungsbereich des entsprechenden IT Services ist, besetzt, z. B. alle Server CIs werden durch einen Mitarbeiter aus dem Bereich besetzt, welcher die Plattform-IT Services zur Verfügung stellt.

- Configuration Auditor (Prozessrolle)
  - Aufgabe
    - Verifiziert die CIs sowie deren Inhalte oder vergleicht die Informationen aus den Discovery-Tools mit dem CMDB-Inhalt.
    - Leitet falls nötig Maßnahmen zur Richtigstellung der falschen Inhalte ein.
    - Führt regelmäßig Audits durch.
  - Besetzung
    - Diese Rolle kann von einer Compliance-Stelle besetzt werden. In einzelnen Unternehmen übernimmt diese Rolle die gleiche Person, welche die Configuration Manager-Rolle inne hat.
- Configuration Manager (Prozessrolle)
  - Aufgabe
    - Erstellen und Warten der/des Service Asset and Configuration Management-Strategie/Konzepts.
    - Überwachen und Rapportieren der SACM-Leistung.
  - Besetzung
    - Es empfiehlt sich, diese Rolle durch eine Person zu besetzen, welche gute Kenntnisse im Bereich der IT-Datenarchitektur hat.

### Messkennzahlen für die Überwachung des Prozesses

**Tab. 3.38**   KPIs SACM-Prozess

| KPI | Beschreibung | Definition Grün | Definition Gelb | Definition Rot |
|-----|-------------|-----------------|-----------------|----------------|
| Abweichung CMDB vs. Discovery Tool (Stufe CI) | Abweichung in % zwischen den gescannten CIs vs. CIs in der CMDB | < 1 % | 1–5 % | > 5 % |
| Abweichung CMDB vs. Discovery Tool (Stufe Attribute) | Inhaltsabweichung in % zwischen den gescannten CI-Attributen vs. CI-Attributen in der CMDB | < 5 % | 5–15 % | > 15 % |
| Revalidierungsstatus der zwingenden CI-Attribute | Letzter Revalidierungszeitstempel in der CMDB | ≤ 12 Monate | > 12–14 Monate | > 14 Monate |
| CI-Veränderung ohne Change-Ticket | Anzahl Veränderungen an CIs, welche ohne ein Change-Ticket durchgeführt wurden (Reine Informationsfelder sind ausgeschlossen z. B. Ändern des System Owners (dies kann auch ein Attribut eines Server CIs sein)) | 0 | 1–2 | > 2 |

**Tab. 3.38**  (Fortsetzung)

| KPI | Beschreibung | Definition Grün | Definition Gelb | Definition Rot |
|---|---|---|---|---|
| **Weitere informative Kennzahlen für Vergleiche** | | | | |
| Anzahl CMDB Updates | Anzahl der in der CMDB vorgenommenen Aktualisierungen | | nn | |
| Anzahl CIs | Anzahl CIs in der CMDB | | nn | |
| SACM-Aufwand Manager-Rolle | Erheben des rapportierten Aufwands für die Configuration Manager-Rolle (Total aufgewendete Std.) | | | |

Der CMDB-Begriff in der Tab. 3.38 steht immer für die „Configuration-Datenbank (Bewegungsdaten)".

Alle KPIs werden für die entsprechende Rapportierungsperiode ausgewiesen.

Mit diesem QR-Code können Sie ein Feedback für Abschn. 3.4.10 abgeben.

### 3.4.11  Release and Deployment Management (Service Transition)

Der Release and Deployment Management (RDM)-Prozess hat zum Ziel, gebündelte Veränderungen sicher in den Betrieb zu überführen. Mittels verschiedenen Tests wird sichergestellt, dass alle Anforderungen erfüllt werden und dass es basierend auf dem Release-Inhalt zu keinen unerwarteten Störungen bei der Erbringung von Business IT Services kommt.

Aus einer prozessualen Betrachtung kann ein Release wie in Abb. 3.33:

Ein Release besteht aus verschiedenen, einzelnen Changes. Da dieser Release ein neues Ganzes ergibt, entsteht daraus somit ein neuer Change mit verschiedenen Sub Changes. Wird dieses Verständnis in einem Change Management Tool wie oben beschrieben abgebildet, so wird die Verwaltung der Releases sehr vereinfacht. Dieses Verständnis weicht jedoch von der reinen ITIL® Lehre etwas ab, ist aber dennoch empfehlenswert.

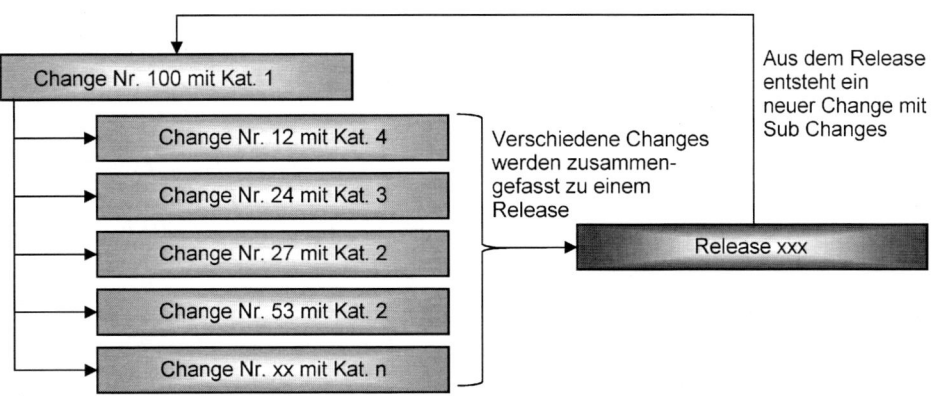

**Abb. 3.33** Release Mgmt und Change Mgmt. Verbindung

## Prozessinhaltsbeschreibung mit den wichtigsten Schritten

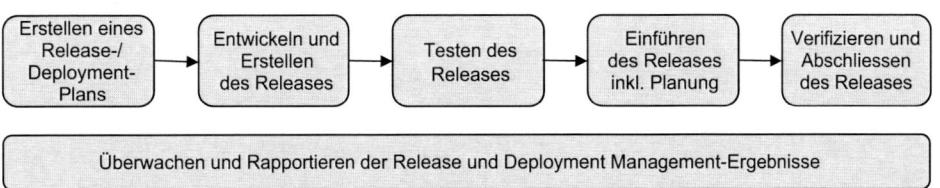

**Abb. 3.34** Release and Deployment Management-Prozess

- **Erstellen eines Release-/Deployment-Plans**
  In diesem Prozessschritt wird die Release-Entwicklung und die Einführung geplant. Das heißt, es wird definiert, was der Umfang und Inhalt eines Release ist, wie dieser zu testen ist und wann und wie die Einführung erfolgt.
- **Entwickeln und Erstellen des Releases**
  Die Entwicklung und Erstellung eines Releases ist vielfach am aufwendigsten. Bei sehr komplexen Releases empfiehlt sich der Einsatz einer Projekt-Management-Methode. Falls erkannt wird, dass die Planung nicht eingehalten werden kann, so ist diese anzupassen. Dieser Schritt beinhaltet Aktivitäten wie z. B.:
  – Die Entwicklung oder Anpassung der Software,
  – erstellen von Ausbildungsunterlagen,
  – vorbereiten von Wiederherstellungsmassnahmen, falls der Release nicht erfolgreich eingeführt werden kann,
  – falls nötig anpassen der Dokumentationen (Service Continuity-Plan, Availability-Plan, Benutzerdokumentation etc).
  Vorgaben betreffend der zu erstellenden Lieferobjekte sind in der Transition-Strategie festgehalten, welche im Abschn. 3.4.8 beschrieben ist.

- **Testen des Releases**

  In diesem Prozessschritt wird der Release getestet, um sicherzustellen, dass dieser nach den Vorgaben arbeitet und keine Störungen aufweist. Der Test beschränkt sich nicht nur auf das fertiggestellte Release-Paket. Es wird auch überprüft, ob die erarbeiteten Rollback-Verfahren funktionstüchtig sind. Aus einer prozessualen Sicht wird in diesem Schritt der Prozess „Service Validation and Testing" aufgerufen. Dieser ist im Abschn. 3.4.12 beschrieben. Ist dieser Schritt erfolgreich abgeschlossen (Freigabe wurde erteilt), so kann der Release eingeführt werden.

- **Einführen des Releases inkl. Planung**

  Die Planung für die Einführung, welche im Release-/Deployment-Plan festgehalten ist, wird nochmals verifiziert und nötigenfalls angepasst. Ist der Einführungstermin des Releases vom Change Management genehmigt, so erfolgt in diesem Schritt die Einführung des Releases (z. B. wird der entwickelte Software Code auf das produktive System übertragen inkl. einer Sicherung, damit der alte Code für einen allfälligen Rollback zur Verfügung steht). Alle Dokumente, welche für den Betrieb nötig sind, werden spätestens hier dem Betrieb übergeben. Die Configuration-Datenbank ist über den SACM-Prozess nachgeführt. Auch das Nachfahren der Ausbildungsumgebungen ist Bestendteil dieser Einführung, falls dies nicht bereits zu einem früheren Zeitpunkt für nötige Ausbildungen (bei sehr großen und komplexen Releases meist nötig) erfolgte.

- **Verifizieren und Abschließen des Releases**

  In diesem Prozessschritt erfolgt die finale Prüfung, ob der Release erfolgreich eingeführt werden konnte. Dies bedeutet, dass die betroffenen Business IT Services ohne Einschränkung zur Verfügung stehen, die Informationen und Dokumentationen auf dem neusten Stand sind und nötigenfalls eine Ausbildung der Leistungsbezieher erfolgte, so dass diese fähig sind, die Release-Erweiterung zu nutzen. Oft findet hier nochmals eine finale Freigabe von Geschäftsanwendungs-Releases durch einen Leistungsbezieher statt.

  Bei reinen IT-internen Releases gilt das Gleiche mit der Ausnahme, dass die Ausbildung und Prüfung IT-intern sichergestellt wird.

- **Überwachen und Rapportieren der Release und Deployment Management-Ergebnisse**

  Mit diesem Prozessschritt wird sichergestellt, dass die Releases über den gesamten Lebenszyklus überwacht werden. Zusätzlich werden in diesem Prozessschritt auch die benötigten, periodischen Release Reports erstellt.

## Prinzipien

Mögliche Prinzipien, welche wichtige Leitplanken für die Einführung und Nutzung des RDM-Prozesses bilden:

- Der Release Management-Prozess findet bei Anwendungs- und Infrastruktur-Changes Anwendung.

- Alle Veränderungen im Bereich von Anwendungen/Software werden grundsätzlich paketiert und zu Releases gebündelt. Ausnahmen können einzelne Emergency Changes bilden.
- Jeder Release wird auch als eigener Change mit Sub Changes über das Change Management abgewickelt.

### Release-Typen

Grundsätzlich werden in ITIL® drei Release-Typen unterschieden. Für die Typen „Major" und „Minor" erfolgt eine entsprechende Release-Planung.

- Major Release
  - Dieser beinhaltet eine große Anzahl neuer Funktionen oder Änderungen, von denen einige temporäre Korrekturen von Fehlern ersetzen. Es ist sinnvoll nur wenige Major Releases innerhalb eines Jahres einzuplanen.
- Minor Releases
  - Dieser beinhaltet in der Regel kleine Verbesserungen und Korrekturen. Diese werden vielfach auch genutzt, um Notfall-Fixes mit der effektiven Lösung zu ersetzen.
- Emergency Releases
  - Dieser beinhaltet Korrekturen von bekannten Fehlern oder auch Erweiterungen, welche eine hohe Priorität für das Business aufweisen. Emergency Releases werden in der Regel nicht in der vorgängigen Release-Planung aufgenommen. Die Einplanung erfolgt situativ nach Bedarf.

### Release-Plan

Im Release-Plan werden die folgenden Informationen aufgenommen:

- Übersicht aller geplanten und laufenden Releases (Major/Minor) auf einer Zeitachse
- Detail je Release
  - Beschreibung des Release-Typs
  - Beschreibung des Releases
  - Risk Assessment für den Release
  - Beschreibung der betroffenen Business IT Services, IT Services und Leistungsbezieher
  - Verantwortliches Release-Team mit Aufgabenzuweisung
  - Bezug zu den verschiedenen Sub Change Records (falls der Ansatz gemäß Abb. 3.34 umgesetzt ist) ansonsten erfolgt eine detaillierte Beschreibung der verschiedenen Veränderungen innerhalb des Releases (Release Package):
    - Beschreibung der Veränderung
    - Grund für die Durchführung (Business Case)
    - Auswirkungen auf
      - Leistungsbezieher
      - Business IT Services
      - IT Services

- IT-Infrastrukturkomponenten (CIs)
  - Verantwortlicher für die Implementierung
  - Release-Realisierungsplan, aufgeschlüsselt nach Phasen:
    - Entwicklungsphase
    - Testphase, inkl. Auflistung der durchzuführenden Tests
    - Rollout
    - etc.
  - Aktueller Status des Releases (Plan vs. Ist)
    - Zeit
    - Qualität
    - Finanzen

## Release-Dokumentation

Bei vielen Unternehmen ist die Release-Dokumentation stark vernachlässigt. Als Beispiel möchte der Autor aufzeigen, welche Release-Dokumentation spätestens bei der Einführung vorliegen sollte:

- Release Notes
  - Inhalt des Releases
  - Was ist neu, z. B. neue Funktionen
  - Bekannte Fehler (falls diese existieren und zu einem späteren Zeitpunkt behoben werden)
- Inhalt des Installationspaketes
  - Applikationskomponenten
  - DB Scripts
  - Konfigurationsdateien
  - etc.
- Installationsanleitung
  - Installationsvorgehen
  - Fallback/Rollback-Anweisung
- Angepasste Dokumentationen (falls Anpassung nötig wurde):
  - Solution Designs, z. B. IT-Architekturdokumente
  - Service Continuity Plan
  - Availability Plan
  - Capacity Plan
  - Backup/Recovery Plan und Solution
  - Security Policy (Oft muss dort der Bereich „Procedures" angepasst werden)
  - Ausbildungsunterlagen, z. B. für Service Desk-Mitarbeiter, Leistungsbezieher
  - Betriebshandbuch z. B. mit Rollback-Hinweisen bei Störungen
  - etc.
- Testinformationen zum Release
  - Testkonzept

- Test-Cases
- Bestätigung, dass Tests erfolgreich durchgeführt wurden

## Vorlaufzeiten für Integration von Veränderungen in einem Release

Es ist sehr sinnvoll, bei Releases ein Zeitfenster zu definieren, bis zu welchem Zeitpunkt Veränderungen (Changes) in den Release-Typen einfließen können. Dies kann z. B. bei Applikations-Releases folgendes Statement sein:

- Veränderungen eines Release-Typs „Major" können bis 7 Wochen bevor die Testphase beginnt in den Release nach Absprache aufgenommen werden. Danach gilt der Release-Inhalt als fix definiert.

## Releases bei einer Parallelentwicklung

Die Release-Handhabung bei einer Parallelenwicklung ist im Prozess „Service Validation and Testing" Abschn. 3.4.12 beschrieben.

## Mögliche Prozessrollen und ihre Zuteilung

In den ITIL® Handbüchern ist ausschließlich die Release Manager-Rolle definiert. Es ist jedoch von Vorteil, vier unterschiedliche Rollen für diesen Prozess zu etablieren.

- Release Owner (Diese Prozessrolle ist nicht Teil von ITIL®)
  - Aufgabe
    - Hat die Gesamtverantwortung für den Release
    - Erstellen und Warten des Releases/Deployment-Plans in Zusammenarbeit mit dem Release-Spezialisten
    - Überwachen des Fortschritts und der Einhaltung der vorgegebenen Aktivitäten, wie z. B. Tests, Dokumentation etc.
    - Verifizieren und Abschließen des Releases
  - Besetzung
    - Diese Rolle wird je Release besetzt. Oft wird diese bei Applikations-Releases durch einen Mitarbeiter aus der Entwicklung und bei Infrastruktur-Releases durch einen Mitarbeiter aus dem Betrieb besetzt.
- Deployment Owner (Diese Prozessrolle ist nicht Teil von ITIL®)
  - Aufgabe
    - Plant im Detail die Einführung des Releases
    - Führt zusammen mit dem Deployment Team den Release ein
    - Stellt sicher, dass alle Ausführungsaktivitäten erfolgreich ausgeführt werden
    - Bei Problemen involviert der Deployment Owner den Release Owner, um nach Lösungen zu suchen
  - Besetzung
    - Diese Rolle wird meistens durch eine erfahrene Person aus dem Deployment Team besetzt

- Release-Spezialist (Diese Prozessrolle ist nicht Teil von ITIL®)
  - Aufgabe
    - Entwickeln und Erstellen des Releases
    - Testen des Releases
    - Ausführen von Deployment-Aufgaben
  - Besetzung
    - Diese Rolle wird durch unterschiedliche Mitarbeiter aus der Informatik wahrgenommen
- Release and Deployment Manager (ITIL® Prozessrolle)
  - Aufgabe
    - Überwachen und Rapportieren aller offenen und geschlossenen Releases
    - Bei Abweichungen setzt diese Rolle zusammen mit dem Release Owner und/oder dem Deployment Owner Korrekturmaßnahmen auf
  - Besetzung
    - Diese Rolle wird in der Regel durch einen Mitarbeiter besetzt, welcher einen großen Erfahrungsschatz im Bereich des Release und Deployment Management hat.

Einzelne Unternehmen haben auch weitere Rollen im RDM-Prozess etabliert, wie z. B. Release-Administrator, Deployment-Administrator, Deployment Specialist. Aus Sicht des Autors erschwert eine große Anzahl von Rollen die Umsetzung eines Prozesses und ist teilweise kontraproduktiv.

### Messkennzahlen für die Überwachung des Prozesses

**Tab. 3.39** KPIs RDM-Prozess

| KPI | Beschreibung | Definition Grün | Definition Gelb | Definition Rot |
|---|---|---|---|---|
| Nicht erfolgreiche Releases | Prozentuale Anzahl nicht erfolgreicher Releases im Verhältnis zu den durchgeführten Releases | 0 % | >0 %–5 % | >5 % |
| Release ausgeführt gemäß Planung (Termin) | Manuelle Erhebung der Ausführung durch den Release and Deployment Manager | Alle gemäß Plan durchgeführt | Kleine Verzögerungen | Massive Abweichungen vom Plan |
| Qualität und Quantität der Release-Dokumentation | Manuelle Erhebung der Qualität und Quantität der Release-Dokumentation durch den Release and Deployment Manager | Keine Mängel erkannt | Kleine Mängel erkannt | Gravierende Mängel erkannt |

**Tab. 3.39** (Fortsetzung)

| KPI | Beschreibung | Definition Grün | Definition Gelb | Definition Rot |
|---|---|---|---|---|
| **Weitere informative Kennzahlen für Vergleiche** | | | | |
| Anzahl durchgeführter Releases | Total Anzahl der durchgeführten Releases | | nn | |
| RDM-Aufwand Manager-Rolle | Erheben des rapportierten Aufwands für die Rolle des Release and Deployment Managers (Total aufgewendete Std.) | | nn Std. | |

Alle KPIs werden für die entsprechende Rapportierungsperiode ausgewiesen.
Mit diesem QR-Code können Sie ein Feedback für Abschn. 3.4.11 abgeben.

### 3.4.12 Service Validation and Testing (Service Transition)

Der Service Validation and Testing (SVT)-Prozess stellt sicher, dass Veränderungen an bestehenden Services oder neu etablierte Services den erwarteten Nutzen erbringen und den Anforderungen entsprechen und die Integration in den Betrieb keine Störungen (Incidents) oder sonstige Komplikationen auslöst.

In den ITIL® Handbüchern werden die Begriffe Utility (fit for purpose) und Warranty (fit for use) verwendet. Dies bedeutet, dass der Service den erwarteten Nutzen (Utilitiy) liefert und entsprechend den Spezifikationen läuft (Warranty).

**Prozessinhaltsbeschreibung mit den wichtigsten Schritten**

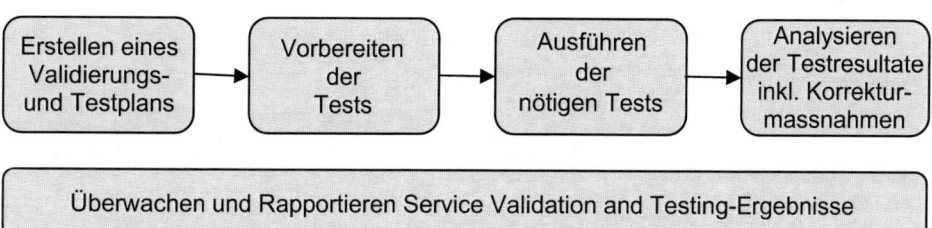

**Abb. 3.35** Service Validation and Testing-Prozess

- **Erstellen eines Validierungs- und Testplans**

  In diesem Prozessschritt wird für das Einführungsobjekt, dies kann ein Projekt, ein Release etc. sein, ein Validierungs- und Testplan erstellt.

  Dieser Plan basiert auf den Vorgaben, welche, die in der Transition-Strategie beschriebenen einzuhaltenden Tests und dem Testvorgehen entsprechen. Siehe dazu Abschn. 3.4.8.

- **Vorbereiten der Tests**

  Es wird sichergestellt, dass alle nötigen Ressourcen für den Test zur Verfügung stehen. Dies bedeutet, dass basierend auf den verschiedenen Teststufen die Testumgebung für die Tests vorbereitet wird. Zusätzlich wird auch sichergestellt, dass die Personen, welche den Test durchführen, zur Verfügung stehen z. B. Leistungsbezieher, welche den entsprechenden Business IT Service nutzen.

- **Ausführen der nötigen Tests**

  In diesem Prozessschritt werden die Tests (Test Cases), welche im Validierungs- und Testplan festgehalten sind, durchgeführt. Alle Resultate aus den Tests werden dokumentiert.

- **Analysieren der Testresultate inkl. Korrektur**

  In diesem Prozessschritt werden die Resultate aus den Tests analysiert. Wo nötig werden Korrekturmaßnahmen in Auftrag gegeben und es wird definiert, welche Tests nach der Korrektur nochmals durchlaufen werden müssen.

- **Überwachen und Rapportieren Service Validation and Testing-Ergebnisse**

  Mit diesem Prozessschritt wird sichergestellt, dass das Testing korrekt abläuft. Zusätzlich werden in diesem Prozessschritt auch die benötigten periodischen Test-Reports erstellt.

### Prinzipien

Mögliche Prinzipien, welche wichtige Leitplanken für die Einführung und Nutzung des SVT-Prozesses bilden:

- Grundlage für den Service Validation and Testing-Prozess, bildet die Transition-Strategie (siehe Abschn. 3.4.8).
- Bei Transition (Projekten) der Kategorie A und B, in welchen Business IT Services betroffen sind, muss immer nach den Tests eine Abnahme durch den Leistungsbezieher vorliegen.
- Das Nichtdurchführen von zwingenden Tests darf nur mit einer Bewilligung des höheren IT Managements (mindestens Bereichsleiter) erfolgen.
- Es ist eine Vorlage eines Validierungs- und Testplans zu definieren. Die Nutzung dieser Vorlage wird als obligatorisch erklärt. Werden einzelne Inhalte in der Vorlage weggelassen, so ist dies durch den Service Validation and Test Manager zu verifizieren.

### Inhalt eines Validierungs- und Testplans

In der ITIL® Literatur wird der hier beschriebene Plan auch Strategie genannt. Aus Sicht des Autors ist der Begriff Strategie in diesem Bereich nicht optimal, da dieses Dokument für das Testobjekt genau vorgibt was, wie, womit etc. getestet wird.

Der Inhalt eines Validierungs- und Testplans kann wie folgt aussehen:

- Name des Plans, Version, Datum und Änderungshistorie
- Verantwortlicher für diesen Plan
- Beschreibung, wann dieser Plan zur Anwendung kommt
- Einstufung des Testobjekts z. B. Transition mit der Kategorie A (siehe dazu Abschn. 3.4.8 „Inhalt einer Transition-Strategie")
- Beschreibung des zu testenden Objekts (es sollte ersichtlich sein, wo die Systemgrenzen des Testobjekts liegen)
- Zeitliche Darstellung, wann welcher Test stattfindet, inklusive einer Beschreibung, wie viel Zeit für jeden Test eingeplant wird
- Beschreibung der durchzuführenden Tests (Installation Test, Komponententest, Unit/ Modul Test, Function Test, Integration Test, User Acceptance Test). Die zwingend einzuhaltenden Tests sind im Abschn. 3.4.8 „Inhalt einer Transition-Strategie" vorgegeben
  - Je Test ist folgendes zu beschreiben:
    - Falls es für die Tests unterschiedliche Verantwortliche gibt, so werden diese aufgeführt
    - Kurze Beschreibung des Testinhalts
    - Vorbereitungsarbeiten (Bereitstellung System/Komponenten, Schnittstellen, Daten, Personen)
    - Beschreibung der Test-Cases
    - Detailplanung des Tests inkl. Ressourcen
    - Definition der Abnahmekriterien. Es ist sicherzustellen, dass Service Levels, wie die Antwortzeit und weitere Anforderungen (z. B. keine Applikationsfehler oder Schnittstelle xxx muss die Datensätze yyyy beinhalten), eingehalten werden
- Definition, wie die Testresultate vorliegen müssen (z. B. das zu verwendende Testprotokoll oder eine Testdatenbank)
  - Wichtig ist, dass die erkannten Fehler dokumentiert sind, damit die Korrekturmaßnahmen abgearbeitet werden können
- Informationen zur Wartung des Plans
- Ablageort des Plans
- Auflistung der Rollen/Funktionen, welche den Plan abnehmen

### Umgebungen und die möglichen Tests

Es ist sinnvoll zu definieren, auf welcher Systemumgebung welche Tests ablaufen. In Tab. 3.40 ist ein mögliches Beispiel aufgeführt. Dieses ist jedoch den Unternehmungsanforderungen jeweils anzupassen.

Nachfolgend sind beispielhaft die einzelnen Tests beschrieben:

### Installation Test

- Der Installation Test überprüft, ob das Testobjekt im vollen Umfang geliefert und vollständig installiert werden kann. Zusätzlich wird geprüft, ob die einzelnen Objekte auf

**Tab. 3.40**  Umgebungen und die möglichen Tests

| Umgebungen | Tests |
|---|---|
| Installation (Ix) | Installation Test |
| Entwicklung (Ex) | Unit/Modul Test |
| Test (Tx) | Function Test |
|  | Integration Test |
|  | User Acceptance Test (Test mit Leistungsbeziehern) |

dem Zielsystem lauffähig sind. Oft werden diese auf anderen Systemen entwickelt und es ist nicht zu 100 % gegeben, dass gelieferten Objekte auch auf dem Zielsystem laufen.

**Unit/Modul Test**

• Der Unit/Modul Test wird verwendet, um die Funktionalität, Leistung, Recovery-Fähigkeit und die Verwendbarkeit des entsprechenden Business IT Services und/oder IT Services zu testen. Im Fokus stehen die geänderten oder neuen Objekte. Der Hintergrund eines Unit Tests besteht darin, sicher zu stellen, dass die individuellen Programm-Units ausgeführt werden können.

**Function Test**

• Der Function Test wird in der Sequenz nach dem Unit Test ausgeführt und hat das Ziel, sicher zu stellen, dass die zusammengehörenden Programm-Units, welche zur entsprechenden Funktionseinheit gehören, gemäß Anforderungen arbeiten.

**Integration Test**

• Der Integration Test erfolgt nach dem Function Test und hat zum Ziel, dass:
  – jede Funktionseinheit gemäß den Anforderungen mit der entsprechenden anderen Funktionseinheit interagiert
  – die Anpassungen oder Neuerungen gemäß den Spezifikationen/Anforderungen arbeiten
  – das Zusammenspiel der Schnittstellen zu umliegenden Systemen funktioniert
  – keine unnötigen oder inkorrekten Funktionen und/oder Daten bestehen

**User Acceptance Test (mit Leistungsbeziehern)**

• Der User Acceptance Test auch Abnahmetest genannt, ist in diesem Beispiel der Abschlusstest, nach erfolgreichem Abschluss kann die Veränderung auf der Produktionsumgebung installiert werden. Bei einem solchen Test wird das Blackbox-Verfahren angewendet, d. h. der Tester betrachtet nicht den Software Code oder Inhalt des Testobjekts, sondern nur das Verhalten des Objekts bei definierten Aktionen, wie z. B. eine Dateneingabe des Leistungsbeziehers oder das Verhalten bei der Verarbeitung großer Datenvolumina. In diesem Test wird nochmals die Erfüllung der Geschäftsanforderungen überprüft. Bei dieser Abnahme empfiehlt es sich auch die Testprotokolle der vorgelagerten Tests und die ausgeführten Korrekturen zu berücksichtigen.

### Releases bei einer Parallelentwicklung

Bei einer Parallelentwicklung kann es nötig sein, dass verschiedene Systemumgebungen mit unterschiedlichen Levels nötig werden. Aus diesem Grund ist es sinnvoll, zu definieren, welche Tests auf welchen Systemumgebungen und Levels durchzuführen sind.

Anbei ein Beispiel einer Kundenumgebung mit einer Parallelentwicklung und den Systemumgebungen mit Level 0 (dieser entspricht der Produktion) und einem Level 1, welcher bereits den zukünftigen Release enthält (siehe Tab. 3.41).

**Tab. 3.41** Systemumgebungen in der Parallelentwicklung

| Level<br>Systemumgebungen | Produktion (X)Level 0 | X + 1 ReleaseLevel 1 |
|---|---|---|
| Installation (I) | I0 | I1 |
| Entwicklung (E) | E0 | E1 |
| Test (T) | T0 inkl. Vor-Produktion | T1 inkl. Vor-Produktion |
| Produktion (P) | P0 | – |
| Ausbildung (A) | A0 | A1 |

### Mögliche Prozessrollen und ihre Zuteilung

In den ITIL® Handbüchern ist ausschließlich die Service Test Manager-Rolle definiert. Es ist jedoch von Vorteil, zwei unterschiedliche Rollen für diesen Prozess zu etablieren.

- Service Test Officer (Diese Prozessrolle ist nicht Teil von ITIL®)
  - Aufgabe
    - Erstellt und Wartet den Validierungs- und Testplan für das zu testende Objekt.
    - Stellt mit dem Test-Team die Vorbereitungsarbeit sicher.
    - Überwacht und begleitet den Test.
    - Analysiert in Zusammenarbeit mit dem Test-Team die Testresultate und definiert Korrekturmaßnahmen.
  - Besetzung
    - Diese Rolle wird meistens durch die Testgruppe, für welche ein Plan erstellt wurde, besetzt.
    - Falls im Unternehmen ein Test-Team etabliert wurde, wird diese Rolle aus diesem Team besetzt. Ansonsten übernehmen vielfach Mitarbeiter aus der Entwicklung oder dem Engineering diese Rolle.

- Service Test Manager (ITIL® Prozessrolle)
  - Aufgabe
    - Verifiziert und genehmigt die Validierungs- und Testpläne.
    - Überwacht alle laufenden Tests betreffend der Einhaltung der Vorgaben und Ziele.
  - Besetzung
    - Falls im Unternehmen ein Test-Team etabliert wurde, wird diese Rolle durch einen erfahrenen Mitarbeiter aus diesem Team besetzt. Ansonsten kann es auch ein erfahrener Mitarbeiter aus der Entwicklung oder dem Engineering sein.

## Messkennzahlen für die Überwachung des Prozesses

**Tab. 3.42**   KPIs SVT-Prozess

| KPI | Beschreibung | Definition Grün | Definition Gelb | Definition Rot |
|---|---|---|---|---|
| Nicht bestandene Acceptance Tests in % | Prozentualer Anteil nicht bestandener Acceptance Tests im Verhältnis zur totalen Anzahl Acceptance Tests | < 5 % | 5–10 % | > 10 % |
| Nicht eingehaltene Testtermine (Meilensteine) | Prozentualer Anteil nicht eingehaltener Testtermine im Verhältnis zur totalen Anzahl Testterminen | < 10 % | 10–15 % | > 15 % |
| SLA-Verletzungen basierend auf fehlerhaftem/mangelhaftem Testing | Anzahl SLA-Verletzungen basierend auf Einführungen z. B. Releases, Transitions/Projekte etc., welche auf falsches oder nicht ausreichendes Testing zurück zu führen sind. | 0 | 1 | > 1 |
| Qualität der Testpläne | Beurteilung der Qualität der Testpläne durch den Service Test Manager | Gut | Ausreichend | Schlecht |
| **Weitere informative Kennzahlen für Vergleiche** | | | | |
| Anzahl erstellte Testpläne | Totale Anzahl neu erstellter Testpläne | | nn | |
| Anzahl durchgeführte Tests | Totale Anzahl durchgeführter Tests je Testarten | Installation Test nn Unit/Modul Test nn etc. | | |
| Anzahl nicht bestandener Tests | Totale Anzahl nicht bestandener Tests | Installation Test nn Unit/Modul Test nn etc. | | |
| Aufwand fürs Testing | Erheben des rapportierten Aufwands, welcher von den Test-Teams für das Testing aufgewendet wurde. (Total aufgewendete Std.) | nn Std. Die Stunden können oft über das Projektrapportierungs- Tool ausgewiesen werden | | |

**Tab. 3.42** (Fortsetzung)

| KPI | Beschreibung | Definition Grün | Definition Gelb | Definition Rot |
|---|---|---|---|---|
| SVT-Aufwand Manager-Rolle | Erheben des rapportierten Aufwands für die Service Test Manager-Rolle (Total aufgewendete Std.) | | nn Std. | |

Alle KPIs werden für die entsprechende Rapportierungsperiode ausgewiesen. Mit diesem QR-Code können Sie ein Feedback für Abschn. 3.4.12 abgeben.

### 3.4.13 Knowledge Management (Service Transition)

Nur wenige Unternehmen haben einen Knowledge Management (KM)-Prozess für alle möglichen IT-Aspekte etabliert. Falls ein KM-Prozess etabliert wurde, so ist dies meistens im Bereich des 1st und 2nd Level Supports für die Unterstützung im Incident/Problem Management und für das Request Fulfillment der Fall.

**Prozessinhaltsbeschreibung mit den wichtigsten Schritten**

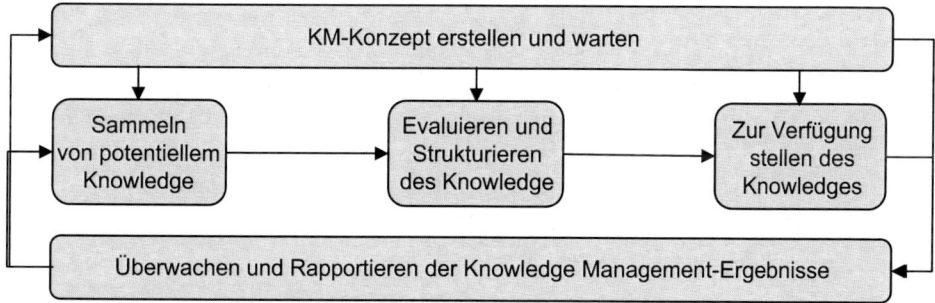

**Abb. 3.36** Knowledge Management-Prozess

- **Knowledge Management-Konzept erstellen und Warten**
  - Im Konzept wird der Umfang des KMs definiert und beschrieben. Die unten aufge-
    führten Prinzipien können ein Teil dieses Konzepts darstellen. Mittels des KMs wird
    versucht, das Wissen der ganzen IT aufzunehmen, zu verwalten und zur Verfügung zu
    stellen. In einigen Unternehmen wird der Prozess jedoch nur auf einen Teil (z. B. die
    Störungsbearbeitung) beschränkt. Das restliche Wissen wird von jedem Mitarbeiter
    oder jeder Abteilung nach eigenen Abläufen oder Regeln gesammelt und entspre-
    chend abgelegt.
- **Sammeln von potentiellem Knowledge**
  - Falls das KM auf die Sammlung von Wissen im Bereich der Störungsbearbeitung
    reduziert wurde, können die Mitarbeitenden gute Lösungsansätze bei der Störungs-
    behebung als KM-relevant kennzeichnen. Alle potentiellen KM-Vorschläge werden in
    diesem Prozessschritt entsprechend gesammelt.
- **Evaluieren und Strukturieren des Knowledges**
  - Die Prozessrolle „Service Knowledge Manager" analysiert die KM-Vorschläge und
    entscheidet basierend auf definierten Kriterien, ob sich ein Wissensdatenbankeintrag
    lohnt. Falls dies der Fall ist, werden die Daten so strukturiert, dass diese später schnell
    und einfach gefunden werden. Ein standardisiertes Strukturierungsschema, welches
    im Konzept zu definieren ist, hilft dem Service Knowledge Manager bei der Erfassung
    der KM-Einträge.
- **Zur Verfügung stellen des Knowledges**
  - Dies kann auf verschiedene Arten erfolgen. Es können Schulungen, Newsletter etc.
    verwendet werden, um das Wissen zu verteilen. Meist werden diese Schulungen je-
    doch nicht besucht oder die Newsletter nicht gelesen. Die beste Umsetzungsart für
    Wissen im Bereich der Störungsbearbeitung ist die Integration von KM-Tools ins
    Incident Management Tool, so dass während der Erfassung des Incidents basierend
    auf den Stichworten oder der Kategorisierung bereits automatisch Informationen mit
    möglichen Lösungsvorschlägen aus der KM-Datenbank angezeigt werden.
- **Überwachen und Rapportieren der Knowledge Management-Ergebnisse**
  - Daten zu sammeln und daraus Wissen zu erstellen und einen effektiven Nutzen
    daraus zu ziehen, ist ein größerer Aufwand. Aus Sicht des Autors sollte das Kos-
    ten/Nutzenverhältnis immer im Fokus liegen. Darum ist die Überwachung und
    Erhebung des Nutzens ein wichtiger Aspekt, so dass das KM nicht zu einem Selbst-
    läufer wird, ohne einen effektiven Nutzen zu erzielen. Zusätzlich wird in diesem
    Prozessschritt die Aktualität der KM-Datenbank überwacht und alle nötigen Reports
    werden erstellt.

## Prinzipien

Mögliche Prinzipien, welche wichtige Leitplanken für die Einführung und Nutzung des
KM-Prozesses bilden können:

- Ein Prinzip, welches den Umfang des Knowledge Managements definiert, ist empfehlenswert. Dies kann z. B. sein: Das Knowledge Management wird nur für den Bereich des Incident Managements, Problem Managements, Request Fulfillments und Event Managements angewendet.
- Die Wissensdatenbank ist mit dem entsprechenden Incident Management Tool zu verbinden oder, falls weitere Bereiche abgedeckt werden, so sollten auch diese Tools mit der KM-Lösung verbunden werden.
- Jeder IT-Mitarbeiter kann einen Vorschlag für die Wissensdatenbank einreichen. Der Mitarbeiter erhält immer eine Rückmeldung, wie sein Vorschlag weiter verarbeitet wird. Rückmeldungen können sein:
  - Rückweisung mit einem Grund z. B. KM-Eintrag besteht bereits, siehe dazu Eintrag xxx
  - Einbindung ins KM wird erfolgen

**Mögliche Prozessrolle und ihre Zuteilung**

- Service Knowledge Manager (ITIL® Prozessrolle)
  - Aufgabe
    - Sammeln der KM-Vorschläge.
    - Bewerten und Strukturieren der KM-Einträge.
    - Auswerten des KM-Erfolgs.
  - Besetzung
    - Diese Rolle kann durch eine zentrale Stelle z. B. einen Service Desk-Mitarbeiter besetzt werden. In Zeiten, in welchen nicht so viele Anrufe eingehen, können die Aufgaben dieser Rolle wahrgenommen werden.
    - Es ist aber auch möglich, dass diese Rolle durch mehrere Mitarbeiter aus verschiedenen Bereichen wahrgenommen wird. Beim Bewerten, Strukturieren und Verfassen des KM-Eintrags kann dies von Vorteil sein, wenn der Rollenträger über das entsprechende Fachwissen z. B. Netzwerk, Server verfügt.

## Messkennzahlen für die Überwachung des Prozesses

**Tab. 3.43** KPIs KP-Prozess

| KPI | Beschreibung | Definition Grün | Definition Gelb | Definition Rot |
|---|---|---|---|---|
| Verwendete KM-Einträge für das Incident Management | Erfolgt eine automatische Zuordnung von möglichen KM-Vorschlägen (Lösungsvorschläge) beim Erfassen des Incidents, so können diese entsprechend gemessen werden.<br>In % in vorgeschlagene KM-Einträge zur gesamten Anzahl erfasster Incidents | > 5 % | 2–5 % | < 2 % |
| Reduzierter Aufwand durch das KM | Die Erhebung dieses KPIs ist nur möglich, wenn das Incident Management Tool mit der KM verbunden wird und der Incident-Bearbeiter (Analyst) den KM-Vorschlag als Lösung selektieren kann und dann ein Popup mit folgender Frage erscheint.: „Wie schätzen Sie die Zeiteinsparung durch den KM-Eintrag ein? (Groß, mittel, klein)" | > 30 % der Einsparungen wurden als „Groß" eingestuft und > 20 % der Einsparungen wurden als „mittel"eingestuft | Wenn nicht als Grün oder Rot ausgewiesen, dann ist dieser KPI als Gelb zu werten | > 80 % der Einsparungen wurden als „kein" eingestuft |
| **Weitere informative Kennzahlen für Vergleiche** | | | | |
| Totale Anzahl KM-Einträge | Totale Anzahl KM-Einträge | | nn | |
| Anzahl neuer KM-Einträge | Anzahl KM-Einträge erstellt in der aktuellen Periode | | nn | |
| KM-Aufwand Manager-Rolle | Erheben des rapportierten Aufwands für die Service Knowledge Manager-Rolle (Total aufgewendete Std.) | | nn Std. | |

Alle KPIs werden für die entsprechende Rapportierungsperiode ausgewiesen.

Mit diesem QR-Code können Sie ein Feedback für Abschn. 3.4.13 abgeben.

## 3.4.14 Event Management (Service-Operation)

Der Event Management (EM)-Prozess hat zum Ziel, die Informatikinfrastruktur zu überwachen und auf Ereignisse (Events) mit definierten Maßnahmen zu reagieren.

**Prozessinhaltsbeschreibung mit den wichtigsten Schritten**

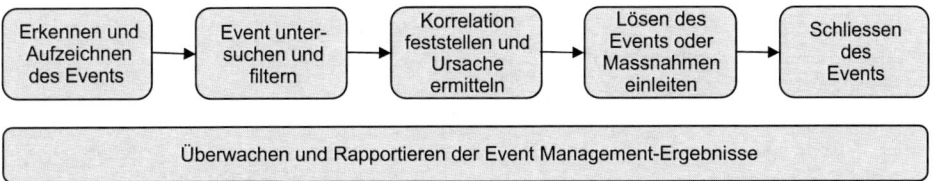

**Abb. 3.37** Event Management-Prozess

- **Erkennen und Aufzeichnen des Events**
  Die Erkennung von Events basiert auf Monitoring-Daten aus verschiedenen Überwachungs-Tools oder auf dem Analysieren von Logs. Die Erkennung erfolgt auf einem zuvor definierten Event-Schema. Nicht jeder Event zeigt eine Störung an. Das Event Management (EM) wird so aufgesetzt, dass eine potentielle Störung frühzeitig erkannt wird und darauf reagiert werden kann. Dies erfolgt mittels definierten Schwellenwerten (Thresholds). Für jeden Event wird ein entsprechender Event Record eröffnet bzw. automatisch generiert.
- **Event untersuchen und filtern**
  In diesem Prozessschritt werden die Events untersucht und mehrmals auftretende Events durch Filtering bereinigt. Des Weiteren wird festgestellt, für welche Events eine Bearbeitung nötig ist und die entsprechende Event-Kategorie definiert.
- **Korrelation festlegen und Ursache ermitteln**
  Es wird ermittelt, welche Korrelationen zwischen den Events, die aus verschiedenen Quellen kommen können, bestehen. Somit wird festgestellt, was der Auslöser war und welche Events Folgeerscheinungen sind. So kann z. B. der Ausfall eines Netzwerks dazu führen, dass auch verschiedene Server Events auftreten.

- **Lösen des Events oder Maßnahmen einleiten**
  In diesem Prozessschritt wird die Lösung des Events vollzogen (meistens mit Handlungsanweisungen oder Skripts) und nötigenfalls werden weitere Prozesse wie Incident Management, Change Management etc. angestoßen.
- **Schließen des Events**
  Nach einer Verifikation der Lösung wird der Event geschlossen.
- **Überwachen und Rapportieren der Event Management-Ergebnisse**
  Bei diesem Prozessschritt wird überprüft, ob Events basierend auf den definierten Maßnahmen bearbeitet wurden. Mittels eines regelmäßigen Reportings wird sichergestellt, dass das Event Management laufend optimiert wird, z. B. mit der Erkennung von Event-Tendenzen oder der Bewertung der Wirksamkeit der Event-Erkennung.

## Prinzipien

Mögliche Prinzipien, welche wichtige Leitplanken für die Einführung und Nutzung des EM-Prozesses bilden:

- Es wird eine zentrale Konsole eingesetzt, auf welcher alle Events angezeigt werden.
- Jeder Event, der an der zentralen Konsole ausgegeben wird oder automatisch ein Incident-Ticket erstellt, muss über eine zugehörige Handlungsanweisung verfügen.
- Kritische IT-Komponenten wie z. B. Netzwerke, Server, Storage sind mittels eines Event Monitorings aktiv zu überwachen.
- „Managed-Arbeitsplatz"-orientierte IT-Komponenten, wie z. B. PCs, lokale Drucker und Telefone, werden nicht durch das Event Management überwacht.
- Für jede zu überwachende IT-Komponente bestehen Schwellenwerte (Thresholds) mit einer entsprechenden Einstufung der Kategorie und allfälliger Handlungsanweisungen.
- Die Reaktion auf Events, wie auch deren Filterung und die erste Korrelation, soll soweit wie möglich an der Quelle erfolgen.
- Wo möglich, sollte die automatische Erkennung, Erfassung und Lösung von Events, welche auf wirtschaftlichen Aspekten erfolgen, unterstützt werden.

## Was sollte überwacht werden?

Eine wichtige Überlegung bei der Etablierung des EM-Prozesses ist die Definition, welche IT Service-Optionen und verwendeten IT-Komponenten überwacht werden sollten, um die Verfügbarkeit der Business IT Services sicherzustellen. Grundsätzlich kann alles überwacht werden, die Einführung und Pflege von Event Management Tools kann jedoch teuer und aufwendig sein. Zusätzlich kann bei einer zu starken Überwachung die Leistung der eingesetzten IT-Komponenten abnehmen oder andere Komponenten belasten, z. B. Server, Netzwerk. Aus diesen Gründen ist eine Kosten/Nutzenüberlegung immer angezeigt.

## Event-Kategorisierung

Mittels einer Kategorisierung der Events wird sichergestellt, dass die Bearbeitung der Events nach deren Kritikalität erfolgt. Zusätzlich vereinfacht die Kategorisierung die Auswertung der unterschiedlichen Events.

In Tab. 3.44 sind vier mögliche Kategorien aus der Praxis aufgeführt.

Basierend auf ITIL® können auch nur drei Event-Kategorien (Exception, Information und Warning) eingeführt werden.

**Tab. 3.44**  Event-Kategorien

| Event Kate-gorie | Bezeichnung |
|---|---|
| Fatal | Ein oder mehrere Business IT Services sind nicht verfügbar. Diese Kategorie generiert immer ein Incident-Ticket. |
| Critical | Die Verfügbarkeit oder Leistung (Performance) von einem oder mehreren Business IT Services ist betroffen, wenn nichts unternommen wird. Auch diese Kategorie sollte, falls der Event nicht innerhalb kürzester Zeit gelöst werden kann, ein Incident-Ticket generieren. |
| Warning | Hinweis, dass etwas unternommen werden muss, um längerfristig die Verfügbarkeit, Leistung (Performance), Sicherheit zu gewährleisten. |
| Information | Hinweis, dass eine Störung oder ein Ereignis nicht länger existiert, oder, dass z. B. ein Backup erfolgreich ausgeführt wurde. |

## Überwachte IT Service-Parameter und weitere Informationen

Nach der Definition, was man überwachen muss, ist es sinnvoll, zwei Raster, wie unten als Beispiele aufgeführt, zu erarbeiten. Diese unterstützen die Einführung von EM Tools und erlauben eine vereinfachte Übersicht aller wichtigen Informationen. Sehr viele der unten aufgeführten Informationen können, falls ein Verfügbarkeitsplan erstellt wurde, aus diesem übernommen werden. Siehe dazu Abschn. 3.4.4.

Das erste Raster (siehe Tab. 3.45) führt alle Events mit erforderlichen Eingaben/Aktionen (Solicited Events) auf.

**Tab. 3.45**  Events mit erforderlichen Eingaben/Aktionen (Solicited-Events)

| IT Service und Option oder Objekt | Kompo-nente | Überwachte Parameter | Verfahren | Threshold | Event-Kategorie | Aktionsinfor-mation |
|---|---|---|---|---|---|---|
| Windows Standalone Server Option: High Ava. und High Performance | Server | Harddisk | Monitor xxx (alle 5 Min.) | 75 % voll | Informa-tion | Definieren, ob Aktion nötig wird |
| | | | | 85 % voll | Warning | Sicherstellen, dass genügend Speicherplatz zur Verfügung steht oder Speicherplatz bereinigen |

**Tab. 3.45**  (Fortsetzung)

| IT Service und Option oder Objekt | Kompo- nente | Überwachte Parameter | Verfahren | Threshold | Event- Kategorie | Aktionsinfor- mation |
|---|---|---|---|---|---|---|
| | | | | 90 % voll | Critical | Incident-Ticket erstellen und Störungsbehe- bung einleiten |
| | CPU | Monitor xxx (alle 5 Min.) | | 70 % Aus- lastung | ... | ... |
| | | | | 95 % Aus- lastung | ... | ... |
| Online Sto- rage NAS Option: Standard Per- formance | ... | ... | ... | ... | ... | ... |

Bei größeren Unternehmen werden im EM-Umfeld Tools genutzt, die automatisierte Lösungsversuche ausführen (z. B. die IBM Tivoli System Automation®).

Das zweite Raster (siehe Tab. 3.46) führt alle Events, die keine direkte Eingaben/Aktionen erfordern, (Unsolicited Events) auf.

**Tab. 3.46**  Events, welche keine Eingaben/Aktionen erfordern (Unsolicited Events)

| IT Service und Option oder Objekt | Kompo- nente | Überwachte Para- meter | Verfahren | Threshold | Event- Kategorie |
|---|---|---|---|---|---|
| Backup | Tape- Roboter | Backup Log | Meldung aus Backup Tool | Backup o.k. | Information |
| Applikation Schadensab- wicklung | Login | Erste und zweite Falschanmeldung | | | |

## Mögliche Prozessrollen und ihre Zuteilung

In den ITIL® Handbüchern ist ausschließlich die Event Manager-Rolle definiert. Es ist jedoch von Vorteil, zwei unterschiedliche Rollen für diesen Prozess zu etablieren.

- Event Analyst (Diese Prozessrolle ist nicht Teil von ITIL®)
  - Aufgabe
    - Erkennt und erstellt ein Event Record, falls dies nicht automatisiert erfolgt.
    - Untersucht, analysiert und korreliert den/die Event(s).

- – Leitet Maßnahmen zur Lösung des Events ein oder leitet diesen an den Incident Management-Prozess weiter.
  - – Führt den Event Record nach.
  - – Schließt den Event.
- – Besetzung
  - – Bei mittleren und größeren Unternehmen sind dies oft Mitarbeiter aus einem „Command Center", die zentral das Monitoring und EM von Geschäftsanwendungen, Batch-Jobs, Server, Storage, Netzwerk, Kühlungssystem etc. an einer Konsole überwachen.
  - – Bei kleineren Unternehmen wird diese Rolle zum Teil von Mitarbeitern der einzelnen Abteilungen wahrgenommen, welche die IT Services erbringen.
- • Event Manager (ITIL® Prozessrolle)
  - – Aufgabe
    - – Überwacht die offenen Events und leitet falls nötig zusätzliche Maßnahmen ein, welche die Event-Schließung beschleunig.
    - – Erstellt Event Reports.
    - – Überprüft regelmäßig mit den Event-Analysten, ob eine Optimierung des EMs möglich ist, z. B. durch das Verändern von Schwellenwerten oder das Deaktivieren unnötig gewordener Messungen.
  - – Besetzung
    - – Diese Rolle wird meistens durch eine Person besetzt, die weiß, wie die einzelnen IT-Komponenten zusammenhängen. In der Praxis wird diese Rolle in der Regel von einem Mitarbeiter, der bereits die Analystenrolle wahrnimmt, übernommen (sofern dies aus Sicht der Compliance zulässig ist).

## Messkennzahlen für die Überwachung des Prozesses

**Tab. 3.47**  KPIs EM-Prozess

| KPI | Beschreibung | Definition Grün | Definition Gelb | Definition Rot |
|---|---|---|---|---|
| Incidents nicht vorgängig durch EM Tool erkannt | Erhebung durch den Event Manager. Anzahl Incidents, welche nicht durch das Event Management Tool erkannt werden | Alle Prio. 1 Incidents wurden erkannt und oder < 7 % Prio. 2 Incidents nicht erkannt | Falls nicht Grün oder Rot, so wird der KPI als Gelb eingestuft | > 10 % Prio. 1 Incidents nicht erkannt und oder > 15 % Prio. 2 Incidents nicht erkannt |
| Automatisierungsgrad des EM | Prozentualer Anteil automatisierter Wiederanlaufprozeduren im Verhältnis zur gesamten Anzahl von Event-Tickets | > 8 % | 4–8 % | < 4 % |

**Tab. 3.47** (Fortsetzung)

| KPI | Beschreibung | Definition Grün | Definition Gelb | Definition Rot |
|---|---|---|---|---|
| Aktualität der Handlungsanweisungen (HA) | Der Event Manager prüft regelmäßig mittels Stichproben die Aktualität der Handlungsanweisung. (mindestens 5 in der Rapportierungsperiode) | Alle HA aktuell | – | Eine oder mehrere HA nicht aktuell |
| **Weitere informative Kennzahlen für Vergleiche** | | | | |
| Anzahl Events pro Event-Kategorie | Anzahl Events, generiert aus dem EM Tool | Fatal nn Critical nn etc. | | |
| Anzahl Events mit manuellem Eingriff | Anzahl Events, bei welchen ein manueller Eingriff nötig war | Fatal nn Critical nn etc. | | |
| EM-Aufwand Manager-Rolle | Erheben des rapportierten Aufwands für die Rolle des Event Managers (Total aufgewendete Std.) | | nn Std. | |

Alle KPIs werden für die entsprechende Rapportierungsperiode ausgewiesen. Mit diesem QR-Code können Sie ein Feedback für Abschn. 3.4.14 abgeben.

### 3.4.15  Incident Management (Service Operation)

Das wichtige Ziel des Incident Managements (IM) ist, die schnellstmögliche Wiederherstellung des betroffenen Business IT Services sicherzustellen, um so die negativen Auswirkung auf das Unternehmen so klein wie möglich zu halten.

## Prozessinhaltsbeschreibung mit den wichtigsten Schritten

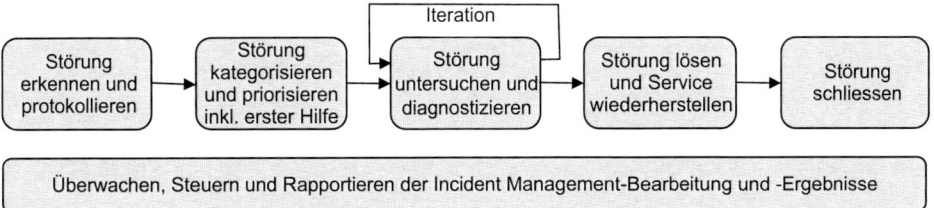

**Abb. 3.38** Incident Management-Prozess

- **Störung erkennen und protokollieren**
  Dieser Prozessschritt beinhaltet das Entgegennehmen einer Störungsmeldung oder Erkennen einer Störung (Incident) inklusive der Erfassung des Incident Records. Die Meldung der Störung kann z. B. vom Leistungsbezieher, welcher sich beim Service Desk meldet, oder aus dem Event Management kommen.

- **Störung kategorisieren und priorisieren inkl. erster Hilfe**
  Die Störung wird kategorisiert und die Priorität/Severity wird festgelegt. In einer ersten Analyse wird versucht, den Grund der Störung zu ermittelten. Zusätzlich erfolgt ein Vergleich mit bereits bekannten Störungen (Known Errors). In diesem Schritt wird auch geprüft, ob die gleiche Störung schon einmal gemeldet wurde. Falls dem so ist, werden oft die Störungstickets in einem Master/Slave-Verhältnis verbunden. (Beim Schließen des Master-Tickets werden automatisch alle Slaves auch geschlossen). Bei einer Störungsbehebung via Telefon, wird dem Anrufer zu diesem Zeitpunkt eine erste Hilfestellung gegeben. Viele Unternehmen starten in diesem Prozessschritt bei sehr großen Störungen oder bei Störungen von sehr wichtigen Business IT Services eine Major Incident-Prozedur, welche sicherstellt, dass die Kommunikation zum Leistungsbezieher sowie die Lösungserbringung optimal erfolgen.

- **Störung untersuchen und diagnostizieren**
  Wenn keine Lösung zur Behebung der Störung vorliegt und vertiefte Analysen und Diagnosen nötig sind, so werden diese Aktionen in diesem Schritt vorgenommen. Falls nötig und möglich, wird eine Umgehungslösung (Workaround) erarbeitet, um die schnellstmögliche vollständige Verfügbarkeit des Business IT Services herbeizuführen. Alle ausgeführten Handlungen werden entsprechend im Störungs-Record festgehalten. Falls der zuständige Bearbeiter erkennt, dass die Störung nicht in seinem Zuständigkeitsbereich gelöst werden kann, so erfolgt in diesem Schritt eine Weiterleitung[10] an die entsprechende Stelle (z. B. Dispatcher-Kreis).
  In den ITIL® Handbüchern wird diese Weiterleitung als Eskalation bezeichnet. Der Autor möchte für diese Weiterleitung (Iterationsschleife) den Begriff „Eskalation" nicht verwenden. Die Eskalation, wie sie in diesem Buch beschrieben ist, wird genutzt, um

---

[10] Die Weiterleitung ist bei einer prozessualen Betrachtung eine Iteration des Prozessschrittes „Störung untersuchen und diagnostizieren"

sicherzustellen, dass die Störung in der vorgegebenen Zeit behandelt und gelöst wird. Desweiteren werden bei sehr hohen Prioritäten alle nötigen Stellen über die entsprechende Störung informiert, um so, falls nötig, zusätzliche unterstützende Maßnahmen einzuleiten.

- **Störung lösen und Service wiederherstellen**
  In diesem Schritt werden die nötigen Arbeiten für die Behebung der Störung ausgeführt oder eine Umgehungslösung realisiert, mit dem Ziel, dass der entsprechende Service wieder verfügbar wird. Nötigenfalls erfolgt die Realisierung der Lösung in Zusammenarbeit mit dem Change Management-Prozess. Durch das Nachführen des Störungs-Records wird sichergestellt, dass alle wichtigen Informationen betreffend der Störungsbehandlung dokumentiert sind.

- **Störung schließen**
  In diesem Prozessschritt wird falls nötig beim Störungsmelder eine Rückmeldung eingeholt, ob die Störung aus seiner Sicht behoben werden konnte. Nach einer finalen Prüfung der Störungsbehebung wird das Störungs-Record geschlossen und sichergestellt, dass die Dokumentation vollständig ist.

- **Überwachen, Steuern und Rapportieren der Incident Management-Bearbeitung und -Ergebnisse**
  Mit diesem Prozessschritt wird der gesamten Lebenszyklus der Störung überwacht. Mittels eines regelmäßigen Reportings wird sichergestellt, dass die SLA-Zielsetzungen bestmöglich eingehalten werden. Nötigenfalls, wenn z. B. die vereinbarten Zeiten nicht eingehalten werden, erfolgen zusätzliche Eskalationen über das zuständige Linien-Management.

## Prinzipien

Mögliche Prinzipien, welche wichtige Leitplanken für die Einführung und Nutzung des IM-Prozesses bilden:

- Jede Störung im Informatikumfeld muss als Incident im entsprechend genutzten Tool erfasst werden.
- Unternehmensweit wird für die Behandlung von Störungen nur ein Incident Management Tool eingesetzt.
- Die Incidents sind, wo immer möglich, mit dem verursachenden Configuration Item (CI) zu verbinden.
- Die Bearbeitung und Weiterleitung von Incidents erfolgt in der Informatik mittels Zuteilungsgruppen (Dispatcher-Kreise), welche während der definierten Service-Zeiten ständig besetzt sind.
- Drittanbieter, die einzelne IT Services betreiben, nutzen die elektronische Standardschnittstelle des Incident Management Tools. (Dieses Prinzip ist nur bei wenigen Unternehmen etabliert). Meist werden die Incident-Informationen manuell oder über einen Medienbruch, z. B. eine E-Mail-Schnittstelle, ausgetauscht. Wichtig ist in diesem Fall, dass definiert wird, wer bei einer Übergabe der Störung an Drittanbieter die Kontrolle der Tickets innerhalb der IT inne hat.

**Incident-Priorität/Severity**

Die Priorität/Severity ist ein sehr wichtiger Aspekt im Incident Management. Diese Priorität bestimmt, wie schnell und in welcher Reihenfolge die Störungsabwicklung erfolgen muss. Die dazu definierten Reaktions- und Lösungszeiten sind so zu definieren, dass diese die vereinbarten Service Levels der Business IT Services unterstützen. Es empfiehlt sich, die Priorität von Incidents basierend auf einem standardisierten Schema festzulegen.

Nachfolgend zwei Varianten aufgezeigt, um die Priorität/Severity zu bestimmen.

Die Variante 1 nutzt eine Kombination aus „Kritikalität des Business IT Services" und der „Anzahl betroffener Leistungsbezieher (Benutzer, End User)" für die Bestimmung der Priorität/Severity. Die Kritikalität des Business IT Services ist, wie im Service Level Management-Abschnitt beschrieben, im jeweiligen SLA definiert. Die Anzahl der vom Incident betroffenen Leistungsbezieher (Benutzer), wird jeweils von der Rolle, welche den Incident eröffnet, ermittelt. Vielfach ist dies der Service Desk Agent, welcher die Störungsmeldung basierend auf einem Telefonanruf aufnimmt oder, bei größeren Ausfällen, der Command Center-Mitarbeiter, welcher über das Event Management eine Störung erkannt hat.

In der Abb. 3.39 gibt es 4 verschiedene Prioritäten/Severities für das Incident Management. Die Anzahl dieser Prioritäten und welche Kombination welche Priorität ergibt, ist von Unternehmen zu Unternehmen unterschiedlich und kann somit jederzeit angepasst werden.

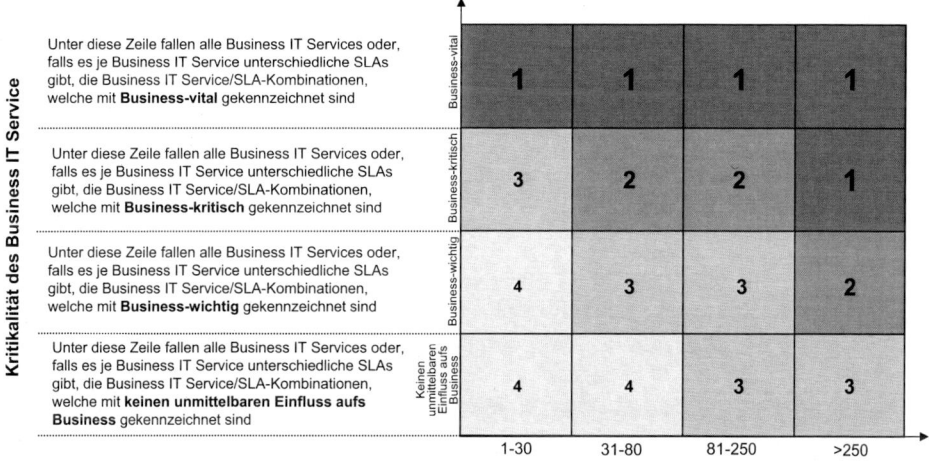

**Abb. 3.39**  Variante 1: Raster für die Ermittlung der Incident-Priorität/Severity

Ein Hinweis zur hier vorgestellten Achse „Kritikalität des Business IT Services": Ist eine serviceorientierte CMDB und ein Service-Katalog mit der Verbindung zu den SLAs im Unternehmen etabliert, so kann der involvierte Business IT Service mit der entsprechenden Einstufung bei der Aufnahme der betroffenen Komponente, die ein Configuration Item

(CI) darstellt, automatisch bestimmt werden. Dies erleichtert und standardisiert die Einstufung der Priorität/Severity sehr stark.

Die Variante 2 nutzt für die Bestimmung der Priorität/Severity eine Kombination der Achsen „Incident-Dringlichkeit" und „Incident-Auswirkung" (siehe Abb. 3.40).

**Abb. 3.40**  Variante 2: Raster für die Ermittlung der Incident-Priorität/Severity

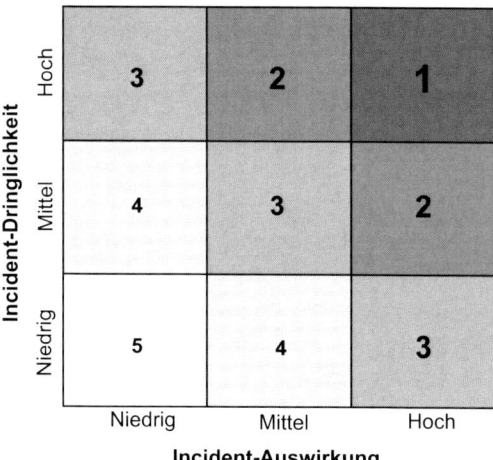

Diese Ermittlung der Priorität/Severity basiert jedoch nicht direkt auf den Business IT Services.

Aus diesem Grund empfiehlt der Autor die Verwendung der Variante 1.

## Verschiedene Zeitspannen in der Incident-Bearbeitung

Bei der Bearbeitung von Incidents spielen verschiedene Zeitspannen eine wichtige Rolle. Es empfiehlt sich, diese bei der Ausarbeitung des Prozesses zu definieren und diese Information in die Umsetzungsdokumente mit einzubeziehen. Zusätzlich ist die grafische Zeitdarstellung für die Einführung eines Incident Management Tools eine gute Grundlage.

Die unten aufgeführten Interventions-, Störungs- und Ticketlaufzeiten gelten nur während der vereinbarten Service-Zeit für das entsprechenden SLA.

In der Abb. 3.41 werden folgende Zeiten unterschieden.

**Interventionszeit**  Dies ist die Zeit von der Meldung der Störung bis ein Incident-Ticket z. B. mit dem Status „New" eröffnet ist. Innerhalb dieser Zeit kann z. B. auch die Call-Pickup-Zeit gemessen werden (Anzahl Sekunden, bis der Service Desk-Mitarbeiter das Telefon abnimmt).

**Reaktionszeit**  Dies ist die Zeit ab der Eröffnung des Incident-Tickets, bis dieses durch einen Spezialisten bearbeitet wird. Die Bearbeitung kann bereits im Service Desk erfolgen. Falls der Service Desk zu wenig Know-how hat, so kann dieser z. B. das Ticket an den 2nd Level weiterleiten. Wenn der 2nd Level-Mitarbeiter an der Störung zu arbeiten beginnt,

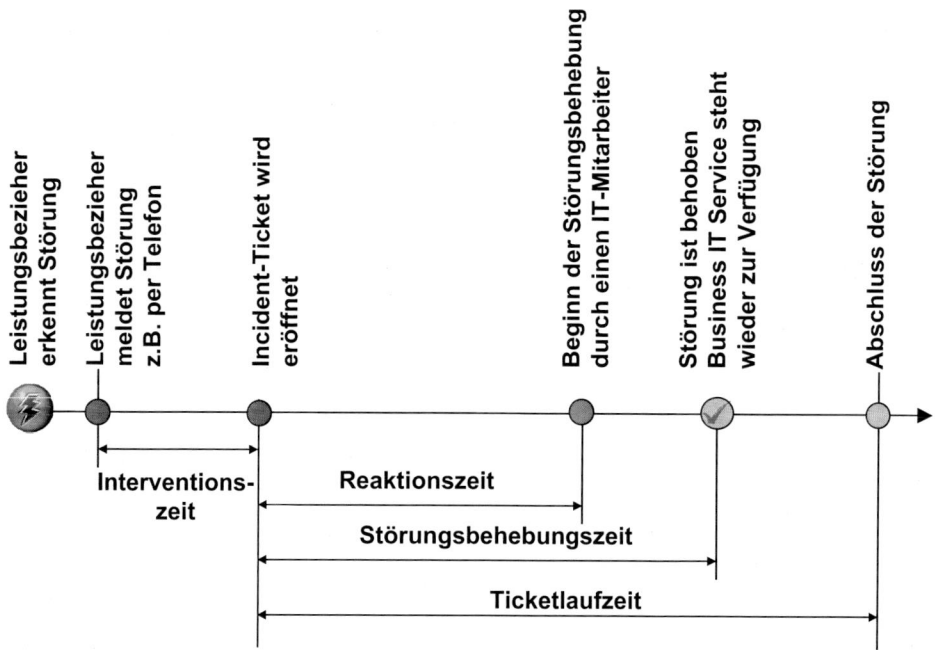

**Abb. 3.41**  Verschiedene Zeitspannen in der Incident-Bearbeitung

setzt er das entsprechende Incident-Ticket in einen anderen Status, z. B. Work in Progress „WIP", und beginnt mit der Analyse und der Lösung der Störung.

**Störungsbehebungszeit**  Dies ist die Zeit von der Eröffnung des Tickets, bis zur Kennzeichnung des Tickets als gelöst, z. B. mit dem Status „Solved".

**Ticketlaufzeit**  Dies ist die Zeit von der Eröffnung des Tickets, bis zur Kennzeichnung des Tickets als geschlossen, z. B. „Closed". Oft erfolgt die Setzung dieses Status automatisch nach einer definierten Laufzeit z. B. nach 3 Tagen. Während dieser Zeit hat der Leistungsbezieher die Möglichkeit, falls die Störung nicht korrekt behoben wurde, eine Wiedereröffnung des Tickets zu verlangen, was bedeutet, dass die Störungsbehebungszeit wieder zu laufen beginnt. Wird erst nach der vereinbarten Zeit erkannt, dass die Störung nicht ordnungsgemäß gelöst wurde, so muss ein neues Ticket eröffnet werden. Für ein Unternehmen, das ein Sourcing-Unternehmen nach der Anzahl Incident-Tickets bezahlt, ist dies ein wichtiger Aspekt, der vorgängig geregelt werden muss.

**Suspend-Zeit**  Eine weitere Zeit, welche nicht in der Grafik zu finden ist, ist die Suspend-Zeit (Vorübergehende Aussetzzeit). Diese Zeit beginnt zu laufen, wenn der Leistungserbringer Informationen zur Störungsbehebung vom Leistungsbezieher benötigt und dieser nicht verfügbar ist. Das hat zur Folge, dass der Status z. B. Waiting for Customer Feedback

**Tab. 3.48**  Interventions- und Störungsbehebungszeit

| Priorität/Severity | Interventionszeit | Störungsbehebungszeit |
|---|---|---|
| 1 | 15 Min. | 3 Std. |
| 2 | 2 Std. | 8 Std. |
| 3 | 6 Std. | 20 Std. |
| 4 | 8 Std. | 40 Std. |

(WCF) gesetzt wird. Dann stoppt die Zeitberechnung der Interventions-, der Störungs- sowie der Ticketlaufzeit so lange, bis der Status wieder geändert wird. Während dem Aufsetzen des Incident Management-Prozesses ist es wichtig, zu definieren, in welchem Fall die Suspend-Zeit zur Anwendung kommt. Es ist sinnvoll, wenn der Leistungsbezieher eine automatisch generierte Meldung aus dem Incident Tool bekommt, sobald dieser Status gesetzt und auch wieder aufgehoben wird.

Um die SLAs einzuhalten, empfiehlt es sich, Interventions- und Lösungszeiten je Priorität festzulegen. Die in Tab. 3.48 aufgeführten Werte können von Unternehmen zu Unternehmen unterschiedlich sein und dienen hier als Beispiel.

Diese Werte sind grundsätzlich IT-interne Richtwerte. Oft werden diese nicht nach außen kommuniziert. Für ein internes Reporting sind diese wichtigen KPIs jedoch sinnvoll, um zu erkennen, ob es bei der Störungsbearbeitung eventuell Schwierigkeiten gibt.

**Eskalationsverfahren**

Wie bereits vorgängig beschrieben, versteht und verwendet der Autor die Bezeichnung der Eskalation etwas anders als in ITIL® beschrieben. Das hier dargestellte Eskalationsschema hat sich bei vielen Kunden bewährt. Es wird genutzt, um sicherzustellen, dass bei Störungen mit einer hohen Priorität die richtigen Stellen informiert werden und die Behebung der Störungen in der vorgegebenen Zeit erfolgt, so dass die Einhaltung der SLAs bestmöglich unterstützt wird.

Das in Tab. 3.49 dargestellte Schema kennt drei Eskalationsstufen. Je Stufe und Priorität werden der Zeitpunkt der Eskalation und die Eskalationsempfänger definiert. Die Empfänger und Zeiten in dieser Darstellung sind Beispiele und müssen entsprechend der Unternehmensanforderung angepasst werden. Es empfiehlt sich, diese Eskalation mittels des Incident Ticketing-Systems zu automatisieren.

Wie Sie sehen, ist es möglich, dass es bei einzelnen Prioritäten und Eskalationsstufen keine Eskalation gibt. Die Fett gekennzeichneten Rollen werden bei der Eskalation aktiv und arbeiten nach den im Prozess beschriebenen Aktivitäten.

Es macht Sinn, dass nach der Lösung von Prio. 1 und 2 Störungen alle zuvor informierten Personen ebenfalls benachrichtigt werden. Die Information des IT Managements und des Incident Mangers via SMS oder Pager, hat sich bei vielen Unternehmen bewährt.

**Tab. 3.49** Incident-Eskalationsmatrix

| Eskalationsstufe | Priorität/Severity 1 | | Priorität/Severity 2 | | Priorität/Severity 3 | | Priorität/Severity 4 | |
|---|---|---|---|---|---|---|---|---|
| | Wann | Wer | Wann | Wer | Wann | Wer | Wann | Wer |
| 1 | 1 Min | **Incident Manager** IT Management Alle IT-Mitarbeiter | 1 Min | Alle IT-Mitarbeiter | Keine Eskalation | | Keine Eskalation | |
| 2 | Keine Eskalation | | 2 Std | **Incident Manager** Ticket Owner | 6 Std | **Zuständiger Dispatcher** Ticket Owner | 8 Std | **Zuständiger Dispatcher** Ticket Owner |
| 3 | 1,5 Std | **Incident Manager** Ticket Owner IT Management | 4 Std | **Incident Manager** Ticket Owner IT Management | 10 Std | **Incident Manager** Zuständiger Dispatcher Ticket Owner | 20 Std | **Incident Manager** Zuständiger Dispatcher Ticket Owner |

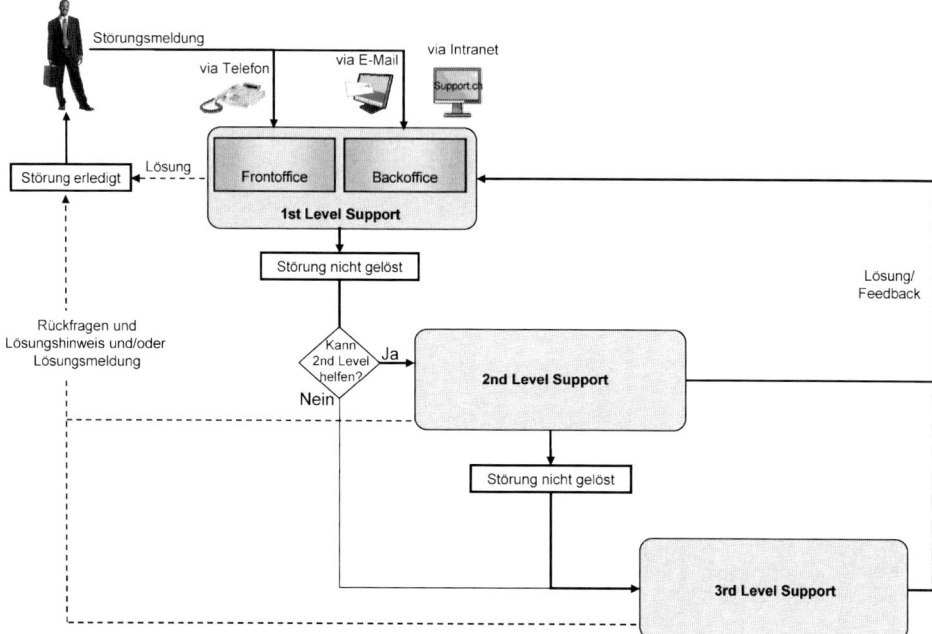

**Abb. 3.42**  Aufbau- und Ablauforganisation für die Störungsbehandlung

## Aufbau- und Ablauforganisation für die Störungsbehandlung

Meist werden die IT-Dienstleistungen (IT Services) der verschiedenen IT-Organisations-einheiten in verschiedene Support Levels eingeteilt, z. B. in 1st Level Support, 2nd Level Support und 3rd Level Support. Als 4th Level Support gelten meistens externe Lieferanten, von welchen die Software und/oder die Hardware bezogen wurden.

Es ist auch sinnvoll, zu definieren, wie die Tickets zwischen den Support Levels wei-tergegeben werden können. Die Abb. 3.42 zeigt ein mögliches Schema, wie dies erfolgen kann.

Der 1st Level Support ist in diesem Beispiel in einen Frontoffice- und einen Backoffice-Bereich unterteilt. Der Frontoffice- Bereich nimmt die per Telefon eingehenden Störungs-meldungen an und bearbeitet diese. Der Backoffice-Bereich bearbeitet Störungsmeldungen via Mail oder Intranet. Der 1st Level Support versucht die Störung zu lösen. Falls die Lö-sung nicht möglich ist, so wird das Störungsticket an den 2nd Level-Bereich (falls dieser das benötigte Fachwissen hat) oder, wenn es sich z. B. um einen Applikationsfehler handelt, welcher nicht vom 2nd Level Bereich gelöst werden kann, direkt an den 3rd Level Bereich weitergeleitet. Alle drei Support Levels fragen beim Störungsmelder nach, falls zusätzliche Informationen benötigt werden. Für die Weitergabe von Störungen hat sich das im folgen-den Kapitel beschriebene Dispatcher-System sehr gut bewährt.

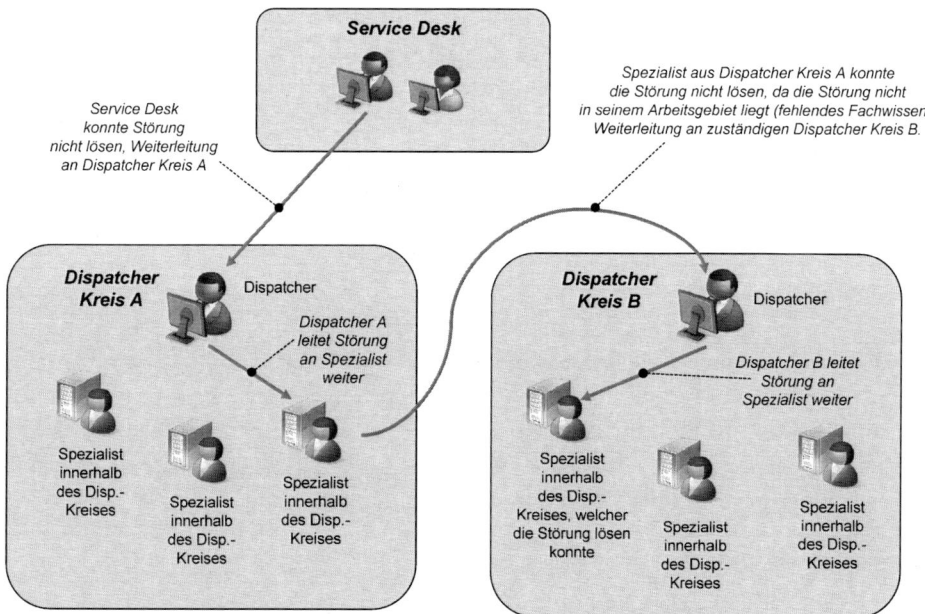

**Abb. 3.43**   Zuweisung von Incident-Tickets mittels Dispatcher Kreisen

## Zuweisung von Incident-Tickets mittels Dispatcher-Kreisen

Eingegangene Incident-Tickets, welche durch den 1st Level Support nicht gelöst werden können, werden mittels Dispatcher-Kreisen an die zuständige IT-Organisationseinheit weitergegeben (siehe Abb. 3.43).

Die Idee hinter diesem System ist, dass es je Dispatcher-Kreis eine zuständige Person gibt, welche den Eingang von Störungstickets überwacht und die Störungen entgegennimmt. Der Dispatcher kann entweder die Störung selber lösen oder er weist diese einem Spezialisten in seinem Dispatcher-Kreis zu. Der Spezialist nimmt das Ticket an und beginnt mit der Analyse für die Störungsbehebung. Falls er bei der Bearbeitung der Störung feststellt, dass diese nicht in seinem Verantwortungsbereich liegt (z. B. war das Ticket der Netzwerkgruppe zugeordnet und nach einer Analyse hat sich gezeigt, dass es an einer Server-Störung liegen muss), so leitet der Spezialist das Ticket an den zuständigen Server Dispatcher weiter. Dieser kann die Störung entweder selber lösen oder leitet das Ticket einem Mitarbeiter in seinem Dispatcher-Kreis weiter.

In den meisten Unternehmen kann die Dispatcher-Funktion nicht einfach direkt abgegeben werden, sie muss von einem Mitarbeiter im Team aktiv übernommen werden. Erst dann ist der bisherige Dispatcher von dieser Funktion befreit. Um die Übergabe sicherzustellen, empfiehlt es sich, einen entsprechenden Dienstplan für die Dispatcher-Funktion einzuführen.

## Integration von Drittanbietern in die Incident-Abwicklung

Das Einbinden von Drittanbietern, welche IT Services erbringen, in das genutzte Incident Management Tool ist oft komplex, insbesondere wenn diese nicht das gleiche Tool für die Incident Management-Bearbeitung verwenden.

In der Regel erfolgt die Integration über den Austausch von Incident-Informationen via E-Mail und/oder mit einer Telefonbenachrichtigung bei Prio. 1 und 2 Störungen.

Falls Drittanbieter ein eigenes Incident Management Tool verwenden, ist es sinnvoll, in beiden Tools bei weitergereichten Störungstickets eine Cross-Referenzierung der Störungsnummern vorzunehmen.

Dies ermöglicht zu einem späteren Zeitpunkt die Rückverfolgung der zur Störungsbehebung unternommenen Schritte. Bei einer unverschlüsselten Weiterleitung von Störungsdaten via E-Mail ist immer zu beachten, dass keine sensitiven Daten (z. B. Personal/Kundendaten) ausgetauscht werden. Die Überwachung des Störungsbehebungsfortschritts nach einer Übergabe bleibt meistens in der Verantwortung des letzten Incident-Analysten oder, bei einzelnen Unternehmen, in der Verantwortung des Service Desks.

## Mögliche Prozessrollen und ihre Zuteilung

In den ITIL® Handbüchern sind für den IM-Prozess verschiedene Rollen und Funktionen beschrieben. Aus Sicht des Autors ist es sinnvoll, drei Rollen für diesen Prozess zu etablieren.

- Incident Assignee (Diese Prozessrolle ist nicht Teil von ITIL®)
  - Aufgabe
    - Erkennt oder nimmt Störung entgegen und erstellt ein Incident Record.
    - Kategorisiert und priorisiert die Störung.
    - Leitet erste Lösungsmaßnahmen ein (wenn die Störungsmeldung z. B. beim Service Desk via Telefon eingeht).
    - Leitet falls nötig die Störungsmeldung über das etablierte Verteilungssystem (z. B. Dispatcher-Kreise) an einen Spezialisten weiter.
    - Übernimmt oft auch die Verantwortung/Kontrolle über die selber aufgenommenen Störungstickets, bis eine Lösung erstellt wurde. (Überwachen des Fortschritts).
  - Besetzung
    - Grundsätzlich übernehmen verschiedene Mitarbeiter aus einem Service Desk (1st Level Support) diese Rolle. Die Rolle wird aber auch von jedem IT-Mitarbeiter übernommen, welcher eine Störung identifiziert und somit im Incident Tool erfasst.
- Incident-Analyst (Diese Prozessrolle ist nicht Teil von ITIL®)
  - Aufgabe
    - Untersucht und analysiert die Störung.
    - Findet Lösungsansatz, um die Störung zu beheben.
    - Führt die Incident Record-Informationen nach.
    - Falls nötig, leitet er die Störungsmeldung an einen Spezialisten über das etablierte Verteilungssystem (z. B. Dispatcher-Kreise) weiter.

- – Löst die Störung oder leitet eine Umgehungslösung ein.
- – Schließt das Ticket, wenn eine finale Lösung gefunden wurde.
- Besetzung
  - – Jeder in der Informatik kann diese Rolle wahrnehmen, wenn er Kenntnisse über ein Spezialgebiet zur Lösungsfindung hat. In der Regel sind dies jedoch zum größten Teil Mitarbeiter aus dem 2nd Level Support oder, falls genügend Kenntnisse vorhanden sind, auch Mitarbeiter aus dem 1st Level Support.
- • Incident Manager (ITIL® Prozessrolle)
  - – Aufgabe
    - – Bei hoch eingestuften Störungen, z. B. Prio. 1, übernimmt der Incident Manager eine Koordinationsrolle und beruft falls nötig ein Lösungsfindungs-Meeting ein. Dieses Meeting wird auch genutzt, wenn es bei einem Incident zu einer sog. Ping Pong-Situation bei der Zuweisung des Incident Records kommt.
    - – Erstellt benötigte Incident Reports und verteilt diese an die zuständigen Stellen.
    - – Überwacht die offenen Störungen und leitet falls nötig Aktionen zur Lösungsfindung ein.
    - – Reagiert basierend auf den Eskalationen und involviert falls nötig das zuständige IT Management (IT Service Provider des betroffenen IT Services).
    - – In vielen Unternehmen hat diese Rolle auch die Kompetenz, abteilungsübergreifend auf Mitarbeiter in der Störungsbearbeitung einzuwirken, um eine zeitgerechte und korrekte Bearbeitung sicherzustellen.
  - – Besetzung
    - – Es empfiehlt sich, diese Rolle durch einen oder mehrere Mitarbeiter zu besetzen, die ein gutes Verständnis über die gesamte Informatik haben und gerne schwierige Situationen in Angriff nehmen. Auch ein gutes Kommunikationsvermögen ist in dieser Rolle sehr empfehlenswert.

## Messkennzahlen für die Überwachung des Prozesses

**Tab. 3.50**  KPIs IM-Prozess

| KPI | Beschreibung | Definition Grün | Definition Gelb | Definition Rot |
|---|---|---|---|---|
| %-Anteil der Incidents mit nicht erreichten Interventionszeiten pro Priorität | Prozentualer Anteil von Incidents, bei welchen die Interventionszeit nicht erreicht wurde, im Verhältnis zur Gesamtzahl der Incidents ausgewiesen pro Priorität. | < 4 % Prio 1 | 4–10 % Prio 1 | > 10 % Prio 1 |
| | | < 8 % Prio 2 | 8–20 % Prio 2 | > 20 % Prio 2 |
| | | < 16 % Prio 3 | 16–30 % Prio 3 | > 30 % Prio 3 |

**Tab. 3.50**  (Fortsetzung)

| KPI | Beschreibung | Definition Grün | Definition Gelb | Definition Rot |
|---|---|---|---|---|
| %-Anteil der Incidents mit nicht erreichter Störungsbehebungszeit pro Prio. | Prozentualer Anteil von Incidents, bei welchen die Störungsbehebungszeit nicht erreicht wurde, im Verhältnis zur Gesamtzahl der Incidents ausgewiesen pro Priorität. | < 4 % Prio 1 | 4–10 % Prio 1 | > 10 % Prio 1 |
|  |  | < 8 % Prio 2 | 8–20 % Prio 2 | > 20 % Prio 2 |
|  |  | < 16 % Prio 3 | 16–30 % Prio 3 | > 30 % Prio 3 |
| %-Zunahme von Incidents im Verhältnis zum Vorjahr | Zunahme der Incidents in % im Verhältnis zum Vorjahr (wird rollend ermittelt) | < 3 % | 3 %–8 % | > 8 % |
| First Call Resolution von Incidents (Selbstlösungsrate des Service Desks) | Prozentualer Anteil der Incidents, welche im Service Desk gelöst werden, im Verhältnis zur gesamten Anzahl Incidents, welche im Service Desk aufgenommen wurden. | > 70 % | 55–70 % | < 55 % |
| Mehrfach Zuweisung von Incidents | Anzahl Zuweisungen zwischen unterschiedlichen Dispatcher-Kreisen | < 3[a] bei 95 % aller Incident-Tickets | 3 bei 95 % aller Incident-Tickets | > 3 bei 95 % aller Incident-Tickets |
| **Weitere informative Kennzahlen für Vergleiche** | | | | |
| %-Anteil Incidents pro Priorität 1–4 | Prozentualer Anteil von Priorität 1–4 Incidents im Verhältnis zur Gesamtzahl der Incidents | Prio. 1 xx % Prio. 2 yy % etc. | | |
| Größe des Incident Backlogs | In % Größe des Incident Backlogs im Verhältnis zur Gesamtzahl der Incidents, ausgewiesen je Kategorie | Prio. 1 xx % Prio. 2 yy % etc. | | |
| Anzahl offener Incidents pro Priorität | Totale Anzahl offener[b] Incidents pro Priorität | Prio. 1 xx Prio. 2 yy | | |
| Anzahl erledigter Incidents pro Priorität | Totale Anzahl erledigter Incidents pro Priorität | Prio. 1 xx Prio. 2 yy | | |
| Anzahl Major Incidents | Totale Anzahl Incidents, welche als Major Incidents gekennzeichnet sind | | nn | |
| IM-Aufwand Manager-Rolle | Erheben des rapportierten Aufwands für die Incident Manager-Rolle (Total aufgewendete Std.) | | nn Std. | |

[a] Diese Kennzahl ist abhängig von der Komplexität der Informatiklösung und der Anzahl eingesetzter Dispatcher-Kreise und deren Verantwortungsbereichen.

[b] „Offen" bedeutet, der Incident ist noch nicht gelöst. Incident-Tickets mit dem Status „Closed" oder „Resolved" werden nicht berücksichtig.

Alle KPIs werden für die entsprechende Rapportierungsperiode ausgewiesen.

Einige Unternehmen führen im Incident Management oder Request Fulfillment auch weitere Service Desk-bezogene KPIs, Average Time to Answer, Speed to Answer und Abandonment Rate.

Mit diesem QR-Code können Sie ein Feedback für Abschn. 3.4.15 abgeben.

### 3.4.16 Problem Management (Service Operation)

Das oberste Ziel des Problem Management (PM)-Prozesses ist die Vermeidung von Störungen (Incidents) sowie die Reduzierung der Auswirkungen von Störungen, welche nicht vorgängig vermieden werden können.

Unter diesem Aspekt werden die Ursachen von Störungen eingehend analysiert und entsprechend beseitigt.

Im Problem Management werden grundsätzlich zwei Ansätze unterschieden:

- Der reaktive Ansatz konzentriert sich auf die Beseitigung von Ursachen, die für eine oder mehrere Störungen verantwortlich sind.
- Der proaktive Ansatz orientiert sich an der Identifizierung und Beseitigung von Ursachen vor dem Eintreten einer Störung (Störungsvermeidung).

**Prozessinhaltsbeschreibung mit den wichtigsten Schritten**

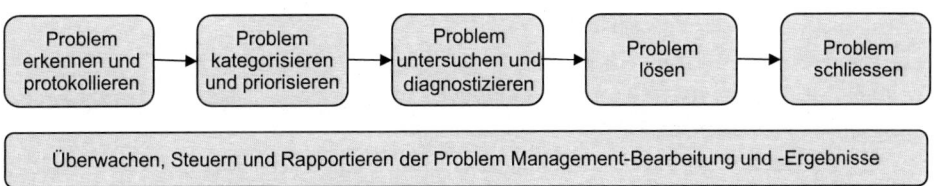

**Abb. 3.44** Problem Management-Prozess

- **Problem erkennen und protokollieren**
  In diesem Schritt wird das Problem aufgenommen und ein Problem Record erstellt. Das Problem kann auf einen oder mehrere Incidents referenzieren (reaktiv) oder es handelt sich um die Vermeidung einer möglichen zukünftigen Störung (proaktiv).

- **Problem kategorisieren und priorisieren**
  In diesem Prozessschritt wird das Problem kategorisiert und die Priorität wird festgelegt.
- **Problem untersuchen und diagnostizieren**
  Diese Aktivität ermittelt eine mögliche Umgehungslösung (Workaround) und leitet falls nötig eine vertiefte Problemursachenanalyse (Root Cause Analysis) ein. Wird eine praktikable Umgehungslösung gefunden, so wird diese in der Known Error-Datenbank dokumentiert, so dass die Lösung auch für andere Prozesse zur Verfügung steht.
- **Problem lösen**
  Dieser Prozessschritt leitet und steuert die Ausarbeitung der Lösung des entsprechenden Problems. Falls nötig, erfolgt die Realisierung der Lösung in Zusammenarbeit mit dem Change Management-Prozess. Durch das Nachführen des Problem Records wird sichergestellt, dass alle wichtigen Informationen betreffend der Problembehandlung dokumentiert sind.
- **Problem schließen**
  Nach einer finalen Prüfung der Problembehebung wird der Problem Record geschlossen und sichergestellt, dass die Dokumentation vollständig ist.
- **Überwachen, Steuern und Rapportierung der Problem Management-Bearbeitung und -Ergebnisse**
  Dieser Prozessschritt stellt sicher, dass die Probleme über den gesamten Lebenszyklus überwacht werden. Mittels eines regelmäßigen Reportings wird sichergestellt, dass die Problembehandlung adäquat erfolgt. Nötigenfalls, wenn z. B. die vereinbarten Zeiten nicht eingehalten werden, erfolgen zusätzliche Eskalationen über das zuständige Linien-Management.

## Prinzipien

Mögliche Prinzipien, welche wichtige Leitplanken für die Einführung und Nutzung des PM-Prozesses bilden:

- Bei jedem Major Incident muss eine detaillierte Problemanalyse ausgeführt werden. Dieses Prinzip kann auch bei jedem Incident mit der Priorität/Severity 1 oder 2 zum Tragen kommen.
- Das proaktive Erkennen von Störungsentwicklungen wird mittels des Problem Management-Prozesses forciert. (Damit dies möglich ist müssen detaillierte Daten aus dem Incident Management vorliegen).
- Problemlösungen und Umgehungslösungen sind in einer Known Error-Datenbank zu dokumentieren.

## Problem Priorität

Es ist sinnvoll, die Priorisierung von reaktiven Problem-Tickets analog zum Incident Management auszuführen. Bei proaktiven Problemen ist eine zusätzliche Priorität, z. B. Prio. 5, einzuführen, da es in diesem Fall keine offene Störung (Incident) gibt und somit in den meisten Fällen kein akuter Druck besteht, das Problem-Ticket in einer kurzen Zeit zu lösen.

## Eskalation im Problem Management

Es empfiehlt sich, die Eskalation der Problem-Tickets, welche mit einem Incident-Ticket verbunden sind, über das Incident Management zu steuern.

## Root Cause Analysis (RCA)

Die Root Cause-Analyse dient zur Ermittlung des effektiven Grundes der Störung. Dazu gibt es verschiedene Methoden. Aus Erfahrungen bei verschiedenen Mandaten hat sich die 5-Why-Methode sehr gut bewährt, da diese sehr einfach verständlich ist.

Ablauf einer RCA-Analyse

- Festlegen des Problems und Sammeln aller nötigen Informationen für das Analyseobjekt.
- Fragen nach dem „Why" (Warum/Wieso), um so die Ursache des Problems zu identifizieren.
- Identifizieren, welche Elemente verändert oder behoben werden müssen, damit das Problem nicht mehr auftritt.
- Identifizieren wirkungsvoller Lösungen, die das Wiederauftreten verhindern und auch keine Folgeprobleme auslösen.
- Einführen der Lösung.
- Beobachten der implementierten Lösungen, um deren Wirksamkeit sicherzustellen.

## Die 5-Why-Methode

Mittels der 5-Why-Methode[11] kann in den meisten Fällen die Problemursache gefunden werden. Diese dient dazu, die Ursache und den Auslöser einer Störung zu bestimmen.

Die Idee hinter der Methode ist, dass mit fünf „warum-Fragen" in den meisten Fällen die Kernursache gefunden werden kann.

Nachfolgend ein Beispiel einer „Server-Störung":

- Why-Frage 1: Warum hat der Server eine Störung?
  - Antwort: Der Server hat einen Memory-Fehler.
- Why-Frage 2: Warum hat der Server einen Memory-Fehler?
  - Antwort: Das Memory ist defekt.
- Why-Frage 3: Warum ist das Memory defekt?
  - Antwort: Das Memory scheint wieder fehlerhaft zu sein; obwohl dieses schon mehrmals ersetzt wurde, scheint es immer wieder Störungen zu produzieren.
- Why-Frage 4: Warum taucht bei diesem Server immer wieder die gleiche Memory-Störung auf?
  - Bei Memory-Störungen wurden beim entsprechenden Server Second Hand Memories eingekauft, welche nicht den Spezifikationen des Server-Herstellers entsprechen.

---

[11] Quelle: Die 5-Why-Methode, basiert auf folgender Aussage „Ask 'why' five times about every matter" von Taiichi Ohno.

Wie an diesem Beispiel gezeigt, kann bereits nach 4 Why-Fragen die Kernursache des Problems gefunden werden.

## Kategorisierung von Problemen

Um eine Auswertung der Problem-Tickets zu ermöglichen, empfiehlt es sich jedes Problem-Ticket nach der RCA zu kategorisieren. Die hier dargestellte Kategorisierung basiert auf einer dreistufigen Gruppierung nach Bereich, Gruppe und Ursache. Mittels dieser Kategorisierung von Problem-Tickets können Tendenzen in Bereichen, Gruppen und deren Ursachen erkannt werden.

Das in Tab. 3.51 aufgezeigte Schema wird meist nach den unternehmensspezifischen Anforderungen angepasst und dient in diesem Buch als Beispiel.

**Tab. 3.51**  Kategorisierung von Problemen

| Bereich | Gruppe | Ursache |
| --- | --- | --- |
| **Prozess** | | |
| | Change Management | |
| | | Eine nicht autorisierte Veränderung wurde ausgeführt |
| | | Fehlerhafte Change-Einführung aufgrund einer schlechten Planung |
| | | Fehlerhafte Change-Einführung aufgrund nicht ausreichenden Tests |
| | | Eingeführte Changes haben sich gegenseitig negativ beeinflusst |
| | | Change Rollback/Backout war in der geplanten Zeit nicht möglich oder ist fehlgeschlagen |
| | | Nicht aufgeführte Ursache |
| | Hier können auch weitere Prozesse aufgeführt werden, welche der Grund für eine Störung sind | |
| | Generell | |
| | | Prozesse zu komplex oder fehlerhaft. Eine schnelle Lösung war nicht möglich, da der Prozess eine schnelle Lösung verhinderte |
| | | Fehlende Prozessdokumentation |
| | | Nicht aufgeführte Ursache |
| **Technology/Infrastruktur** | | |
| | Hardware | |
| | | Hardware-Fehler (Leistung der Hardware entspricht nicht den geforderten Service Levels des entsprechenden IT Services) |
| | | Nicht aufgeführte Ursache |
| | Middleware | |
| | | Datenbanken-/Messaging-/Überwachungs-Tools-Fehler |
| | | Fehler aufgrund von veralteten Fixes/Patch Levels |
| | | Nicht aufgeführte Ursache |
| | Betriebssystem | |
| | | Fehler im Betriebssystem |
| | | Fehler aufgrund von veralteten Fixes/Patch Levels |
| | | Nicht aufgeführte Ursache |

| Bereich | Gruppe | Ursache |
|---|---|---|
| | Firmware | |
| | | Fehler in der Firmware |
| | | Fehler aufgrund eines veralteten Firmware Levels |
| | | Nicht aufgeführte Ursache |
| | Geschäftsanwendungs-Software | |
| | | Fehler in der Geschäftsanwendungs-Software |
| | | Fehler aufgrund von veralteten Fixes/Patch Levels der Geschäftsanwendungs-Software |
| | | Fehler/Problem ausgelöst durch den Leistungsbezieher |
| | | Nicht aufgeführte Ursache |
| **Organisation/Mitarbeiter** | | |
| | Know-how | |
| | | Unzureichende Schulung von IT-Spezialisten oder fehlender Wissenstransfer |
| | | Falsche Person mit fehlendem Wissen für die Ausführung der Arbeit eingesetzt |
| | | Person mit erforderlichen Kenntnissen war nicht verfügbar |
| | | Nicht aufgeführte Ursache |
| | Zuteilung | |
| | | Es war nicht klar, wer sich um die Störung kümmern soll (Ping Pong) |
| | | Nicht aufgeführte Ursache |
| **Vereinbarungen** | | |
| | SLA | |
| | | Unrealistische SLA abgeschlossen |
| | | In der Dekomposition verwendete IT Services erfüllen aus einer End to End-Betrachtung das SLA nicht |
| | | Nicht aufgeführte Ursache |
| | OLA | |
| | | Der IT Service erfüllt die vereinbarte Leistung (OLA) nicht (bei interner Leistungserbringung) |
| | | Nicht aufgeführte Ursache |
| | UC | |
| | | Der IT Service erfüllt die vereinbarte Leistung (UC) nicht (bei externer Leistungserbringung) |
| | | Nicht aufgeführte Ursache |
| **Dokumentation** | | |
| | Fehlende Dokumentation | |
| | Dokumentation war falsch oder veraltet | |
| | Nicht aufgeführte Ursache | |
| **Root Cause nicht klar** | | |
| | Root Cause ist nicht identifiziert (Nachweis ist erbracht, dass alle nötigen Aktivitäten ausgeführt wurden, um die Ursache zu finden) z. B. bei nicht reproduzierbaren Störungen | |

## Mögliche Prozessrollen und ihre Zuteilung

In den ITIL® Handbüchern ist für den PM-Prozess nur die Rolle des Problem Managers beschrieben. Aus Sicht des Autors ist es sinnvoll, zwei Rollen für diesen Prozess zu etablieren.

- Problem Analyst (Diese Prozessrolle ist nicht Teil von ITIL®)
  - Aufgabe
    - Erkennt das Problem (proaktiv) oder erhält ein Problem-Ticket zugewiesen.
    - Erstellt einen Problem Record (falls dieses noch nicht besteht).
    - Kategorisiert und priorisiert das Problem.
    - Untersucht und analysiert das Problem z. B. RCA mit 5-Why-Methode.
    - Zieht falls nötig weitere Spezialisten hinzu.
    - Entwickelt Umgehungslösungen und/oder findet Lösungsansatz, um die Störung zu beheben.
    - Löst das Problem oder überwacht die Lösungsfindung.
    - Erstellt Known Error Record.
    - Führt die Problem Record-Informationen nach.
    - Falls nötig, leitet er die Störungsmeldung an einen Spezialisten über das etablierte Verteilungssystem (z. B. Dispatcher-Kreise) weiter.
    - Schließt das Ticket, wenn eine finale Lösung gefunden wurde.
  - Besetzung
    - Jeder in der Informatik kann diese Rolle wahrnehmen, wenn er Kenntnisse über ein Spezialgebiet hat, die für die Ausarbeitung der Lösung erforderlich sind. In der Regel sind dies jedoch zum größten Teil Mitarbeiter aus dem 2nd Level-Bereich.
- Problem Manager (ITIL® Prozessrolle)
  - Aufgabe
    - Überwacht die offenen Probleme und leitet falls nötig Aktionen zur Lösungsfindung ein
    - Stellt den Rollenträgern und dem Informatik-Management entsprechende Reports zu Verfügung
    - Stellt sicher, dass das Problem gelöst und geschlossen wird.
    - Entwickelt und implementiert Methoden, die eine proaktive Problemerkennung ermöglichen.
    - In einzelnen Unternehmen schließt der zuständige Problem Manager die Problem Records und gibt die Known Error-Einträge nach einer Verifikation zur Ablage frei.
  - Besetzung
    - Es empfiehlt sich, diese Rolle durch einen oder mehrere Mitarbeiter zu besetzen, die ein gutes Verständnis über die gesamte Informatik haben und gerne Herausforderungen in Angriff nehmen. Auch ein gutes Kommunikationsvermögen ist in dieser Rolle sehr empfehlenswert.

## Messkennzahlen für die Überwachung des Prozesses

**Tab. 3.52** KPIs PM-Prozess

| KPI | Beschreibung | Definition Grün | Definition Gelb | Definition Rot |
|---|---|---|---|---|
| %-Zunahme von Problemen im Verhältnis zum Vorjahr | Zunahme der Probleme in % im Verhältnis zum Vorjahr (wird rollend ermittelt) | < 5 % | 5 %–10 % | > 10 % |
| Anzahl Probleme, die proaktiv gelöst wurden | Prozentuale Anzahl von Problem Records, welche proaktiv erstellt wurden, ohne dass es einen offenen Incident gibt, im Verhältnis zur gesamten Anzahl | > 10 % | 5 %–10 % | < 5 % |
| % von Incident-Tickets mit einer bekannten Lösung | Anzahl Incidents, welche mittels einer vordefinierten Lösung aus der „Known Error"-DB gelöst werden konnten, im Verhältnis zur totalen Anzahl Incidents in % | > 15 % | 5 %–15 % | < 5 % |
| **Weitere informative Kennzahlen für Vergleiche** | | | | |
| Anzahl identifizierter Probleme | Totale Anzahl erstellter Problem Records pro Priorität | Prio. 1 xx Prio. 2 yy etc. | | |
| Anzahl offener Probleme | Totale Anzahl offener Problem Records pro Priorität | Prio. 1 xx Prio. 2 yy etc. | | |
| Anzahl erledigter Probleme pro Priorität | Totale Anzahl erledigter Probleme pro Priorität | Prio. 1 xx Prio. 2 yy etc. | | |
| Anzahl Einträge in der Known Error-DB | Anzahl Known Error-DB-Einträge | | nn | |
| PM-Aufwand Manager-Rolle | Erheben des rapportierten Aufwands für die Problem Manager-Rolle (Total aufgewendete Std.) | | nn Std. | |

Alle KPIs werden für die entsprechende Rapportierungsperiode ausgewiesen. Mit diesem QR-Code können Sie ein Feedback für Abschn. 3.4.16 abgeben.

### 3.4.17   Service Request Fulfillment (Service Operation)

Beim Service Request Fulfillment (SRF)-Prozess handelt es sich, um die Abwicklung und Erbringung von standardisierten Anfragen/Anliegen des Leistungsbeziehers. Diese können vielfach mittels eines Kataloges abgerufen werden. Die Bearbeitung der Anfragen/Anliegen erfolgt durch sogenannte Request-Tickets.

Es werden zwei Hauptanliegentypen innerhalb der Abwicklung unterschieden:

- **Auftragsanliegen**
  - Je Auftragsanliegen werden entsprechende Reaktions- und Erbringungszeiten definiert. Solche Anliegen können sein:
    - Installation, Umzug, Deinstallation einer Arbeitsstation
    - Abruf von Batch Jobs
    - Zugriffsrechtevergabe
    - Standardisierte „Requests for Changes" (Diese werden im Sourcing-Umfeld vermehrt eingesetzt, wenn die interne IT Changes in Auftrag gibt, welche vom Sourcer auszuführen sind)
- **Informationsanliegen**
  - Anfragen betreffend Status eines Request-, Incident- oder Problem-Tickets oder einer „How can I" – Frage (Wie kann ich in der Tabellenkalkulation die …?)
  - Bei einigen Kunden werden Passwortrücksetzungen auch über diesen Anliegentyp abgewickelt. Das neue Passwort wird dem Antragsteller via seiner E-Mail-Adresse zugestellt. Beim Verlust des E-Mail-Passworts kann das neue temporäre Passwort dem Vorgesetzten zugestellt werden. Dieser teilt dem Mitarbeiter das Passwort mit. Eine Identifizierung des Mitarbeiters, welcher das neue Passwort bekommt, wird somit über den Vorgesetzen sichergestellt.

**Prozessinhaltsbeschreibung mit den wichtigsten Schritten**

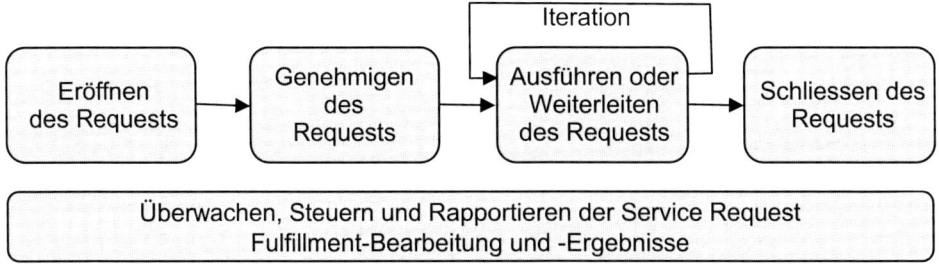

**Abb. 3.45**  Service Request Fulfillment-Prozess

- **Eröffnen des Requests**

  In vielen Unternehmen wird für die Request-Auswahl ein Katalog eingesetzt, in welchem alle möglichen Auftragsanliegen aufgeführt und bereits als vordefinierte Request-Modelle (z. B. Aufteilung in Teilaufträge, Durchlaufzeiten) abgelegt sind. Bei der Selektion des entsprechenden Auftrags im Katalog erfolgt vielfach eine automatische Eröffnung des Request-Tickets im Request Fulfillment Tool. Falls die Requests über standardisierte E-Mail Templates eingehen, so wird durch die zuständige Stelle das Request-Ticket im entsprechenden Tool eröffnet.

- **Genehmigen des Requests**

  Anschließend erfolgt das Analysieren des Requests sowie das Sicherstellen, dass der Antragsteller für die eingereichten Requests berechtigt ist und, dass die finanziellen Ressourcen für die Ausführung und das Budget zur Verfügung stehen. Bei mittleren und größeren Unternehmen wird oft auch dieser Prozessschritt mittels eines Workflow-Tools unterstützt.

- **Ausführen oder Weiterleiten des Requests**

  Dieser Prozessschritt beinhaltet die Ausführung der entsprechenden Arbeiten. Aus einer prozessualen Sicht wird in diesem Schritt sichergestellt, dass die zur Abwicklung nötigen Prozesse angestoßen werden (z. B. bei einer Zugriffsrechtevergabe → Access Management). Der Request verbleibt so lange in diesem Prozessschritt, bis die letzte Aktivität ausgeführt wurde.

- **Schließen des Requests**

  Abschließend erfolgt die Verifizierung der Request-Erbringung und das Schließen des Requests.

- **Überwachen, Steuern und Rapportieren der Service Request Fulfillment-Bearbeitung und -Ergebnisse**

  Dieser Prozessschritt sorgt für die Überwachung der Requests während des gesamten Lebenszyklus. Um sicher zu stellen, dass die Requests termingerecht ausgeführt werden, erfolgen nötigenfalls entsprechende Informationen oder Eskalationen. Dieser Schritt stellt auch ein regelmäßiges Reporting sicher.

## Prinzipien

Mögliche Prinzipien, welche wichtige Leitplanken für die Einführung und Nutzung des SRF-Prozesses bilden:

- Jede(s) Anfrage/Anliegen wird in einem Tool als Request erfasst.
- Die Erfassung, Abarbeitung und Überwachung der IT-Aufträge erfolgt unternehmensweit mit einem einheitlichen Tool.
- Das Genehmigen von Auftragsanliegen liegt in der Verantwortung des Leistungsbezieher-Managements oder bei IT-internen Aufträgen beim entsprechenden IT Management.

- Der Genehmigungsfluss wird einmal pro Jahr durch das Leistungsbezieher-Management überprüft.
- Änderungen im Genehmigungsfluss des Leistungsbeziehers werden durch den Leistungsbezieher verwaltet. (Ausnahme bilden IT-interne Auftragsanliegen. Dieser Genehmigungsfluss wird innerhalb der IT verwaltet).
- Einzelne Aufträge werden mittels Tool-Unterstützung in Teilaufträge aufgeteilt. (Falls dieses Prinzip zur Anwendung kommt, so wird es die Tool-Evaluation stark beeinflussen).
- Teilaufträge, welche durch Drittanbieter erledigt werden, werden terminlich durch den Service Desk (dies könnte auch eine andere interne Stelle innerhalb der Informatik sein) überwacht.
- Alle Auftragsanliegen gelten als Kategorie 5 „Standard" Changes. Die Dokumentation dieser Anliegen erfolgt nur im entsprechenden Auftrags-Tool. Bei einer erstmaligen Nutzung dieser Change-Kategorie, muss diese über das Change Management abgewickelt werden, danach gelten diese Anliegen als im Voraus genehmigt.

### Inhalt eines eingehenden Requests vom Typ Auftragsanliegen

Ein Request vom Typ Auftragsanliegen, welcher vom Antragsteller eingereicht wird, sollte folgende Informationen beinhalten:

- Ausstellungsdatum
- Name des Auftragsgebers inkl. Kontaktinformationen
- Request-Beschreibung
- Zieltermin unter Berücksichtigung der Erbringungszeit

Weitere Informationen, wie der Genehmigungsfluss, Freigaben (Approvals), zugeordnete Support-Gruppen für die Erledigung etc., werden meist bei der Erfassung des Requests ermittelt oder eingeholt und im Request-Ticket festgehalten.

### Mögliche Arten von Auftragsanliegen mit Erbringungszeiten

In Tab. 3.53 sind einige Arten von Auftragsanliegen aufgeführt. Es ist sinnvoll, die benötigten Auftragsarten bei der Etablierung des Prozesses zu definieren. Je Art wird die Erbringungszeit (Durchlaufzeit in Arbeitstagen (AT) oder Minuten (Min.)) definiert.

**Tab. 3.53**  Mögliche Arten von Auftragsanliegen mit Erbringungszeiten

| Arten von Auftragsanliegen | Erbringungzeit |
|---|---|
| Installation eines Arbeitsplatz-Services | |
|    Option: Desktop Standard | 5 AT |
|    Option: Desktop High End | 20 AT |
|    Option: xxx | xx AT |
| Installation einer Standard-Software | sofort[a] |
| Beschaffung, Konfektion (Packaging) und Installation zusätzlicher Software | 24 AT |
| Mutation, Umzug und/oder Übertritt einer Person | 15 AT |
| Beschaffung und Installation zusätzlicher PC Hardware | 24 AT |
| Mutation Zugriffsberechtigung | 2 AT |
| Löschung einer Benutzer-ID, Emergency-Deaktivierung (fristlose Kündigung) | 15 Min.[b] |
| Löschung eines Benutzers (Standarddurchlaufzeit) | 3 AT |
| Telefonbestellung „Mobile" | 10 AT |
| Telefonbestellung „Festanschluss" | 5 AT |
| Ausführen von Batch Jobs xxx | 2 AT |

[a] Da die Installation von Standard-Software in diesem Beispiel über eine Software-Verteilung erfolgt, ist die Erbringungzeit als sofort definiert.
[b] Die Emergency-Löschung eines Benutzers erfolgt auch über einen Request, vielfach muss sich jedoch der Vorgesetzte via Telefon beim Service Desk melden, um sicherzustellen, dass die Löschung, wie im Beispiel aufgezeigt, innerhalb von 15 Min. erfolgt.

Es ist sinnvoll, wenn die hier aufgeführten Erbringungszeiten im entsprechenden SLA des Business IT Services festgehalten werden. In der Regel wird noch ein Passus eingefügt, der darauf hinweist, dass diese Zeiten bei 95 % der Auftragsanliegen eingehalten werden.

Für die Erbringung der verschiedenen Arten von Auftragsanliegen sind teilweise unterschiedliche Informatikgruppen zuständig. Aus diesem Grund ist es sinnvoll, beim Etablieren der Auftragsarten jeweils zu definieren, welche Teilaufträge mit den entsprechenden Durchlaufzeiten für die Erbringung der Dienstleistung nötig sind und welche Gruppe diese Dienstleistung erbringt. Zusätzlich ist zu klären, welche Teilaufträge sequenziell und welche parallel ausgeführt werden können.

Es empfiehlt sich, für die Zuteilung und Bearbeitung der Teilaufträge auch Dispatcher-Kreise, wie im Incident und Problem Management verwendet, zu nutzen (siehe Abb. 3.46).

## Genehmigungsfluss für Auftragsanliegen

Jeder Request vom Typ Auftragsanliegen muss genehmigt werden. Nach der Definition der Auftragsarten (siehe vorgängiges Kapitel) ist es wichtig, dass für jede Auftragsart ein Genehmigungsfluss definiert wird. In den meisten Unternehmen ist es der Vorgesetzte mit Kostenstellenverantwortung, welcher den Request aus arbeitstechnischer und finanzieller Sicht genehmigt. Bei Zugriffsrechten kann es sein, dass zusätzlich ein Datenverantwortlicher oder Anwendungsverantwortlicher eine Genehmigung erteilen muss.

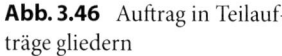

**Abb. 3.46**  Auftrag in Teilaufträge gliedern

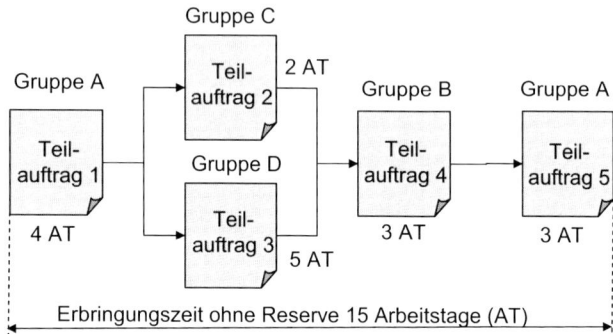

## Verschiedene Zeitspannen bei der Bearbeitung von Auftragsanliegen

Bei der Bearbeitung von Auftragsanliegen spielen verschiedene Zeitspannen eine wichtige Rolle. Es empfiehlt sich, diese bei der Ausarbeitung des Prozesses zu definieren und diese Information in die Umsetzungsdokumente mit einzubeziehen. Zusätzlich ist die grafische Zeitdarstellung für die Einführung eines Request Fulfillment Tools eine gute Grundlage.

In der grafischen Darstellung werden folgende Zeiten unterschieden (siehe Abb. 3.47):

**Aufnahmezeit**  Dies ist die Zeit vom Erhalt des schriftlichen Auftrags bis ein Request-Ticket mit dem Typ Auftrags-Anliegen z. B. mit dem Status „New" eröffnet ist. Wird ein Katalog genutzt und ist dieser mit dem Request Fulfillment Tool elektronisch verbunden oder integriert, so ist diese Zeit gleich null. Falls es keine solche Schnittstelle gibt und der Eingang der Requests mittels standardisierten E-Mails erfolgt, ist es empfehlenswert, die Aufnahmezeit zu definieren (z. B. innerhalb von 4 Std. ab Eingang des Auftragsanliegens wird beim Service Desk ein Request-Ticket erstellt).

**Bewilligungszeit**  Dies ist die Zeit, welche für die Bewilligung (Approval) benötigt wird. Es ist empfehlenswert, die Einholung der Bewilligung über ein Workflow Tool abzuwickeln, um jederzeit Aussagen über den Status des Anliegens machen zu können. Am Ende dieser Zeit ist das Request-Ticket genehmigt (z. B. Status „Approved", oder abgewiesen, Status „Closed with Rejection"). Der Auftraggeber wird bei vielen Unternehmen über die Änderung des Status informiert. Beim Erreichen des Status „Approved", startet jeweils die Erbringungszeit und die Ticketlaufzeit.

**Teilauftragszeit**  In der Regel werden Auftragsanliegen für die Abwicklung in Teilaufträge unterteilt, da die Erbringung durch unterschiedliche Gruppen innerhalb der Informatik erfolgt. Für jeden Teilauftrag ist eine Durchlaufzeit (Zeit, welche für die Erbringung des Teilauftrags nötig ist) definiert. Beginnt die Person, welche den Auftrag zugeteilt bekommen hat, daran zu arbeiten, so setzt sie diesen z. B. auf den Status WIP (Work in Progress). Ist ein Teilauftrag erledigt (Teilauftrag wird als geschlossen gekennzeichnet), so erhält die nächste Gruppe, welche den nachfolgenden Teilauftrag erbringt, eine Meldung, dass sie nun mit der Erbringung ihres Teilauftrags starten kann. Beim Schließen des letzten Teilauftrags steht

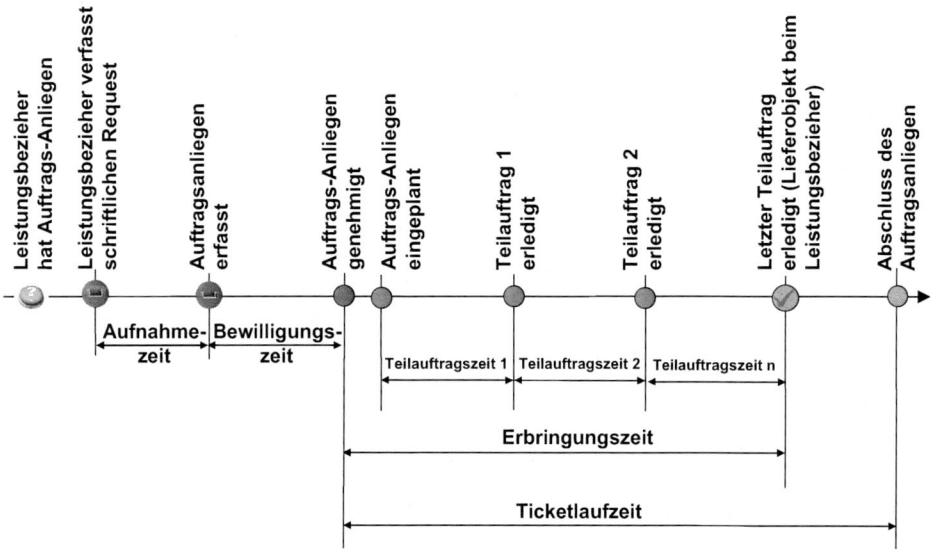

**Abb. 3.47** Verschiedene Zeitspannen bei der Bearbeitung von Auftragsanliegen

in der Regel das Lieferobjekt dem Auftraggeber zur Verfügung (z. B. Arbeitsplatzoption: „Desktop Standard" steht auf dem Schreibtisch des Mitarbeiters und ist funktionsfähig; im Abnahmeprotokoll hat der Auftraggeber bestätigt, dass der Desktop-PC funktioniert und er arbeiten kann. Ein Abnahmeprotokoll kommt oft bei outgesourcten Arbeitsplatzdienstleistungen zur Anwendung).

Die Einplanung des Auftrags erfolgt meist nach dem Rückwärtsterminierungsverfahren, mit der Einplanung einer kleinen Pufferzeit am Ende basierend auf dem Zieltermin des Auftraggebers, falls dieser die vorgängig definierte Erbringungszeit nicht unterschreitet.

**Erbringungszeit** Ist die Zeit, von der Bewilligung des Auftrags z. B. Status „Approved" bis der letzte Teilauftrag erledigt ist und somit der Auftrag als erfüllt gilt z. B. mit dem Status „Solved".

**Ticketlaufzeit** Dies ist die Zeit von der Bewilligung des Auftrags bis zur Kennzeichnung des Tickets als geschlossen, z. B. „Closed". Wie im Incident Management, erfolgt die Setzung dieses Status oft automatisch nach einer definierten Laufzeit, z. B. nach 5 Tagen. Während dieser Zeit hat der Leistungsbezieher die Möglichkeit, falls der Auftrag nicht korrekt erbracht wurde, eine Wiedereröffnung des Request-Tickets zu verlangen. Dies bedeutet, dass die Erbringungszeit wieder zu laufen beginnt. Wird erst nach der vereinbarten Periode erkannt, dass der Auftrag nicht ordnungsgemäß ausgeführt wurde, so muss ein Request-Ticket eröffnet werden.

## Eskalationsverfahren bei Auftragsanliegen

Werden Aufträge nicht in der vereinbarten Zeit durch die verantwortliche Gruppe abgearbeitet, so werden die entsprechenden Auftragsanliegen über den Service Request Manager eskaliert.

Abbildung 3.48 zeigt ein mögliches Eskalationsmodell für Auftragsanliegen):

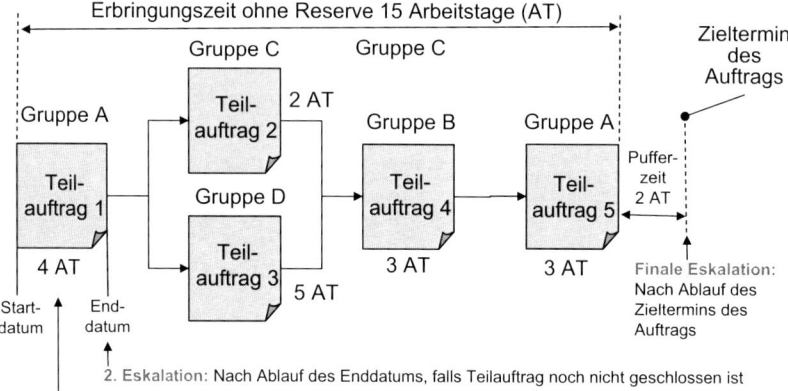

**Abb. 3.48**   Eskalationsverfahren bei Auftragsanliegen

**1. Eskalation**   Nach dem Rückwärtsterminierungsverfahren wird für jeden Teilauftrag ein Start- und ein Enddatum festgelegt. Ist der Teilauftrag nicht in der Hälfte der eingeplanten Teilauftragszeit (in unserem Beispiel beim Teilauftrag 1 in 2 AT) in Bearbeitung, so erfolgt eine Eskalation an den jeweiligen Bearbeiter des Requests und an den zuständigen Dispatcher des Bearbeiters. Der Dispatcher wird nun tätig und stellt sicher, dass das Enddatum des Teilauftrags eingehalten werden kann.

**2. Eskalation**   Diese erfolgt bei der Überschreitung des Enddatums des jeweiligen Teilauftrages, falls dieser zu diesem Zeitpunkt nicht als erledigt gekennzeichnet ist. Empfänger der Eskalation sind: der jeweilige Bearbeiter des Requests, der zuständige Dispatcher sowie der Service Request Manager. Der Service Request Manager wird nun tätig und klärt, warum es zur Verzögerung kommt und wie der Zieltermin des Auftraggebers eingehalten werden kann. Falls nötig, wird der Auftrag mit der Reduzierung der Pufferzeit neu terminiert.

Die Eskalationen 1 und 2 erfolgen falls nötig je Teilauftrag. Vielfach sind diese Eskalationen aus dem Request Fulfillment Tool automatisiert.

**Finale Eskalation**   Diese erfolgt bei der Überschreitung des Zieltermins des Auftraggebers. Empfänger der Finalen Eskalation ist der Service Request Manager. Dieser informiert den Auftraggeber über die Verzögerung sowie das neue Lieferdatum und stellt sicher, dass der Auftrag so schnell als möglich ausgeführt wird.

**Mögliche Arten von Informationsanliegen mit Erbringungszeiten**

In Tab. 3.54 sind einige mögliche Arten Informationsanliegen mit beispielhaften Erbringungszeiten aufgeführt.

**Tab. 3.54** Mögliche Arten von Informationsanliegen mit Erbringungszeiten

| Arten von Informationsanliegen | Optimale Erbringungszeit | Maximale Erbringungszeit |
|---|---|---|
| How can I (Wie kann ich)-Fragen | Sofort | 2 AT |
| Passwortrücksetzungen (durch den Service Desk erbracht) | Sofort | 2 Std. |
| Anfrage betreffend Stand des Tickets | Sofort | 2 Std. |
| Anfrage betreffend Stand einer Störung | Sofort | 1 Std. |
| Anfragen betreffend Zuständigkeiten | Sofort | 1 AT |

Die Erbringungszeit definiert sich zwischen Eingang des Informationsanliegens beim Service Desk, z. B. via Telefon, und der Benachrichtigung des Auftragsgebers darüber, dass das Anliegen erledigt wurde. Falls der Service Desk diese Anliegen nicht beantworten/lösen kann, so erfolgt eine Weiterleitung an den zuständigen Dispatcher-Kreis.

**Integration von Drittanbietern in die Auftragsabwicklung**

Falls die Drittanbieter bereit sind, mit dem eingesetzten Request Fulfillment Tool zu arbeiten, so ist dies die einfachste Integration. Somit wird für den Drittanbieter eine eigene Gruppe (Dispatcher-Kreis) erstellt.

Falls eine Integration ins Tool nicht erfolgen kann, was sehr häufig der Fall ist, so gibt es für den Drittanbieter auch einen eigenen Dispatcher-Kreis, welcher z. B. vom Service Desk verwaltet wird.

Geht ein Teilauftrag, welcher vom Drittanbieter erbracht werden muss, ein, so leitet der Service Desk diese Information über das definierte Medium (z. B. via E-Mail) an diesen weiter. Der Drittanbieter bestätigt den Eingang und teilt mit, wann die Bearbeitung des Teilauftrags erfolgt. Der Service Desk führt diese Information im Teilauftrag nach. Bei der Erledigung des Teilauftrags wird der Service Desk wieder informiert, dieser führt die nötigen Informationen im Ticket nach und markiert den Teilauftrag des Drittanbieters als ausgeführt.

**Mögliche Prozessrollen und ihre Zuteilung**

In den ITIL® Handbüchern ist ausschließlich die Request Fulfillment Group beschrieben. Es ist jedoch von Vorteil, drei unterschiedliche Rollen für diesen Prozess zu etablieren.

- Service Request Analyst (Diese Prozessrolle ist nicht Teil von ITIL®)
  - Aufgabe
    - Initiale Arbeiten
      - Entgegennehmen der Requests.

  – Prüfen der Vollständigkeit und Genehmigung des Requests (falls diese nicht
    elektronisch, über eine Katalogschnittstelle eingehen).
  – Eröffnen des Request-Tickets.
  – Falls möglich, Erbringung des Informationsanliegens.
  – Planen des Request-Tickets inkl. der Teilaufträge.
  – Wiederholende Arbeiten (bei Auftragsanliegen meistens der Fall)
    – In der Funktion als Dispatcher wird nach freien Ressourcen innerhalb des Teams
      für die Erbringung gesucht und das Request-Ticket (z. B. Teilauftrag) dem Er-
      bringer zugeteilt.
    – Verifizieren des Teilauftrags.
    – Ausführen des Teilauftrags.
    – Schließen des Teilauftrags.
    – Falls die Weiterleitung des Teilauftrags an die nächste Gruppe (Dispatcher-Kreis)
      nicht automatisch erfolgt, so erfolgt dies manuell.
  – Besetzung
    – Initiale Arbeiten
      In der Regel werden diese durch Service Desk-Mitarbeiter ausgeführt.
    – Wiederholende Arbeiten
      Jeder in der Informatik kann diese Rolle wahrnehmen, wenn die Person zuständig
      für die Ausführung eines Teilauftrages ist.
• Service Request Approver (Diese Prozessrolle ist nicht Teil von ITIL® und bei Auftrags-
  anliegen nötig)
  – Aufgabe
    – Analysieren des Auftragsanliegens.
    – Sicherstellen, dass der Antragsteller zum Erhalt des Auftragsresultats berechtigt ist.
    – Sicherstellen, dass die finanziellen Ressourcen für die Ausführung und die Deckung
      der laufenden Kosten zur Verfügung stehen (bei Kostenverantwortung des Appro-
      vers).
  – Besetzung
    – Oft ist dies der Vorgesetzte des Auftraggebers, falls dieser eine Kostenverantwor-
      tung hat, ansonsten ist es die nächst höhere Management-Stufe mit Kostenverant-
      wortung.
    – Bei Vergaben von Zugriffsrechten können dies auch zusätzliche Approver, wie z. B.
      Datenverantwortliche oder Applikationsverantwortliche sein. Grundsätzlich ist die
      Besetzung dieser Rolle von Unternehmensrichtlinien im Bereich Finance, Com-
      pliance oder Security abhängig.
• Service Request Manager (Diese Prozessrolle ist nicht Teil von ITIL®)
  – Aufgabe
    – Überwacht die offenen Requests und leitet nötigenfalls Aktionen zur Terminsicher-
      stellung ein.
    – Stellt dem Dispatcher und dem IT Management den Report zu Verfügung.

> – Leitet nötigenfalls Eskalationen ein und nimmt in Absprache mit den involvierten Personen eine Neuplanung vor.
> – Informiert den Auftraggeber, falls der Termin nicht eingehalten werden kann.
- Besetzung
  > – Diese Rolle wird vielfach von Service Desk-Mitarbeitern, welche im Backoffice-Bereich tätig sind, wahrgenommen. Einzelne Firmen, mit sehr vielen Request-Tickets. haben dazu auch eine zentrale Stelle innerhalb der Informatik etabliert.

## Messkennzahlen für die Überwachung des Prozesses

**Tab. 3.55**  KPIs SRF-Prozess

| KPI | Beschreibung | Definition Grün | Definition Gelb | Definition Rot |
|---|---|---|---|---|
| First Call Resolution von Informationsanliegen in % | First Call Resolution von Informationsanliegen | > 95 % | 85–95 % | < 85 % |
| Erbringungszeit von Informationsanliegen nicht erreicht in % | Anzahl Informationsanliegen, bei welchen die Erbringungszeit nicht erreicht wurde, im Verhältnis zur Gesamtzahl der Informationsanliegen in % | < 5 % | 5–15 % | > 15 % |
| Aufnahmezeit nicht eingehalten (nur wenn manuell ausgeführt) | Prozentuale Anzahl von Auftragsanliegen, bei welchen die vereinbarte Aufnahmezeit überschritten wurde, im Verhältnis zur gesamten Anzahl | < 5 % | 5–10 % | > 10 % |
| Zieltermin von Auftragsanliegen nicht erreicht | Anzahl Auftragsanliegen, bei welchen die Zieltermine des Auftraggebers nicht erreicht wurden, im Verhältnis zur Gesamtzahl der Auftragsanliegen in % (unter Berücksichtigung der benötigten Erbringungszeit) | < 5 % | 5–10 % | > 10 % |
| Eskalationen der Stufe 1 in % | Prozentuale Anzahl von Stufe 1 Eskalationen im Verhältnis zur totalen Anzahl Teilaufträgen von Auftragsanliegen in % | < 15 % | 15–25 % | > 25 % |
| Eskalationen der Stufe 2 in % | Prozentuale Anzahl von Stufe 2 Eskalationen im Verhältnis zur totalen Anzahl Teilaufträgen von Auftragsanliegen in % | < 8 % | 8–15 % | > 15 % |

**Tab. 3.55**  (Fortsetzung)

| KPI | Beschreibung | Definition Grün | Definition Gelb | Definition Rot |
|---|---|---|---|---|
| **Weitere informative Kennzahlen für Vergleiche** | | | | |
| Anzahl neuer Requests sortiert nach Typ/Art | Total Anzahl neuer Requests | | nn | |
| Anzahl offener Requests sortiert nach Typ/Art | Total Anzahl offener Requests | | nn | |
| Anzahl geschlossener Requests sortiert nach Typ/Art | Total Anzahl geschlossener Requests | | nn | |
| SRF-Aufwand Manager-Rolle | Erheben des rapportierten Aufwands für die Service Request Manager-Rolle (Total aufgewendete Std.) | | nn Std. | |

Alle KPIs werden für die entsprechende Rapportierungsperiode ausgewiesen.
Mit diesem QR-Code können Sie ein Feedback für Abschn. 3.4.17 abgeben.

### 3.4.18  Access Management (Service Operation)

Der Access Management (AM)-Prozess ist für die Bewilligung und Verwaltung von Identitäten und deren Zugriffsrechten verantwortlich.

Grundsätzlich erfolgt das Initialisieren dieses Prozesses über einen Auftrag, welcher meist über das Service Request Fulfillment abgewickelt wird. Eine Ausnahme kann dabei die regelmäßige Revalidierung der Zugriffrechte darstellen, welche nach einem definierten Rhythmus erfolgt.

Es hat sich gezeigt, dass diese Revalidierung von Zugriffsrechten sehr wichtig ist. Zum Beispiel kommt es vor, dass Auszubildende, welche regelmäßig die Abteilungen wechseln,

ohne diese Revalidierung in einigen Unternehmen am Ende ihrer Ausbildung die meisten
Zugriffsrechte im ganzen Unternehmen haben.

**Prozessinhaltsbeschreibung mit den wichtigsten Schritten**

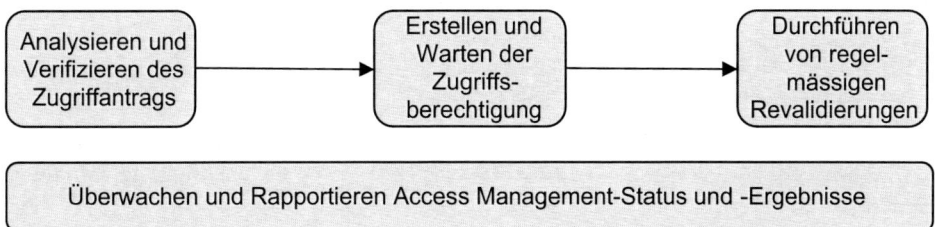

**Abb. 3.49** Access Management-Prozess

- **Analysieren und Verifizieren des Zugriffantrags**
  Wie bereits beschrieben, ist es am sinnvollsten, Zugriffanträge über das Service Request
  Fulfillment zu leiten und diese zur Abarbeitung dem Access Management weiter-
  zugeben. Es ist jedoch möglich, dass es sich um eine Zugriffsberechtigung für eine
  Anwendung handelt, welche auch ein Benutzerprofil mit Zugriffsrechten benötigt. In
  diesem Fall kann dieser Antrag bei der Realisierung der Lösung auch über einen Request
  for Change (RFC) abgewickelt werden. Was aber in beiden Fällen vorliegen muss, sind
  die Genehmigungen (Approvals) der verantwortlichen Stellen. In diesem Prozessschritt
  wird geprüft, ob der beantragte Zugriff basierend auf der Security Policy berechtigt ist
  und ob die Genehmigung rechtens ist.
- **Erstellen und Warten der Zugriffsberechtigung**
  In diesem Prozessschritt werden die Benutzer-ID's mit den Zugriffsrechten erstellt, gewartet und gelöscht. Es muss sichergestellt werden, dass eine Emergency-Deaktivierung
  bei einer fristlosen Kündigung innerhalb der vereinbarten Zeit möglich ist (15 Min.
  in unserem Beispiel aus dem Service Request Fulfillment-Prozess siehe dazu Abschn. 3.4.17).
- **Durchführen von regelmäßigen Revalidierungen**
  Durch eine regelmäßige Revalidierung der Benutzer-ID's mit den Zugriffsrechten wird
  sichergestellt, dass diese den aktuellen Geschäftsanforderungen und der Security Policy
  entsprechen. Im Weiteren wird auch überprüft, dass nur so viele Zugriffrechte erteilt
  sind, wie effektiv für die Bewältigung der täglichen Arbeit benötigt werden.
  Die Revalidierung der Rechte erfolgt meist durch den Vorgesetzten oder den zuständigen
  IT Service-Verantwortlichen (z. B. bei Admin Accounts) Eine Workflow-Unterstützung
  für diesen Prozessschritt ist empfehlenswert.
- **Überwachen und Rapportieren Access Management-Status und -Ergebnisse**
  In diesem Prozessschritt wird die Vergabe der Zugriffrechte überwacht und sicherge-
  stellt. Zusätzlich werden in diesem Schritt auch die benötigten Reports erstellt.

**Prinzipien**

Mögliche Prinzipien, welche wichtige Leitplanken für die Einführung und Nutzung des
AM-Prozesses bilden:

- Neu erstellte Benutzerprofile sind mit einem Passwort zu versehen, welches zwingend
  nach Erhalt durch den Eigner geändert werden muss.
- Passwortrücksetzungen werden, sofern möglich, mit einer Software-Lösung unterstützt,
  so dass der Antragsteller die Rücksetzung selber ausführen kann.
- Das Einholen der nötigen Genehmigung für die Zugriffsrechte ist immer in der Verantwortung des Antragstellers. Der AM-Prozess prüft, ob diese Genehmigung vorhanden
  und korrekt ist.
- Alle Benutzer-ID's mit ihren Rechten müssen einmal jährlich durch den zuständigen
  Vorgesetzten oder den Verantwortlichen des entsprechenden IT Services validiert werden. (Dies kann eine Vorgabe aus der Security Policy sein.)
- Jede Veränderung an Zugriffsrechten ist in einem Log für 3 Jahre aufzubewahren.

**Verschiedene Benutzeridentifikationen (IDs)**

Es gibt verschiedene Arten von Benutzer-IDs in einem Unternehmen. Es ist daher sinnvoll,
diese mittels einer Namenskonvention oder Attributen in der ID zu unterscheiden.

   Nachfolgend sind zwei Beispiele von Benutzer-IDs aufgeführt:

- **Persönliche IDs**: Mittels dieser Art IDs werden einer Person direkt Rechte erteilt, um
  Zugriff auf benötigte Informationen zu gewähren. In dieser ID-Gruppe sind zwei Un-
  tergruppen möglich.
  - **IDs mit privilegierten Zugriffsrechten**: Mit diesen IDs ist es möglich, weitere
    Benutzer-IDs zu erstellen oder die Rechte von anderen Benutzer-IDs zu ändern.
  - **IDs mit Standardzugriffsrechten**: Es wird nur Zugriff auf den notwendigen Informa-
    tionsbereich zur Verfügung gestellt.
- **Unpersönliche IDs:** Diese sind z. B. System-IDs, Admin-IDs, IDs für Anwendungen
  oder auch Shared-IDs. Diese Arten von IDs sind nötig, um die Systeme zu verwalten
  oder zu ermöglichen, dass Anwendungen auf Informationen zugreifen können, welche
  für die Verarbeitung nötig sind.
  Wie bereits erwähnt, ist es sinnvoll, dass der jeweilige IT Service Provider, welcher die
  Verantwortung für die entsprechenden System-Komponenten hat, auch die Verantwortung über die unpersönlichen IDs übernimmt. Bei System-IDs von Windows Servern
  wäre dies der Abteilungsleiter der Windows Server-Gruppe, welcher die Verantwortung
  aller IDs im Bereich der Platform Windows IT Services inne hat.

Auch in dieser ID-Gruppe ist es sinnvoll, zwei Untergruppen zu unterscheiden:

- **IDs mit privilegierten Zugriffsrechten**: Mit diesen IDs ist es möglich, weitere Benutzer-IDs zu erstellen oder die Rechte von anderen Benutzer-IDs zu ändern.
- **IDs mit Standardzugriffsrechten**: Es wird nur Zugriff auf den notwendigen Informationsbereich zur Verfügung gestellt.

Es ist von Vorteil, auch zu differenzieren, ob die IDs dem Leistungsbezieher oder dem Leistungserbringer zugeordnet sind. Innerhalb des Leistungserbringers kann es sinnvoll sein, noch zusätzlich zu unterscheiden, ob diese unternehmensintern oder durch Drittanbieter verwendet werden.

### Benötigte Informationen für eine Revalidierung

Wie im Access Management-Prozess beschrieben, sind regelmäßige Revalidierungen zwingend nötig.

Beispielhaft ist für eine „Persönliche ID" und eine „Unpersönliche ID" nachfolgend dargestellt, welche Informationen für die Revalidierung zur Verfügung gestellt werden sollten (siehe Tab. 3.56 und 3.57):

### Persönliche ID

**Tab. 3.56** Informationen für Revalidierung „Persönliche ID"

| Attribute: | Beispiel-Inhalt: |
| --- | --- |
| ID Name | FC046345 |
| Eigner der ID | Fritz Kleiner inkl. Arbeitsadresse, Telefonnummer, E-Mail |
| Status der ID | aktiv |
| Letzte Verwendung | 29.12.2011 |
| Zugehörigkeit | Leistungsbezieher |
| Privilegiert | Nein |
| Zugriffsrechte | Anwendung xx Datenbank yy Lesen und Schreiben etc. |
| Letzte Revalidierung | 01.01.2011 |

**Unpersönliche ID**

**Tab. 3.57**  Informationen für Revalidierung „Unpersönliche ID"

| Attribute: | Beispiel-Inhalt: |
|---|---|
| ID Name | Admin xxx |
| ID Untergruppe | Shared-ID |
| Nutzungsgruppe | Windows Team xxx |
| Name der Komponente (CI), auf welcher die ID genutzt wird | S15000 |
| Komponentenbeschreibung | Windows Server Standalone |
| Sicherheitsklassifizierung | Interner Gebrauch |
| Standort | Rechenzentrum Zürich 1 |
| Status der ID | aktiv |
| Letzte Verwendung | 31.08.2012 |
| Zugehörigkeit | Leistungserbringer |
| Privilegiert | Ja |
| Zugriffsrechte | Root-Zugriff Lesen und Schreiben |
| Letzte Revalidierung | 01.01.2011 |

## Mögliche Prozessrollen und ihre Zuteilung

In den ITIL® Handbüchern ist ausschließlich die Access Manager-Rolle definiert. Es ist jedoch von Vorteil, drei unterschiedliche Rollen für diesen Prozess zu etablieren.

- Access Analyst (Diese Prozessrolle ist nicht Teil von ITIL®)
  - Aufgabe
    - Analysieren und Verifizieren des Zugriffantrags.
    - Anlegen, Ändern und Löschen der IDs und der entsprechenden Zugriffsrechte.
    - Initialisieren und überwachen der Durchführung einer Revalidierung.
    - Falls nötig, Einleitung von Eskalationsmaßnahmen über das Management bei ausstehenden Revalidierungen.
  - Besetzung
    - Die Vergabe von nicht privilegierten Rechten erfolgt oft durch den Service Desk. Bei privilegierten Rechten erfolgt die Vergabe durch Personen aus dem Security-Bereich, welche auch die Revalidierung überwachen.
- Access Verifier (Diese Prozessrolle ist nicht Teil von ITIL®)
  - Aufgabe
    - Validieren der Zugriffsberechtigungen in seinem Verantwortungsbereich.
  - Besetzung
    - Diese Rolle wird vom Leistungsbezieher, wie auch vom Leistungserbringer besetzt. Bei persönlichen IDs ist dies der jeweilige Vorgesetzte. Bei unpersönlichen IDs ist dies der verantwortliche IT Service Provider.

- Access Manager (ITIL® Prozessrolle)
  - Aufgabe
    - Überwachen der Zugriffsvergabe und Durchführung von Stichproben, ob die Sicherheitsvorschriften eingehalten wurden
    - Erstellen von benötigten Access Management Reports
  - Besetzung
    - Diese Rolle wird mit Vorteil durch einen Mitarbeiter aus dem Security-Bereich besetzt.

## Messkennzahlen für die Überwachung des Prozesses

**Tab. 3.58** KPIs AM-Prozess

| KPI | Beschreibung | Definition Grün | Definition Gelb | Definition Rot |
|-----|--------------|-----------------|-----------------|----------------|
| Aktualität der Zugriffsrechtsrevalidierung | Falls das Zugriffsrevalidierungsprinzip definiert wurde, so kann die Aktualität mittels eines KPIs ausgewiesen werden, in % zur gesamten Anzahl der Revalidierungen | < 5 % sind älter als 1 Jahr | 5–15 % sind älter als 1 Jahr | > 15 % sind älter als 1 Jahr |
| Einhaltung der Sicherheitsrichtlinien bei der Rechtevergabe | Mittels Stichproben wird durch den Access Manager überprüft, ob die Sicherheitsrichtlinien bei der Rechtevergabe eingehalten wurden. (Pro Rapportierungsperiode sind mindestens 10 Stichproben durchzuführen) | Alle wurden eingehalten | – | ≥ 1 wurden nicht eingehalten |
| **Weitere informative Kennzahlen für Vergleiche** | | | | |
| Anzahl durchgeführter Stichproben | Anzahl durchgeführter Stichproben, ob die Sicherheitsrichtlinien bei der Rechtevergabe eingehalten wurden | | nn | |
| Anzahl Anpassungen bei der Rechtevergabe | Anzahl Anpassungen bei der Vergabe von Rechten | | nn | |
| AM-Aufwand Manager-Rolle | Erheben des rapportierten Aufwands für die Rolle des Access Managers. (Total aufgewendete Std.) | | nn Std. | |

Alle KPIs werden für die entsprechende Rapportierungsperiode ausgewiesen.

Mit diesem QR-Code können Sie ein Feedback für Abschn. 3.4.18 abgeben.

### 3.4.19   Continual Service Improvement (CSI)

Continual Service Improvement (CSI) umfasst in ITIL® ein ganzes Handbuch.

Ziel des CSIs ist es, eine kontinuierliche Verbesserung und Optimierung der Informatikdienstleistungen zu erbringen.

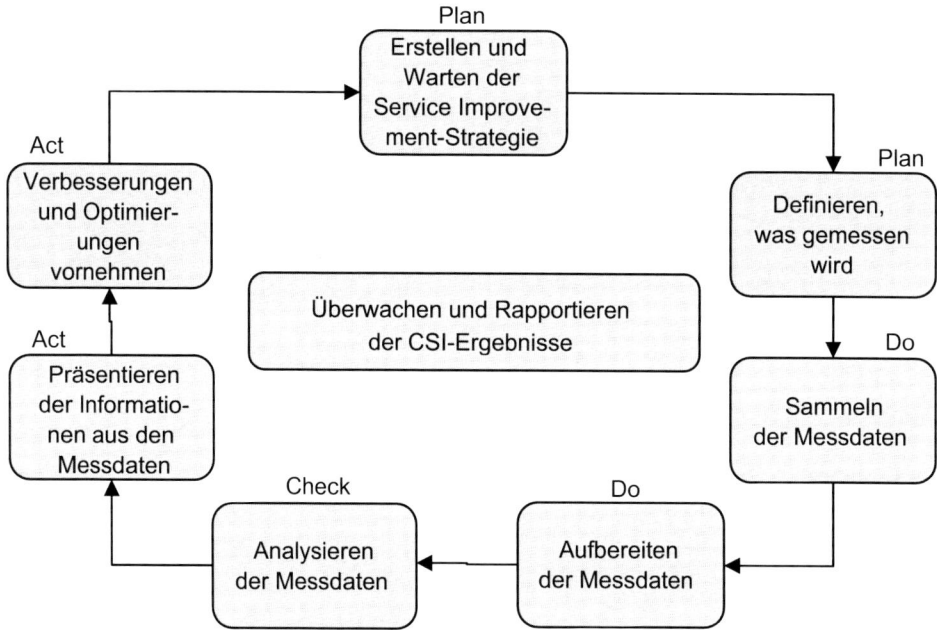

**Abb. 3.50**  Continual Service Improvement-Prozess

### Prozessinhaltsbeschreibung mit den wichtigsten Schritten

Der 7-Schritt Verbesserungsprozess kann am besten mit einem Kreis dargestellt werden. Die achte Aktivität überprüft die Leistung des CSI-Prozesses.

- **Erstellen und Warten der Service Improvement-Strategie**
  In diesem Prozessschritt wird die Service Improvement-Strategie, welche die Vision und die Umsetzungsziele für ein laufendes Verbesserungs- und Optimierungs-Management beinhaltet, erstellt und gewartet.
- **Definieren, was gemessen wird**
  Dieser Prozessschritt legt fest, was gemessen wird. Im Abschn. 1.2.4 wurde kurz auf die beiden zu messenden Ebenen eingegangen.
  - Service-Ebene
    Welche Aspekte dort gemessen werden, ist grundsätzlich in den SLAs auf Stufe der Business IT Services und OLAs respektive in den IT Services festgelegt.
  - Prozessebene
    Wie in den einzelnen Prozessen aufgezeigt, ist es sinnvoll, je Prozess KPIs zu definieren. Wird je KPI eine Grün-, Gelb-, Rotbewertung definiert, so wird das Rapportieren stark vereinfacht.
- **Sammeln der Messdaten**
  Basierend auf den definierten KPIs und den Service Levels werden die Daten aus den Tools, welche die Prozesse unterstützen, gesammelt. Einzelne KPIs sind auch manuell zu erheben, entsprechend werden auch diese Daten ermittelt. Es ist sinnvoll, die KPI Reports, welche in den einzelnen Prozessen erstellt werden, als Basis zu nutzen. Dies vereinfacht den Aufwand dieses und des nächsten Prozessschrittes stark.
- **Aufbereiten der Messdaten**
  In diesem Prozessschritt erfolgt die Aufbereitung der Daten, so dass die Möglichkeit besteht, diese im Folgeschritt zu analysieren.
- **Analysieren der Messdaten**
  In diesem Prozessschritt erfolgt eine Analyse der Messdaten. Aus den Ergebnissen werden Verbesserungen und Optimierungen abgeleitet.
- **Präsentieren der Informationen aus den Messdaten**
  Die Präsentation der Messdaten erfolgt Empfängergerecht. Häufig werden drei Ebenen unterschieden:
  - Operative Ebene
  - Taktische Ebene
  - Strategische Ebene
  Falls Verbesserungen und Optimierungen nötig sind, so wird auf der entsprechenden Ebene die Genehmigung eingeholt.
- **Verbesserungen und Optimierungen vornehmen**
  In diesem Prozessschritt werden die nötigen Maßnahmen für die Verbesserung oder Optimierung eingeleitet. Dies kann bei strategischen Verbesserungen, das Starten eines Projekts, welches die Realisierung sicherstellt, sein oder bei Optimierungen auf einer operativen Ebene, die Durchführung einer Prozessrollenträgerschulung sein. Alle eingeleiteten Maßnahmen werden in diesem Prozessschritt entsprechend gesteuert.

- **Überwachen und Rapportieren der CSI-Ergebnisse**
  Dieser Prozessschritt stellt sicher, dass der CSI-Prozess gelebt wird und dass alle benötigten Reports zur Verfügung stehen.

## Prinzipien

Mögliche Prinzipien, welche wichtige Leitplanken für die Einführung und Nutzung des CSI-Prozesses bilden:

- Die laufende Verbesserung und Optimierung der Prozesse obliegt in der Verantwortung des zuständigen Process Managers und des Process Owners
- Die Verbesserung der Erbringung der Business IT Services und IT Services obliegt der Verantwortung des Service Level Managements und Operational Level Management Prozesses
- Verbesserungen und Optimierungen werden nach den folgenden drei Ebenen unterschieden:
  - Operative Ebene
    Laufende Verbesserungen während des Betriebs stellen sicher, dass die definierten Ziele, z. B. Service Levels in den SLAs oder die als „Grün" definierten KPIs, eingehalten werden. Grundsätzlich erfolgt die Verbesserung und Optimierung im täglichen Betrieb (Business as Usual (BAU)). Für die Umsetzung werden grundsätzlich keine zusätzlichen Kosten gesprochen, da es sich um die Umsetzung der definierten Dienstleistung handelt. Das Aufsetzten der Maßnahmen (z. B. Optimieren des Prozessablaufs, Prozessschulungen) erfolgt durch den Process Manager oder durch Rollen innerhalb des Prozesses. Es ist sinnvoll, dass der Process Owner den Verbesserungs- und Optimierungsvorschlag abnimmt und diesen im Management vertritt.
  - Taktische Ebene
    Auf der taktischen Ebene können Veränderungen und Optimierungen eingestuft werden, welche durch ein MtB Budget finanziert werden. Meist handelt es sich um kleinere Anpassungen an Prozessen, Tools etc., um die Verwendung des Prozesses zu vereinfachen oder zu optimieren. Diese Aktivitäten werden in der Regel durch den Process Owner und den entsprechenden MtB Budget-Verantwortlichen freigegeben.
  - Strategische Ebene
    Auf der strategischen Ebene sind Verbesserungen oder Optimierungen einzustufen, welche große Veränderungen mit sich ziehen und/oder sehr kostenintensiv sind. Dies kann z. B. die Einführung eines Workflow Tools für die Unterstützung von verschiedenen Prozessen sein oder die Einführung eines Prozess-Management Tools für die Verwaltung der Prozesse, um den Aufwand für die Abstimmung der Schnittstellen zu vereinfachen. In der Regel sind für diese Veränderungen Projekte oder gar Programme nötig, welche dann über das CtB Budget abgewickelt werden.

## Inhalt einer Service Improvement-Strategie

Basierend auf ITIL® ist für jeden Prozess und jeden Service eine Improvement-Strategie zu entwickeln. Aus Sicht des Autors ist es sinnvoll, eine für die Informatik gültige Improvement-Strategie zu definieren. Das Anstoßen von Verbesserungen der Service-Erbringung erfolgt im Service Level Management- oder im Operational Level Management-Prozess (siehe dazu Abschn. 3.3.1). Das Anstoßen von Verbesserungen im Prozessbereich kann aus dem Service Improvement-Prozess erfolgen.

Anbei eine mögliche Struktur:

- Name des Dokuments, Version, Datum und Änderungshistorie
- Verantwortlicher für diese Strategie
- Qualitätsvorgaben, diese können aus dem Unternehmens-TQM-System, der Informatikstrategie oder weiteren Dokumenten abgeleitet werden
- Taktische und operative Qualitätsziele
- Prinzipien für den Service Improvement-Prozess (Siehe Abschn. 3.4.19)
- Qualitätsanforderungen, diese können sein:
  - Jeder IT-Prozess, welcher in der Informatik etabliert wurde, muss im Prozessdokumentations-Tool dokumentiert werden.
  - Die Prozessdokumentation ist immer aktuell zu halten. Mindestens einmal pro Jahr ist die Aktualität zu revalidieren.
  - Jeder IT-Prozess hat einen Process Owner und einen Process Manager. Ist ein Prozess nicht durch einen Process Manager besetzt, so übernimmt automatisch der Process Owner die Manager-Rolle.
  - Für jeden IT-Prozess müssen mindestens 2 KPIs mit einer Grün-, Gelb- oder Rotbewertung definiert werden, welche es erlauben, die Prozessausführungsqualität zu überwachen. Die KPIs sind jeweils monatlich auszuweisen.
  - Wird ein KPI dreimal hintereinander „Rot" ausgewiesen, so muss zwingend ein Verbesserungsplan erstellt werden, so dass in Zukunft ein roter Status vermieden werden kann.
- Information zur Wartung der Strategie
- Ablageort der Strategie
- Auflistung der Rollen/Funktionen, welche die Strategie genehmigen

### Mögliche Prozessrollen und ihre Zuteilung

- CSI Analyst (Diese Prozessrolle ist nicht Teil von ITIL®)
  - Aufgabe, jeweils für den entsprechenden Prozess
    - Stellt sicher, dass die Messdaten gesammelt werden
    - Stellt sicher, dass Messdaten aufbereitet werden
    - Analysiert die Messdaten
    - Präsentiert die Informationen aus den Messdaten.
  - Besetzung
    - Diese Rolle wird jeweils durch die Person besetzt, welche die jeweilige Process Manager-Rolle inne hat.

- CSI Manager (ITIL® Prozessrolle)
  - Aufgabe
    - Erstellt und wartet die Service Improvement-Strategie
    - Definiert in Zusammenarbeit mit dem Process Manager, welche KPIs gemessen werden
    - Überwacht und rapportiert die CSI-Ergebnisse
  - Besetzung
    - Aus Sicht des Autors ist es sinnvoll, diese Rolle durch die Person zu besetzen, welche die Rolle des Head of Process Managers inne hat.

## Messkennzahlen für die Überwachung des Prozesses

**Tab. 3.59**   KPIs CSI-Prozess

| KPI | Beschreibung | Definition Grün | Definition Gelb | Definition Rot |
|---|---|---|---|---|
| Mindestens 2 KPIs mit (G,G,R) Bewertung definiert | Für jeden etablierten IT-Prozess sind mindestens zwei KPIs für die Grün (G), Gelb (G) oder Rot (R) Bewertung definiert | Alle Prozesse haben min. 2 KPIs | 1–2 Prozesse haben nur einen KPI | > 2 Prozesse haben nur einen KPI oder keinen |
| Improvement-Pläne erstellt basierend auf 3 roten KPIs | Gemäß der Strategie (siehe Abschn. 3.4.19) wurde definiert, dass, wenn ein KPI dreimal hintereinander „Rot" ausgewiesen wird, zwingend ein Improvement-Plan erstellt werden muss. Dies wird durch den CSI Manager überprüft und bewertet. | Alle zwingend nötigen Improvement-Pläne wurden erstellt | – | Ein oder mehrere Improvement-Pläne wurden nicht erstellt |
| **Weitere informative Kennzahlen für Vergleiche** | | | | |
| Anzahl operativer Verbesserungen | Anzahl der durchgeführten operativen Verbesserungen oder Optimierungen | | nn | |
| Anzahl taktischer Verbesserungen | Anzahl der durchgeführten taktischen Verbesserungen oder Optimierungen | | nn | |
| Anzahl strategischer Verbesserungen | Anzahl der durchgeführten strategischen Verbesserungen oder Optimierungen | | nn | |
| CSI-Aufwand Manager-Rolle | Erheben des rapportierten Aufwands für die Rolle des CSI Managers. (Total aufgewendete Std.) | | nn Std. | |

Alle KPIs werden für die entsprechende Rapportierungsperiode ausgewiesen.

Mit diesem QR-Code können Sie ein Feedback für Abschn. 3.4.19 abgeben.